# 叠前叠后联动的有利储层综合评价方法

颜世翠　管晓燕　著

石油工业出版社

## 内 容 提 要

本书从低信噪比的叠前共成像点(CIP)道集中提取出地震属性数据体，再从中优选出目标地质体的地震属性数据，采用先进的软建模技术，实现地震属性与地下岩性、物性以及含油气性有关的储层特征参数转换，最后基于模糊理论对估算出来的储层特征参数进行定性分析与基于最大隶属度原则的定量评价，实现目标储层的定量化解释。

本书可供从事石油地质、地球物理等专业的科研人员及石油院校相关专业师生参考使用。

**图书在版编目(CIP)数据**

叠前叠后联动的有利储层综合评价方法/颜世翠，管晓燕著.—北京:石油工业出版社，2020.5

ISBN 978-7-5183-3981-5

Ⅰ.①叠… Ⅱ.①颜… ②管… Ⅲ.①叠前偏移-油气藏-综合评价-研究 ②叠后偏移-油气藏-综合评价-研究 Ⅳ.①P618.130.2

中国版本图书馆CIP数据核字(2020)第072982号

出版发行:石油工业出版社

(北京安定门外安华里2区1号 100011)

网 址:www.petropub.com

编辑部:(010)64523541 图书营销中心:(010)64523633

经 销:全国新华书店

印 刷:北京中石油彩色印刷有限责任公司

2020年5月第1版 2020年5月第1次印刷

787×1092毫米 开本:1/16 印张:9.5

字数:230千字

定价:76.00元

(如出现印装质量问题，我社图书营销中心负责调换)

# 前言

随着地震勘探数据采集与处理技术的不断发展以及油气田勘探开发的不断推进，复杂区块油气勘探工作上升到了一个全新的高度，勘探精度的要求不断提高。随着油气探区的不断勘探开发，积累了丰富的地质、地震以及测井等资料，这些资料中包含了探区丰富的地下地质构造、储层空间展布以及流体分布等信息。综合运用这些资料可以精细识别小砂体、窄河道、薄互层以及微裂缝等勘探对象。

在沉积盆地的油气勘探中各类地层的描述与刻画需要充分利用孔隙流体压力、岩性、孔隙度、渗透率、油水饱和度以及其他岩石物理参数。地震信息与岩石物性等特征密切相关，其地震属性中综合了这些参数的响应。不同的地震属性内在表征着不同的地质含义，具有指示地层厚度、横向和纵向岩性差异、孔隙度以及地层空间和形态等地质意义。由于地震勘探本身的局限性，地震资料具有信噪比低、有效能量弱、屏蔽严重以及纵向分辨能力差等特征，使得单一的地震属性识别地下地质体特征存在较大的局限性。

目前众多地震属性只能用于定性解释，地震属性与储层特征参数之间难以建立联系，因而地震属性的应用受到了极大的限制。主要难题有以下几个方面：一是如何从低信噪比叠前地震数据中提取出有效的地震属性；二是如何针对目标地质体从大量的叠前与叠后地震属性中优选出与特定储层特征参数相关的属性集并进行优化；三是如何建立地震属性集与储层特征参数的相互关系，实现定量计算；四是如何对估算出来的储层特征参数给出定量化的评价与解释。地震属性与储层的地质含义之间的关系具有模糊性，如何将数值化的结果转换成可靠的富含地质意义的数据，这些都是难点所在，同时也是油气勘探的关键性与必要性所在。

针对以上问题，笔者提出了一套基于叠前与叠后地震数据体的属性提取与分析、从地震信息向储层特征参数转换、储层特征参数估算与评价的方法及技术，将大量地震地质资料中能够有效刻画储层岩性、物性及含油气性的储层特征参数提取出来，并用于储层的定性解释与定量分析。

全书共六章。第一章为绪论，主要介绍本书的研究背景。第二章是基于偏移距的四维联动解释环境的建立，主要介绍叠前道集与叠后地震剖面的联动解释环境，叠前常规属性及 P、G 属性的提取。第三章是叠前叠后地震属性优选与优化研究，主要介绍基于 SVR－GA 的属性优选算法的基本原理、方法流程以及模型试算和实际数据试算。第四章是储层特征参数估算方法研究，主要介绍基于 SVR 的非线性回归方法的基本原理、方法流程和实际数据试算。第五章是储层模糊综合评价方法研究，主要介绍模糊评价的基本原理、方法流程、模糊参数优选和模型试算。第六章是研发技术的实际应用，主要介绍了研发技术在胜坨地区沙四段纯上段1 砂组、曲堤地区馆陶组、富林地区中生界、广利周缘沙四上亚段、苏 13 地区石炭系、商河东地区沙三上亚段这 6 个地区不同层段的不同地质体的储层预测和评价。

本书提出的叠前叠后联动的有利储层综合评价方法，完善了复杂隐蔽油气藏储层预测技术，对于攻克长期制约济阳坳陷隐蔽油气藏勘探的技术难题、落实新的储量增长阵地具有重要的理论意义；同时，其研究思路和技术方法，对指导其他地区的隐蔽油气藏勘探具有较大的借鉴意义。

本书旨在讨论一套叠前叠后资料联合应用的储层预测方法。该方法从低信噪比的叠前共成像点（CIP）道集和叠后数据中，提取大量叠前属性和叠后属性，并且进行优选和优化，采用先进的软建模技术，实现地震属性与储层特征参数的转换，最后基于模糊理论，对多种储层特征参数进行定性与基于最大隶属度原则的定量评价，实现目标储层的定量化解释。

目前国内尚无类似上述技术的软件模块及相关功能，本书将实现叠前地震属性提取、地震属性优选与优化、地层特征参数估算与评价等功能模块。

本书由胜利油田勘探开发研究院颜世翠、管晓燕合著，第一章、第二章、第六章前四节由颜世翠编写，第三章、第四章、第五章、第六章后两节由管晓燕编写。

本书由中石化股份公司课题“济阳坳陷 C—P 不同组构砂岩岩石物理特征及有利储层预测”（P18051 -6）资助。在本书编写过程中，始终得到了胜利油田及相关部门领导和专家的指导和帮助，得到了胜利油田勘探开发研究院地球物理技术研究室、东营勘探研究室、沾车勘探研究室、惠民勘探研究室、准噶尔西部勘探研究室多位领导及同事的支持和帮助，在此一并表示诚挚的感谢。

由于笔者水平有限，不妥之处在所难免，欢迎读者批评指正！

# 目　录

CONTENTS

# 第一章 绪 论

## 第一节 油气勘探发展概述

2014 年,全球经济复苏缓慢,油气市场供需格局逆转,国际油价大幅下挫,世界油气行业进入不景气周期。在景气下行周期中,油气行业将呈现"四低"的特点:低价格、低回报、低投资和低成本。中国石油集团经济技术研究院预计,"十三五"期间,全球石油需求年均增速为1.1%,2020 年需求量将达到 $9900\times10^4$bbl/d;全球石油供应能力年均增速为 1.4%,2020 年供应量将达到 $10500\times10^4$bbl/d,供应能力高于需求 $600\times10^4$bbl/d。未来国际油气竞合格局将从资源主导向技术与市场主导转变,亚洲作为重要买家在世界油气市场的影响将显著提升。天然气市场由区域市场向全球市场转变。油气行业投资回报率下降,石油公司进入战略调整期。为了更好地把脉全球油气行业发展形势,应对面临的机遇与挑战,亟须在隐蔽油气藏勘探技术方面不断做出突破,满足当下油气勘探越来越精细的要求。

随着勘探难度增大,油气勘探开发对地震解释技术提出了更高要求。同时随着油气探区的不断开发,积累下了丰富的地质、地震以及测井等资料,这些资料中包含了丰富的地下地质构造、储层空间展布以及流体分布等信息。各类地层的描述与刻画需要使用孔隙流体压力、岩性、孔隙度、渗透率、油水饱和度以及其他岩石物理参数,这些参数比较直接的数据来源是测井资料,但是测井资料不能提供空间上的有效展布,而且测井资料本身也不完备。地震资料与岩石物性密切相关,其地震属性中囊括了这些参数的响应,如振幅类属性,具有指示岩性差异、地层连续、地层空间及孔隙度等地质意义;频率类属性,具有指示地层厚度、岩性差异及流体性质等地质意义;反射强度属性,具有指示岩性差异、地层连续、地层空间及孔隙度等地质意义;相位属性,具有指示地层连续性的地质意义;波形属性,具有指示横向和纵向岩性差异、孔隙度、地层空间和形态等地质意义等。综合运用这些资料可以识别小砂体、窄河道、薄互层以及微裂缝等勘探对象。

地震属性只能用于定性解释,地震属性与地层岩性特征参数之间难以建立联系,导致地震属性的应用受到了极大的限制。如何将数值化的结果转换成可靠的富含地质意义的数据,是难点所在,同时也是油气勘探的关键性与必要性所在。

## 第二节 国内外叠前叠后技术分析

### 一、现有软件叠前模块现状调研

现有软件具有叠前功能的不多,经过调研,有几款软件具有某些叠前功能,比如 GeoView、EPT、OpendTect、GeoScope 等软件。GeoView 软件具有叠前剖面显示、AVO 正演模拟、流体置换等叠前功能;EPT 软件具有叠前剖面显示、AVO 正演模拟、流体置换、叠前反演等叠前功能;OpendTect 软件具有叠前剖面显示、叠前常规属性提取等功能;GeoScope 软件具有的叠前功能较多,包括叠前剖面显示、叠前常规属性提取、AVO 分析、流体置换、叠前叠后剖面的实时显示等。

总结以上软件的叠前功能,发现它们都有某些相通的功能,包括叠前剖面的显示等,但是都不具备叠前道集与叠后属性的实时显示。

### 二、叠前叠后属性发展现状[1-9]

地震属性也称地震参数、地震特征或地震信息,第 67 届 SEG 年会对地震属性进行了专题讨论,西方地球物理公司的 Quincy Chen 和 Steve Sidney 发表了介绍当今世界地震属性技术的最新进展的文章 *Advances in seismic attribute technology*,此后国外相关的论文已统一使用地震属性一词。地震属性是指来源于地震数据的具有几何学、运动学、动力学或统计学特征的特定度量,是一种定性或定量的地震数据特征,它可以与原始数据在相同的尺度上显示。地震属性技术可以从地震数据中提取隐藏的信息,这些信息可以帮助物探工作者更好地进行隐蔽或非常规油气藏的勘探与开发。

地震属性起源于 19 世纪 60 年代的“亮点”技术,而对应的振幅属性直到目前仍然广泛应用,从此,地震数据不再局限于得到地下的构造信息。振幅属性的成功直接刺激了其他属性的出现:反射强度、视极性、频率属性。1977 年提出了复地震道分析技术,时至今日,复地震道分析几乎与地震属性具有相同的含义。20 世纪 80 年代初,各种地震属性被提取出来,多属性分析也在这个时期发展起来。

然而,虽然这些属性大多数在其他学科具有良好的数学定义以及清晰的含义,但地质含义并不是很清晰,地震属性的瓶颈随之显现出来。20 世纪 80 年代末,对地震属性持否定态度的呼声越来越多,主要原因就是众多的属性没有对应的地质或物理含义,地震属性受到质疑。

20 世纪 90 年代至今,相干体属性的引入给地震属性注入了新鲜的血液,同时其他具有地质意义的属性也被提取出来,地震属性技术再一次被地球物理学家所重视。与此同时,出现了基于聚类分析、神经网络、协方差等的属性分析技术,进一步促进了属性的发展。

地震属性包含几种基本的信息:振幅、相位、频率、旅行时、衰减、能量、波形等;通常用到的地震属性一般是叠后提取的,目前也有基于叠前数据的在 AVO 或 AVA 数据中提取的地震属性,称为 AVO 属性。Alistair R. Brown 给出了不同的分类方式,其中将属性按提取方式不同分为层位属性和时窗属性两种,国内学者也有将地震属性分为沿层属性、剖面属性和体属性,Alistair R. Brown 将地震属性分为时间、振幅、频率、衰减四类,每一类可分为叠前属性以及叠后属性,叠后属性又有时窗属性以及沿层属性。

1. ADCIGs 上常规属性的提取

角度域共成像点道集(ADCIGs)反映了地下同一成像点处的信息,由于入射波角度不同,角道集剖面上不同道的数据存在一定的差别,因此不同角度数据上提取的地震属性也存在一定的差别。ADCIGs 包含丰富的原始地震信息,能灵敏反映地下储层的变化。将一些具有较强抗噪性的叠后地震属性提取方法应用到 ADCIGs 上,可以获得稳定的叠前属性。三瞬属性是地震属性分析、储层参数预测中常用的地震属性,孔国英等研究了在对 ADCIGs 部分叠加后提取三瞬属性,并用于储层判别。

2. 叠前 AVO 属性的提取

随着勘探要求的提高,基于叠后属性的储层预测技术满足不了当前致密砂岩等类型油气藏勘探的需要,因此需要将属性的提取放到叠前来提取,以获得更可靠的信息。地震叠前数据相对于叠后数据,由于没有经过叠加,所以包含许多原始地震信息,利用叠前地震数据得到的属性具有更高的可靠性,能更准确地反映地下真实情况。

AVO 技术有 2 个主要方面:Zoeppritz 方程和岩性参数在不同岩性条件下的异常变化。Knott 早在 1899 年便指出弹性波在界面上产生折射、反射和透射现象,并指出振幅会随入射角的改变而变化,并推导出了反射系数公式。比较简单的 Zoeppritz 方程由佐普里兹于 1919 年建立,虽然很清楚和具体地描述了弹性波在反射界面上的透射和反射问题,但是由于方程很复杂,因此缺乏实际应用价值。Muskat 和 Merest 则在 1940 年从数值出发对公式进行推导,他们假设介质的泊松比都等于 0. 26,第一次得出了表示反射和透射系数的数学公式。

为了使 Zoeppritz 方程的解具有清晰、直观的物理意义,许多杰出的学者都做出了努力。由此得到了多种 Zoeppritz 方程的简化形式。Koefoed(1955)简化了 Zoeppritz 方程解析解中的独立变量,同时给出了以泊松比 $\sigma$ 为参数的 Rpp—α 曲线;Bortfeld(1961)则在反射界面两侧介质的弹性参数差较小的假设条件下,给出了 P 波反射系数的线性简化公式;1965 年,Tooley 根据 Knott 方程针对小于临界角和大于临界角不同情况,对分界面上的反射和透射能量的分配情况进行了计算和讨论;Fred Hilterman(1975)通过深入分析振幅受折射波曲线的影响,提出了以扫描速度表示的近似公式;1980 年,Aki and Richards 同样以界面两侧介质的弹性参数差较小为假设条件,得出了适用于大入射角的反射、透射系数的近似公式。

在前人研究的指引下,Shuey(1985)得出了反射系数受界面两侧介质泊松比差影响的结论,并给出了近似公式,该公式比较突出的一点是,它说明了反射系数随入射角的变化主要受弹性参数的影响。随后,Fred Hilterman 又在 Shuey 建立的近似公式的基础上,给出了平均泊松比为 1/3 时的近似公式。国内的学者在此方面也进行了相当深入的研究,郑晓东(1991)提出了以幂级数表示的 Zoeppritz 方程的近似公式;杨绍国等(1994)则从级数表达式出发,得出了适合弹性参数差较大的 Zoeppritz 方程解的表达式。

针对 AVO 技术的其他方面,如多波 AVO 反演,主要是结合 PP 波、SS、SH 波等进行联合反演,许多学者也提出了许多不同的方法和理论。目前参数反演的方法主要分为非线性与线性反演。线性反演主要为共轭梯度法、归一化和最小二乘反演等方法,非线性反演则主要指近几年发展起来的模拟退火算法、遗传算法、神经网络和离子群等算法。

三、属性优化算法[10-22]

在基于多属性的储层预测中,为了从地震数据中获得尽可能多的信息,往往提取大量地震属性。地震属性与所预测对象之间存在复杂关系,不同地区、不同深度、不同储层的地质条件及储层条件也不同。另外,有些地震属性可能与目的层本身无关,反映的是干扰的变化;属性的增加会带来计算方面的困难,占用大量的存储空间和计算时间;大量的属性中肯定会包含着许多彼此相关的因素,造成信息的重复和浪费。因此,必须对提取出的大量属性进行优化选择。

一般来说,地震属性优化应当遵循以下准则:优化后的属性集整体与研究对象具有某种相关性,能够对样本进行有效分类;达到属性结构的最优化,以尽可能相互独立的变量组成尽可能低维的变量空间;使有用信息损失为最小,剔除起干扰作用的属性。在遵循这些基本准则的前提下,地震属性优化分析方法可以分为地震属性降维映射和地震属性选择两大类。

1. 地震属性降维映射

(1)主成分分析方法。主成分分析是地震属性降维映射较常用的方法。主成分分析又称K—L 变换、Hotelling 变换,是最简单、最常用的地震属性降维映射方法。该方法利用原始变量的相关矩阵或协方差矩阵内部结构特征,将多个变量转换为少数几个综合变量即主成分,从而达到降维目的。这些主成分能够反映原始变量的绝大部分信息,它们通常表示为原始变量的线性组合。它可以有效地将一个高维变量系统综合简化成一个低维变量系统,并且新变量系统中的各个变量均是无关的。

(2)独立成分分析方法。独立成分分析是近 20 年发展起来的一种信号处理和分析方法,起源于盲源信号分离(Blind Signal Separation),通过统计方法将各主成分进一步处理使其相互独立并非高斯化(使频率分布不满足正态分布),是主成分分析方法的拓展。独立成分分析由刘喜武等引入地震勘探应用中,他们认为,在地震勘探中,反射序列和地震记录在一定条件下具备独立成分分析模型特点,在信号处理中探索其应用很有意义,尤其在深层弱信号特征提取上可能发挥作用。吕文彪等使其在地震去噪和属性优化中进行了实现,并见到成效,其主要思想是假设数据由一些相互独立的分量线性组成,通过它们之间的信息可以将这些相互独立的分量提取出来。由于独立的分量数目一般小于原始数据中信号的维数,因此得到这些独立分量相当于对地震数据进行了降维。

(3)核函数法。由于主成分分析方法无法处理非线性数据,Schölkopf 等通过引入核函数,将原始空间采样点集通过非线性变换 $\Phi$ 映射到特征空间,再通过主成分分析方法进行降维处理。核函数作为一种非线性映射,可以广泛应用到主成分分析方法、独立成分分析方法和其他各种降维方法中,进行非线性降维。核函数法的基本思想是:由于核函数为非线性函数,将输入属性向量的内积运算用核函数来代替,达到原始数据的非线性映射,然后再用其他降维方法如主成分分析方法、独立成分分析方法进行处理。

(4)局部线性嵌入方法。局部线性嵌入方法是 Roweis 等在 2000 年提出的一种从拓扑学出发的优异流形学习方法(Manifold Learning),之后在此基础上又发展出各种拓展算法,如 Hessian LLE(2004)、Laplacian Eignmaps 和 LTSA 等。此方法在人脸识别中取得了非常显著的效果,罗德江等最早将其应用在地震属性优化中,并取得了一定效果。局部线性嵌入方法的基本思想是:把数据集看作是由许多相互邻接的局部线性块拼接而成,这种局部线性块或邻域概要地描述了高维数据集的本征属性,抓住了这种特征,也就抓住了高维数据集的根本特征。

2. 地震属性优选

地震属性优选主要有专家优选、自动优选、专家与自动优选相结合3大类方法。

(1)专家优选。油田专家对某个地区与储层特性关系比较密切的地震属性是比较了解的,因此凭经验可以进行地震属性选择,对专家优选出的地震属性或地震属性组合进行分析,达到预测储层的目的。专家优选法需结合地质、测井等方面的资料对所有属性进行分析,其优点是可信度高,优选出的属性一般有较明确的地质意义;缺点是对工区以及各种地震属性的含义都需要有深入的了解,工作量大,主观性大。

(2)自动优选。地下储层是非常复杂的,仅凭油田专家的经验很难从大量的地震属性中优选出合理的地震属性或地震属性组合,因此还需要借助数学手段进行选择,常用的自动优选法有:顺序前进法、顺序后退法、增l减r法、属性比较法。近些年出现了一些优选地震属性的新方法:遗传算法、神经网络方法、RS理论决策分析方法、聚类分析法、因子分析等。不同于专家优选法,自动优选法优选出的地震属性可能会没有明确的地质意义,但是它的优点是不需要对工区和地震属性的含义进行深入的理解,比较客观,大大减少了研究人员的工作量。

(3)专家与自动优选相结合。因为专家优选和自动优选都有局限性,所以通常将专家与自动优选相结合进行地震属性优化,在实际中经常采用专家优化与最优搜索算法结合,求取该组合优化问题的最优解。

四、储层特征参数估算技术[23-30]

属性预测分析是将提取和优化后的各种地震属性与已知井的地层结构、岩石物性、储层含油气等信息相结合,明确可利用地震属性的地质物理意义,并进行精细的解释、推断,通过数学统计等方法得出对储层定性或定量的结论。目前有逐步回归分析法、神经网络方法、协克里金方法等地震属性预测储层参数的方法。

(1)逐步回归分析法。逐步回归分析的基本思路是:根据优选出的地震属性对储层参数作用的大小,依次引入回归方程中,及时去掉对储层参数作用不明显的属性,直到无对储层参数作用明显的属性存在,这时回归方程中的所有属性都是对储层参数明显的属性,按照涉及自变量的多少,可分为一元回归分析和多元回归分析;按照自变量和因变量之间的关系类型,可分为线性回归分析和非线性回归分析。

(2)神经网络方法。人工神经网络实际上是一种模拟人脑思维的模式识别技术,获得智能信息处理功能的理论。神经网络着眼于脑的微观网络构造,通过大量神经元的复杂连接,采用由底到顶的方法,通过自学习自组织的非线性动力学所组成的并列分布方式,来处理难以语言化的模式信息。目前,神经网络在石油勘探开发中已经得到了非常广泛的应用,它根据给定的井点处的储层参数和各种地震属性,通过自学习功能,形成比较复杂的网络系统,建立储层参数与地震属性参数之间较为复杂的关系。

(3)协克里金方法。该方法基于地质统计学理论基础,结合少量不规则分布的井点数据和规则密集网格分布的地震参数来重建储层参数空间分布的参数预测方法,它能提高储层参数估计值的精度。但由于协克里金方法存在对大尺度范围的数据平滑处理时,模糊化并光滑化了小尺度的变异的缺陷,肖思和提出了分形协克里金方法,这种方法在三维储层参数预测中取得了一定的成效。

地震属性预测的方法还有相关滤波方法、支持向量机方法、判别分析法、非参数回归分析方法、灰色识别、模糊神经网络方法等。

五、储层综合评价方法

模糊集合理论最先是由 L. A. Zadeh 教授在 1965 年提出。Zadeh 教授并在接下来的几十年里一直致力于模糊理论的发展。1968 年，他撰文介绍了模糊算法。1975 年，他又介绍了模糊理论中用于表征对象模糊性的语言值的概念及其在近似推理中的应用。将模糊理论应用到油气勘探领域中是 P. Bois 在 1983 年提到的，他主要是介绍了模糊识别在油气勘探中的应用，然后提议将基于模糊集理论的模糊识别应用到油气勘探当中。1984 年，F. Aminzadeh 和 S. Chtterjee 将聚类分析引入了勘探地震学中，并逐点计算了叠后模型数据的振幅、相位以及频率等特征。1992 年，Zadeh 教授进一步介绍了模糊逻辑的概念及其分类，以及 IF - THEN 规则的计算。1994 年，F. Aminzadeh 将模糊专家系统应用到了石油勘探中，并解决了一些实际的勘探难题。同年，L. Chen 等人引入了模糊亚纤维（可认为模糊子集向高维的延拓）的概念及其在地震属性划分中的应用。1997 年，S. Cuddy 将模糊逻辑应用到了无岩心取样井的岩石物理参数的预测，如渗透率、岩性界面、裂缝及薄层分辨率等。2000 年，A. Ouenes 将模糊逻辑与神经网络应用到了裂缝型油藏描述中。2009 年，A. Kadkhodaie - Ilkhchi 等人应用 Committee 模糊推理系统从地震属性中提取岩石物理参数。2011 年，M. G. Orozco - del - Castillo 等人将模糊逻辑与图像处理应用到了地震资料的解释。同年，K. S. Upenda 等人应用模糊推理系统进行地质层位的识别。S. Sanaz 等人在模糊理论的基础之上，提出了自动提取岩性边界和岩性成图的方法。2012 年，M. Pedram 等人通过模糊核聚类的分类模型来决策油井的产油区带。2013 年，Z. Mansoor 等人应用适应性神经模糊推理系统预测碳酸盐岩中纵波速度。

国内，1983 年，朱政嘉介绍了模糊 K—均值聚类法的基本理论与算法，并对地质上的几个样品分类的例子进行了计算。2002 年，母智弘在其硕士论文中研究了模糊识别在储层精细评价中的应用，在提取了一些常规测井特征参数之后，采用自适应算法对各变量多项式进行优选，减少了特征参数间的相关性，突出了类别间的差异性，从而优化了模式的质量，提高了分类的精度。2006 年，王守东将数据融合的思想应用到了油气检测当中。2007 年，刘金兰等人将模糊聚类应用到了油气储量级别分类当中。同年，杨培杰等人研究了模糊 C 均值地震属性聚类分析方法，并验证具有良好的鲁棒性。2010 年，Q. C. Liu 等人将模糊理论应用到了时移地震资料的解释。2012 年，Z. Chang 等人研究了模糊数据挖掘及其在油气勘探预测中的应用。2013 年，胡英等人在地震纹理属性与模糊聚类的基础之上，研究了关于地震相划分的方法。同年，Fang Li 和王守东等在 SEG 年会上发表了关于多属性核聚类分析的文章。

# 第二章　基于偏移距的四维联动解释环境的建立

随着油气田勘探开发的不断推进，小砂体、窄河道、薄互层以及微裂缝等勘探对象成为主要目标，对地球物理技术提出了更高的要求。叠后地震资料虽信噪比较高，但叠加的同时损失了很多采集到的单入射角地震信息，造成叠后属性的解释分析存在很大的不确定性，因此需要把眼光转向叠前；叠前 AVO 类属性发展迅速，但是，叠前单角度地震资料的振幅、频率、相位、吸收等属性的应用相对较少。针对叠后属性存在较大不确定性问题、叠前信息应用不够充分、叠前叠后属性缺乏对比分析等问题，从叠前道集和叠后地震数据出发，建立 X－Y－T－偏移距的四维联动解释环境。在此环境下，针对不同深度的不同地质体，开发了基于偏移距的显示和解释窗口；可以实现叠前道集显示、叠前道集与叠后单角度地震剖面的联动显示、叠前道集与叠后多角度地震剖面的联动显示、叠后单角度地震剖面与叠后单角度平面属性的联动显示、叠后多角度地震剖面与叠后多角度平面属性的联动显示，通过联动显示和对比分析，寻找不同地质体的敏感偏移距段。另外，在敏感偏移距段范围内，在单角度数据体上提取多种单角度属性，并对单角度属性做适当的优化组合，从而更好地刻画地质体特征。

叠前叠后地震联动环境与属性提取技术模块具备叠前道集显示窗口、叠后单角度地震剖面显示窗口、叠后多角度地震剖面显示窗口、叠后单角度平面属性显示窗口和叠后多角度平面属性显示窗口。

## 第一节　叠前道集与叠后地震剖面的联动显示

### 一、叠前道集与叠后单角度地震剖面的联动显示

点击叠前道集上的某一点，会出现如图 2－1 所示的对话框，询问“确定提取偏移距为 24 的数据”，点击“确定”，从而得到叠后单角度地震剖面。

由此，可以根据地质体所在的位置，进行叠前道集和叠后单角度地震剖面的联动显示和对比分析，从而寻找该地质体的敏感偏移距段。

### 二、叠前道集与叠后多角度地震剖面的联动显示

点击叠前道集上的某一偏移距段，会出现如图 2－2 所示的对话框，询问“确定提取偏移距为 35～36 的数据”，点击“确定”，从而得到叠后多角度地震剖面。由此，可以根据地质体所在的位置，进行叠前道集和叠后多角度地震剖面的联动显示和对比分析，从而更准确地寻找该地质体的敏感偏移距段。

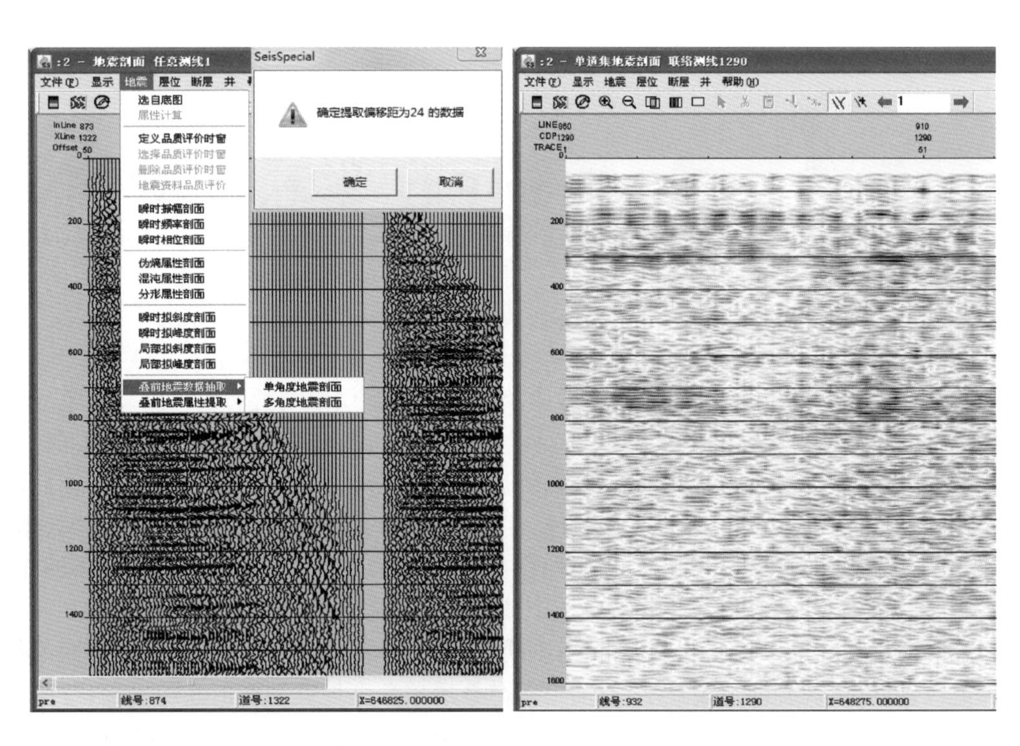


图 2－1　叠前道集与叠后单角度地震剖面的联动显示

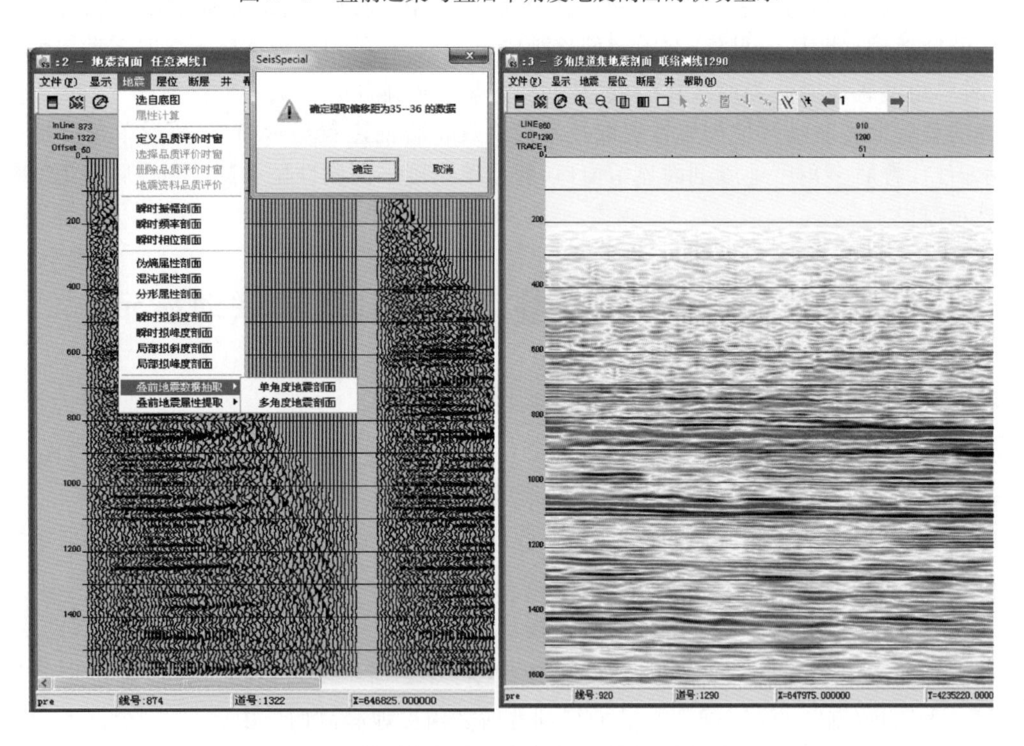


图 2－2　叠前道集与叠后多角度地震剖面的联动显示

## 三、叠后单角度地震剖面和叠后单角度属性的联动显示

在叠后单角度地震剖面上，点击目的层段所在的某一点，会出现如图 2－3 所示的对话框，根据提示，选择固定时窗、沿层时窗和层间时窗进行单角度属性提取，可以提取的属性包括最大振幅、最小振幅、瞬时振幅、瞬时振幅变化梯度、瞬时频率、瞬时频率变化梯度等，如图 2－3 中的最大振幅属性。

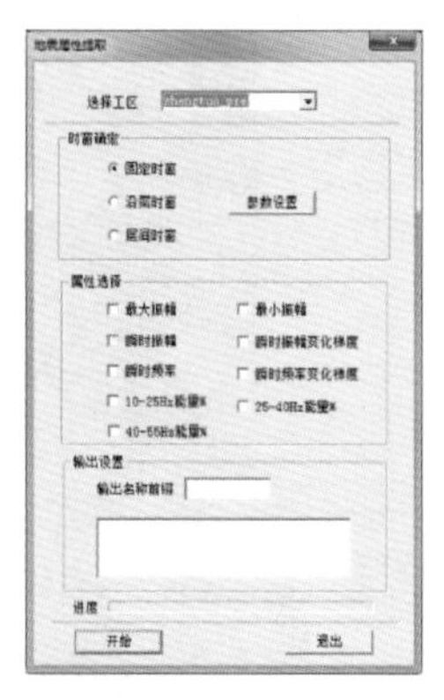


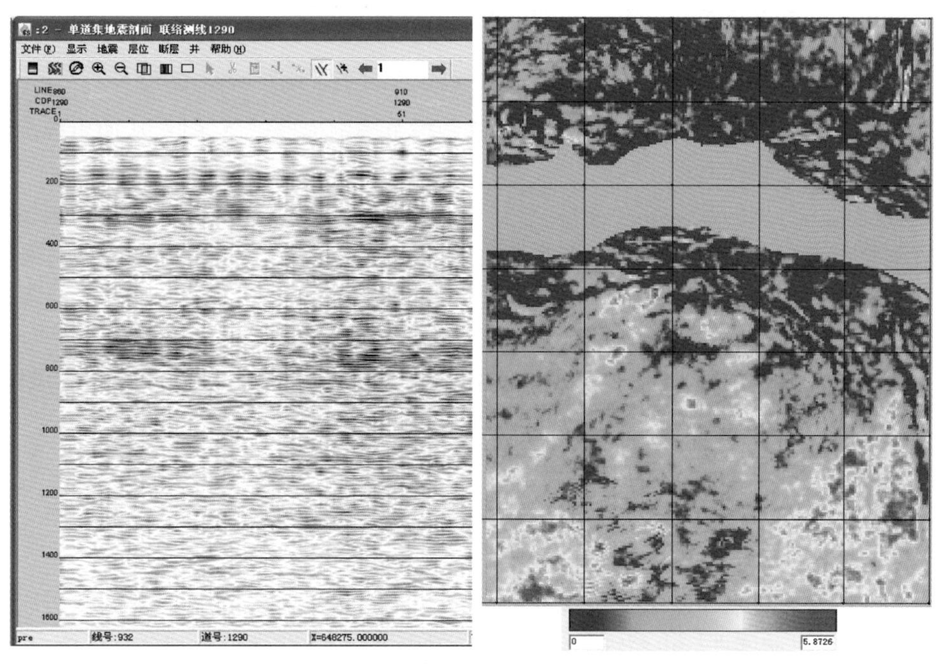


图 2－3　叠后单角度地震剖面和叠后单角度平面属性的联动显示

## 四、叠后多角度地震剖面和叠后多角度属性的联动显示

叠后多角度地震剖面和叠后多角度平面属性的联动显示与叠后单角度地震剖面和叠后单角度平面属性的联动显示有类似的操作步骤，根据提示，可以得到如图 2－4 所示的叠后多角度沿层最大振幅属性图。

以上方法的研发及功能的实现，旨在通过对比分析叠前叠后地震剖面和平面属性，寻找不

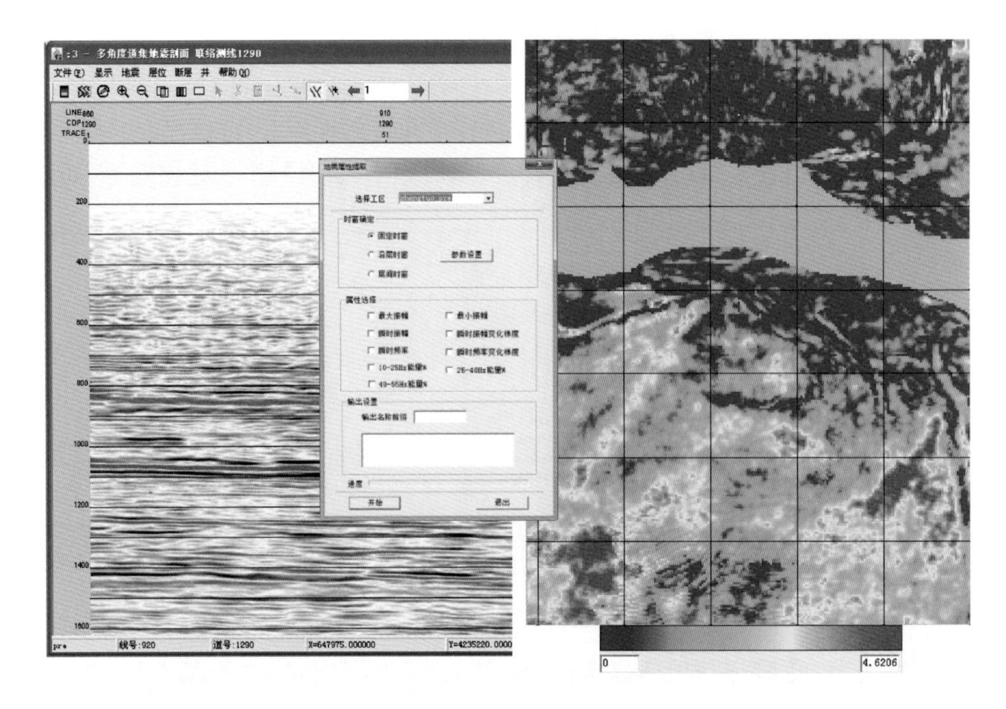

图2-4　叠后多角度地震剖面和叠后多角度平面属性的联动显示

同地质体的敏感偏移距段范围，进而在敏感偏移距段范围内提取敏感属性，从而更准确地刻画地质体的展布范围和物性差性。

根据叠前地震数据的数据量大、信息丰富和信噪比偏低的特点，将常规叠后地震属性提取技术拓展到叠前。采用有限角度叠加方法解决低信噪比问题。同时根据AVO理论研究反映叠前道集与偏移距相关的地震属性，形成抗噪的叠前地震属性提取方法与技术。地震属性提取的种类可根据叠后地震属性优选的结果，有效限制叠前地震属性提取的类别。

根据叠前地震属性的特点，研究叠前地震属性集上随机噪声的压制方法。最大限度地挖掘叠前地震数据CIP道集中的有效信号，为后续处理分析建立基础。

## 第二节　叠前常规属性的提取

叠前地震数据较叠后地震数据包含着更加丰富的振幅和旅行时信息，能更真实地反映储层特性，进而能够对储层进行更精细的描述。目前所研究的叠前属性大部分是指叠前AVO属性，对其他叠前属性的研究相对滞后，因此叠前地震属性的研究蕴藏着巨大潜力，具有广阔的应用前景。图2-5为某ADCIGs道集的瞬时相位属性的相关性图。相邻角度上地震属性(靠近对角线)相关系数接近1，有很强的相关性；随着偏移距增大，角度之差增大(远离对角线)，不同角度上的同一地震属性相关系数减小，即相关性减弱。

在叠前角道集数据体上提取的常规属性，角道集数据体的属性提取方式与叠后地震数据的属性提取方式相似，主要提取三瞬、均方根振幅、能量半衰时、平均能量、平均振幅、弧长等属性：

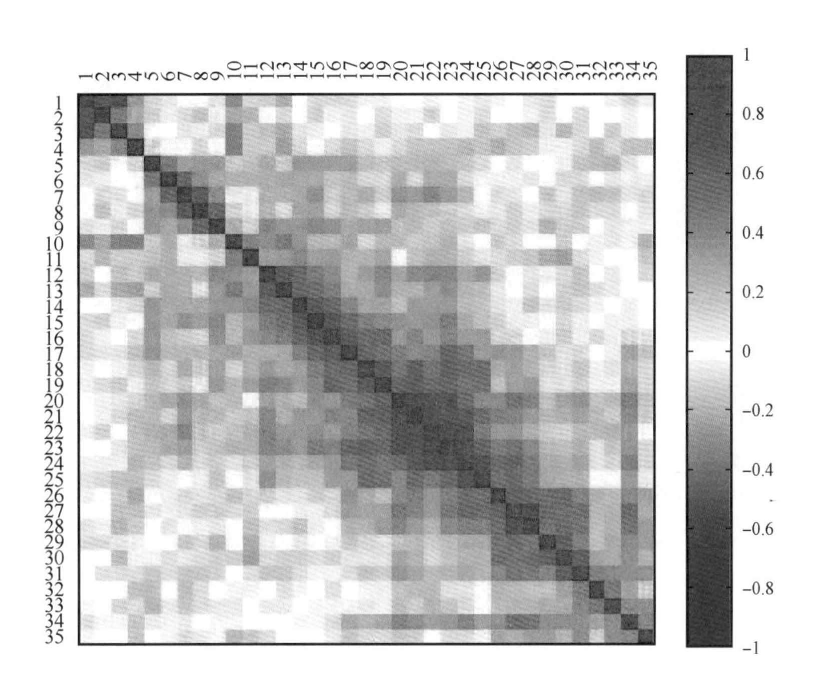


图 2－5　瞬时相位属性之间的相关性分析(1°～35°)

一、瞬时振幅

复合地震道由下式给出:$F(t)=f(t)+\mathrm{i}g(t)$,$f(t)$是与地震数据记录一致的实部;$g(t)$为复数地震道的虚部,是$f(t)$的 Hilbert 变换。瞬时振幅的定义:

$$E(t) = \sqrt{f^2(t) + g^2(t)} \tag{2-1}$$

图 2－6 为编程提取的角道集上瞬时振幅属性。瞬时振幅是与相位无关的振幅值,是地震道的包络。因此,瞬时振幅总是正值而且和实际地震道的模值具有相同的大小顺序。它主要表征波阻抗差,亮点、可能的天然气聚集、层序边界、薄层调谐作用、不整合、主要的岩性变化、沉积环境的主要变化。其横向变化主要和岩性变化或碳氢物积聚有关。

二、瞬时相位

瞬时相位的计算公式:

$$\mathrm{ph}(t) = \arctan[g(t)/f(t)] \tag{2-2}$$

图 2－7 为角道集上提取的瞬时相位属性。瞬时相位描述的是作为时间函数的相位矢量和实轴之间的夹角,因此总为－180°和＋180°之间的数。瞬时相位数据表现出不连续的锯齿状,这是由相位从＋180°到－180°急剧变化引起的。瞬时相位和反射强度无关,它能够增强弱的相关同相轴的连续性,因此在判断断层、尖灭、河道扇体等内部沉积地质现象时是有用的。瞬时相位是横向连续性的最佳指示器、与波传播的相位分量有关、不含振幅信息,但代表所有的同相轴、地层几何形态的可视化,可用于瞬时频率和加速度的计算。

三、瞬时频率

瞬时频率是瞬时相位的时间变化率。

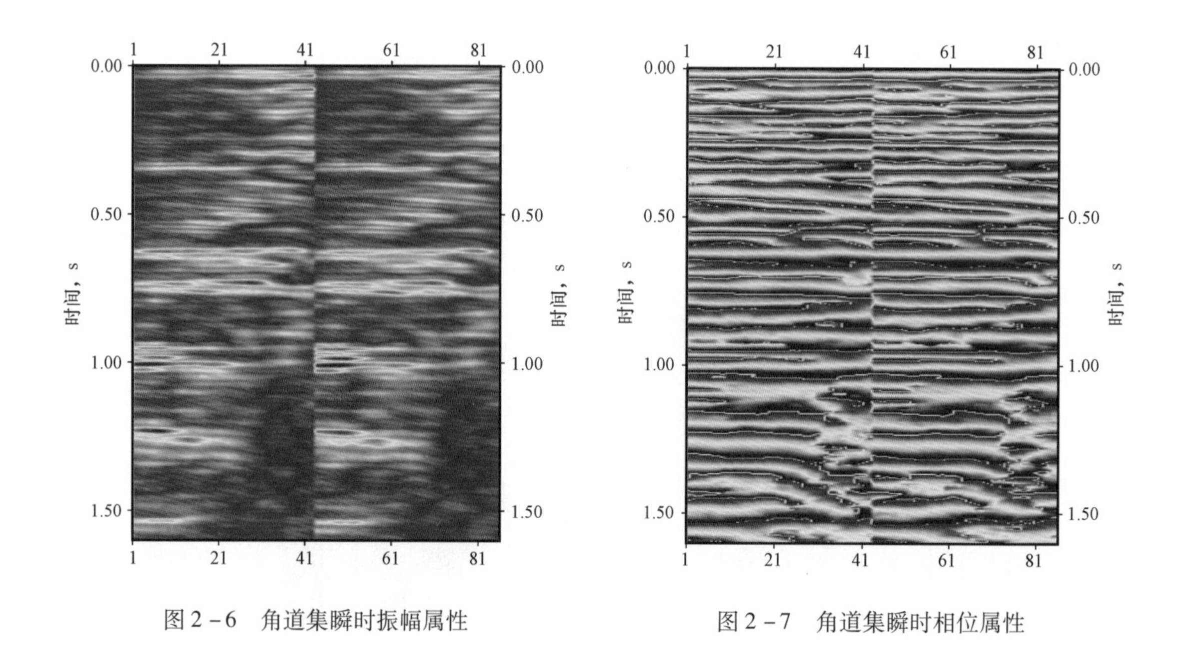


图 2 - 6　角道集瞬时振幅属性

图 2 - 7　角道集瞬时相位属性

$$\mathrm{Freq}(t) = \frac{\partial[\mathrm{ph}(t)]}{\partial t} \tag{2-3}$$

图 2 - 8 为角道集上提取的瞬时频率属性。瞬时频率能够提供频率波形的同相轴，吸收的影响，断裂和沉积厚度的信息。因为瞬时频率代表一个点上的值而不是一个间隔上的平均值，所以瞬时频率可以显示在平滑处理中可能丢失的突变，这种突变将能显示尖灭或者油水界面边缘。因此，在和其他方法结合使用时瞬时频率是一个很好的检测——平衡工具。它主要表征：与地震子波功率谱的平均频率一致、用作横向地震特征相关器、显示低振幅薄层的边界，通过低频异常可显示碳氢化合物、相似断层区，高频显示薄页岩层或明显的分界面，低频显示富含砂的层，碎屑环境中可用作砂/泥岩比例指示器。

四、均方根振幅属性

其计算公式为：

$$\mathrm{RMS} = \sqrt{\frac{\int_{t_1}^{t_2} A^2(t)}{(t_2 - t_1)}} \tag{2-4}$$

图 2 - 9 为角道集上提取的均方根振幅属性。反映了特定时窗内的地震波振幅的平均变化水平，其数值的大小与储层性质、岩石成分和流体性质等有关，还可以反映地层的平均吸收性质。均方根振幅可识别亮点、暗点。扇体、河道砂的横向变化引起的均方根振幅变化特征明显，同时，储层含气也容易引起均方根振幅异常。

五、平均绝对值振幅

平均绝对值振幅不像均方根振幅那样，对特别大的振幅敏感。图 2 - 10 为角道集上提取

的平均绝对值振幅属性。

该属性适用于地层的岩性变化趋势分析、地震相分析，也可用于地层岩性相变分析，计算薄砂层厚度，识别亮点、暗点，指示烃类显示，识别火成岩等特殊岩性。

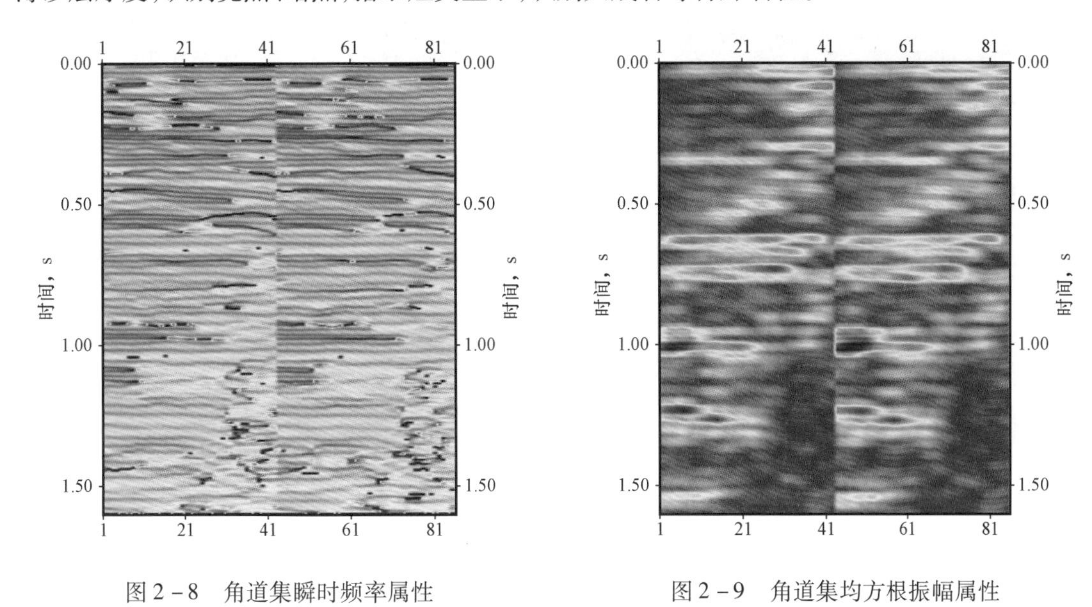


图2－8　角道集瞬时频率属性　　　　图2－9　角道集均方根振幅属性

$$\text{Aver\_Abs\_Amp} = \frac{\sum_{i}^{n} |\text{amp}|}{k} \tag{2-5}$$

六、均振幅属性

其计算公式为：

$$\text{Mean\_Amp} = \frac{\sum_{i}^{n} \text{amp}}{k} \tag{2-6}$$

图2－11为角道集上提取的平均振幅属性。平均振幅计算测量道斜线。正或负斜线可能指示亮点的存在。岩性的横向变化或含气砂岩容易导致中值振幅改变，地层层序的变化往往也在中值振幅的变化上有所反映。

七、弧长属性

计算公式为：

$$\text{Arc\_Length} = \frac{\sum_{j=i}^{n-1} \sqrt{(\text{amp}(j) - \text{amp}(j+1)^2 + (Z)^2)}}{(n-i) \times \text{sample\_rate}} \tag{2-7}$$

图2－12是角道集上提取的弧长属性。弧长是测量反射异常、反射关系的横向变化。它

是地层层序的指示，可用于区别同是高振幅特征，但有高频、低频之分的地层情况，在砂泥岩互层中可识别富砂或富泥的地层。同时，对流体的聚集性质改变比较敏感，尤其是含气储层。

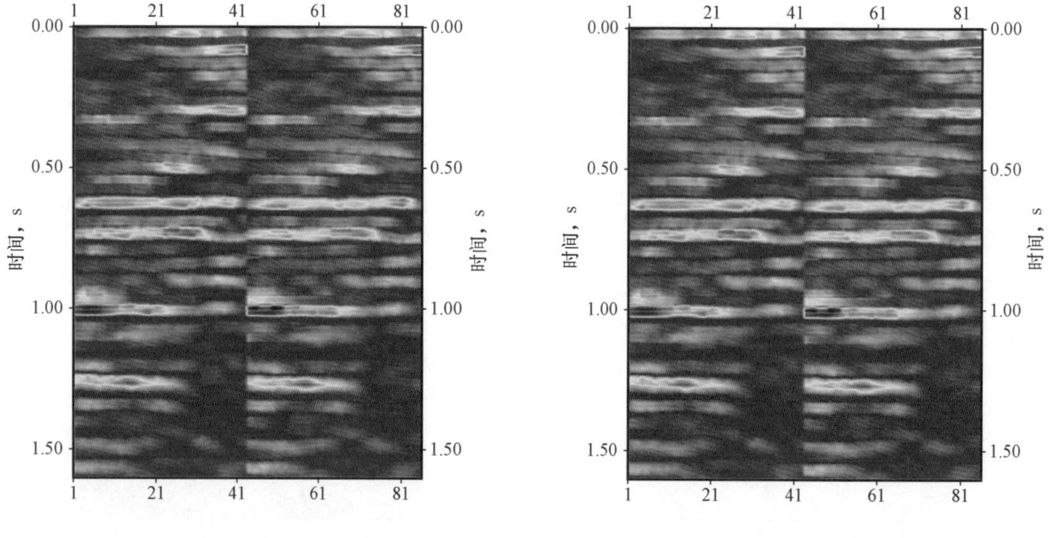


图 2－10　角道集平均绝对值振幅属性　　　图 2－11　角道集平均振幅属性

## 八、平均能量属性

其计算公式为：

$$\text{Average Magnitude} = \frac{\sum_{t_1}^{t_2} |\text{amp}|}{k} \tag{2-8}$$

图 2－13 为角道集上提取的平均能量属性。平均能量计算定义数据体内每一道平均绝对振幅值。可用于烃类检测及通过异常振幅和背景值的比来显示地质特征。

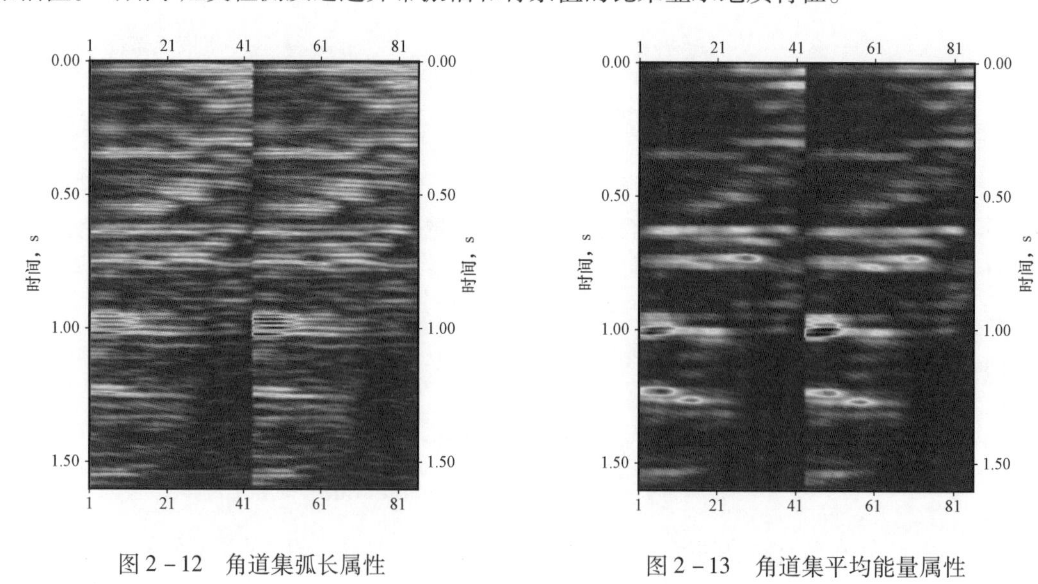


图 2－12　角道集弧长属性　　　图 2－13　角道集平均能量属性

# 第三节　叠前 *P*、*G* 属性的提取

叠前 AVO 属性包括截距（$P$）属性、梯度（$G$）属性，以及二者推导出的相关属性，如拟泊松比属性（$P+G$）、拟零炮检距横波反射系数属性（$P-G$）、烃类指示属性（$P \times G$）等。由于 $P+G$、$P-G$、$P \times G$ 都可以由 $P$ 和 $G$ 通过运算得到，我们对 $P$、$G$ 属性进行了编程提取。

## 一、截距（$P$）属性

根据前面对 Shuey 近似公式的介绍可知截距的表达式为：

$$P = \frac{1}{2}\left(\frac{\Delta V_p}{V_p} + \frac{\Delta \rho}{\rho}\right) \tag{2-9}$$

在界面上下地层的岩性参数变化不是非常大的情况下式（2－9）可以近似写成：

$$P = \frac{V_{p2}\rho_2 - V_{p1}\rho_1}{V_{p2}\rho_2 + V_{p1}\rho_1} \tag{2-10}$$

由式（2－10）可知，此时的截距属性就是纵波的垂直入射反射系数。因此，截距剖面实际上就是零炮检距剖面，我们知道常规 CMP 叠加道的振幅值是各偏移距道振幅的平均值，这就损失了振幅随偏移距变化的信息；而在截距属性剖面上，各截距道上的振幅值是利用振幅随偏移距变化信息反演得到的，由于部分利用了叠前的地震信息，所以从某种意义上讲，可以认为反演得到的截距属性剖面比常规叠加剖面更接近于真正的零炮检距剖面，即更接近于零炮检距的振幅估计。图 2－14 为提取的 $P$ 属性剖面。

## 二、梯度（$G$）属性

梯度剖面反映的是振幅随入射角的变化率和变化趋势，根据前面的 Shuey 公式知道梯度 $G$ 的表达式为：

$$G = \frac{1}{2} \times \frac{\Delta V_p}{V_p} - 2 \times \frac{V_s^2}{V_p^2} \times \frac{\Delta \rho}{\rho} - 4 \times \frac{V_s^2}{V_p^2} \times \frac{\Delta V_s}{V_s} \tag{2-11}$$

从式（2－11）可以看到，梯度与纵波速度 $V_p$、横波速度 $V_s$ 和密度 $\rho$ 这三个弹性参数有关，当界面上下的 $V_p/V_s$ 变化很大时，就会产生梯度异常。一般来说，对 $G$ 为负值且绝对值较大的地区，作为优先考虑含油气较为有利的地区，根据 $G$ 属性的特征，综合构造形态、断层封堵性、沉积模式、生储盖等多种因素，可初步圈定出含油气范围。图 2－15 为提取的 $G$ 属性剖面。

## 三、拟泊松比（$P+G$）属性

经过推导可以得到：

$$P + G = R_p + R_p - 2 \cdot R_s = 2 \cdot (R_p - R_s) \tag{2-12}$$

由式（2－12）可看出，$P+G$ 反映了纵横波反射系数之差，当储层中含有油气特别是气时，其纵波反射系数将发生较大变化而横波反射系数变化不大，因此 $P+G$ 属性将是对储层是否含油气的一个较敏感的指示，有国外公司将 $P+G$ 定义为 H3，认为其是对油气预测较有效的

一种属性。图 2－16 为提取的 $P+G$ 属性剖面。

## 四、拟零炮检距横波反射系数($P-G$)属性

经过推导，$P-G=R_{\mathrm{p}}-R_{\mathrm{p}}+2\cdot R_{\mathrm{s}}=2\cdot R_{\mathrm{s}}$，它反映了横波垂直入射到地层界面上时的横波反射系数。严格地说，一个平面 P 波垂直入射时是不会产生横波的，在这里是通过具有入射角参数的反射系数拟合计算出来的零炮检距反射信息。同时值得注意的是，这里计算出来的反射振幅就是横波入射横波反射时的振幅，而不是转换横波的振幅。可以综合 $P$ 属性一起解释分析地层含油气性。图 2－17 为提取的 $P-G$ 属性剖面。

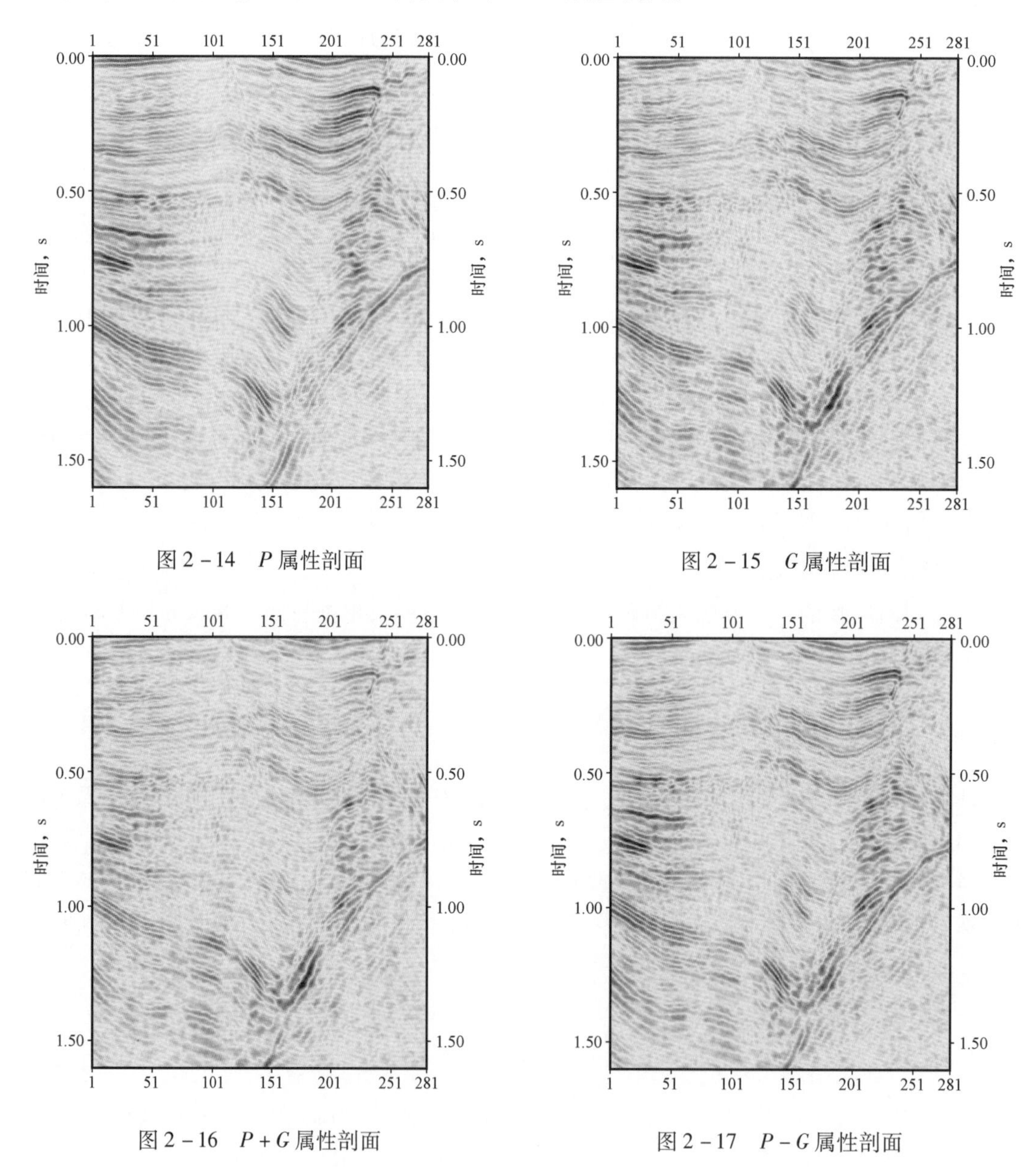


图 2－14　$P$ 属性剖面

图 2－15　$G$ 属性剖面

图 2－16　$P+G$ 属性剖面

图 2－17　$P-G$ 属性剖面

## 五、烃类指示属性($P \times G$)

斜率 $G$ 的大小及其正负符号与岩性以及流体性质有着某种联系。如果把它与截距 $P$ 相乘,尽管还不能从 $P$ 与 $G$ 的表达式导出简单明了的物理含义解释,但相乘加大了数据绝对幅度值的差异,扩大了数据的动态范围,提高了清晰度。另外,相乘时同号为正,异号为负,这有利于信息特性的检测。通常把这个属性称为烃类指示剖面,这类似于过去的亮点显示,但可信度比亮点显示要高。图 2 - 18 为提取的$P \times G$属性剖面。

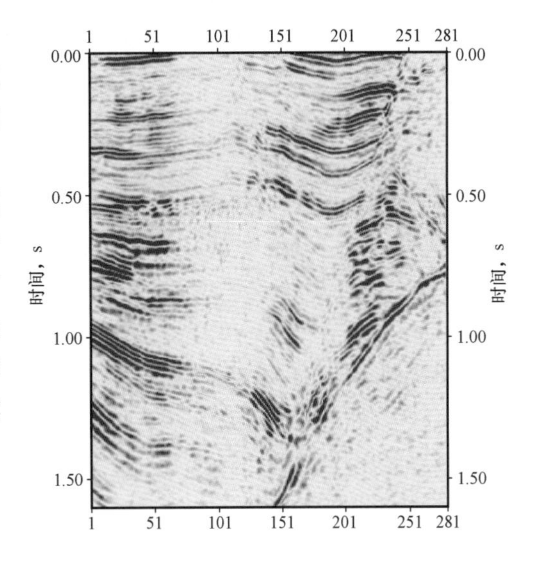


图 2 - 18　$P \times G$ 属性剖面

# 第三章　叠前叠后地震属性优选与优化研究

不同地震属性对不同储层参数的敏感程度是不同的，所以通常要提取许多地震属性，但是属性过多会对储层参数预测带来不利影响，主要有以下原因（印兴耀等，2005）。

（1）有些属性可能与目的层本身无关，而反映的是干扰的变化。

（2）属性的增加会带来计算方面的困难，过多的数据要占用大量的存储空间和计算时间。

（3）大量的属性中肯定会包含着许多彼此相关的因素，从而造成信息的重复和浪费。

（4）就回归和模式识别而言，样本数固定时，属性过多会造成预测效果的恶化。

地震属性优化分析方法可以分为地震属性降维映射和地震属性选择两大类，地震属性优选主要有遗传算法、神经网络方法、RS 理论决策分析方法、聚类分析法、因子分析等方法。本文采用遗传算法与支持向量回归机（目标函数）相结合的方法，优选出对储层特征参数估算建模有利的地震属性子集。

## 第一节　基于 SVR－GA 的属性优选算法的基本原理

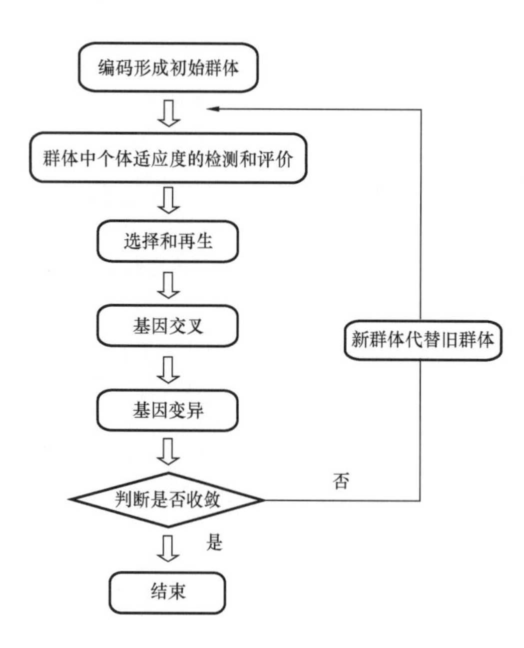


图 3－1　遗传算法流程图

遗传算法是一种基于生物界自然选择和自然遗传机制解组合优化问题的全局搜索算法。遗传算法为具有“生成—检测”这一迭代过程的搜索算法。但它又区别于普通的搜索算法。普通的搜索算法一般只是从一个解出发改进到另一个较好的解，而遗传算法则是从原问题的一组解出发改进到另一组较好的解。遗传算法的流程示意图如图 3－1 所示。

遗传算法的方法原理主要由以下几个问题组成。

（1）编码问题。

遗传算法不能直接处理问题空间的参数，必须把它们转换成遗传空间内按一定结构且由基因组成的染色体或个体。这一转换操作称为编码，也可以称作问题的表示。通常将由问题空间向 GA 空间的映射称作编码，而由 GA 空间向问题空间的映射称作译码。评估编码水平常采用三个方面的指标，即完备性（问题空间中的所有候选解都能表示为 GA 空间的染色体）、健全性（GA 空间中的染色体能对应所有问题空间中的候选解）和非冗余性（染色体和候选解一一对应）。

（2）群体设定。

遗传操作是对众多个体同时进行的，这些众多个体组成了群体。在遗传算法处理流程编码设计之后的任务是初始群体的设定，并以此为起点一代一代地进化，直到满足某种进化停止准则而结束进化过程，此时得到最后一代（或群体）。群体规模即群体中包括的个体数目的设定需要考虑两个因素。第一个因素是初始群体的设定。在遗传算法中初始群体的设定可采取如下策略：① 根据问题固有知识，设法把握最优解所占空间在整个问题空间中的分布范围，并在此范围内设定初始群体；② 随机生成一定数目的个体，并从中挑出最好的个体加入到初始群体中。这种过程不断迭代，直到初始群体中个数达到预先确定的规模。

（3）遗传操作。

遗传操作是模拟生物基因遗传的操作。在遗传算法通过编码组成初始群体后，遗传操作的任务就是对群体中的个体，按照它们对环境的适应程度（适应度评估）完成一定的操作，从而实现优胜劣汰的进化过程。从优化搜索的角度而言，遗传操作可使问题的解逐代优化，并逼近最优解。遗传操作包括选择、交叉和变异三个基本遗传算子，它们具有操作的随机化特点，其效果与三个遗传算子所取得的操作概率、编码方法、群体大小、初始群体以及适应度函数的设定密切相关。

实际应用中，遗传算法通过把可行解空间离散化为离散可行解空间，再将解空间的点一一映射到染色体空间染色体二进制编码上，从染色体空间随机生成一个母本集，由母本集根据目标函数的“优”“劣”，通过选择、交换、变异来进行繁殖。在遗传算法中，引进“灾变”过程，能加快变异速度且能产生各种随机样本，从而随机地搜索远处的全局极值。

GA 与 SVR 相结合进行地震属性优选的基本思想是将 SVR 模型的交叉检验均方差误差（Root - Mean - Square Error of Cross Validation, RMSECV）作为 GA 的适应度评价标准，RMSECV 的计算公式如式（3 - 1）所示。交叉检验的过程为：将数据分成 $m$ 份，每次用其中的 1 份作为建模数据，其余 $m-1$ 份作为测试数据，计算每份测试数据的均方根预测误差（Root Mean Square Predict Error, RMSPE）$e_{\mathrm{RMS}j}$；重复 $m$ 次建模、测试之后得到每次测试的 RMSPE，并计算得到 $m$ 个 RMSPE 的平均值，即得到 RMSECV。RMSPE 的计算如式（3 - 2）所示，其中，$e_{\mathrm{RMS}j}$ 为 RMSPE，$\hat{y}_i$ 为预测值，$y_i$ 为实际值，$n$ 为样本数。具体实施过程涉及地震属性的交叉、变异及样本的交叉检验，通过设定迭代次数或者终止条件可以找到优选的地震属性集。

$$\mathrm{RMSECV} = \frac{1}{m}\sum_{i=1}^{m}\left[\frac{1}{m-1}\sum_{j=1}^{m-1} e_{\mathrm{RMS}j}\right] \tag{3-1}$$

$$e_{\mathrm{RMS}j} = \sqrt{\frac{1}{n}\sum_{i=1}^{n}(\hat{y}_i - y_i)^2} \tag{3-2}$$

## 第二节　SVR－GA 的方法流程

SVR－GA 的方法流程包括以下几方面：

（1）提取井旁地震道的地震属性，获取测井信息，对地震属性、测井数据进行预处理；

（2）编码和形成初始群体；

（3）利用支持向量回归机进行交叉验证，得到群体中适应度的检测和评估；

（4）剔除适应度差的一半个体，对适应度好的一半个体进行繁殖，在繁殖时考虑基因的交叉和变异；

（5）判断是否收敛，如果不收敛则回到步骤（3），如果收敛则输出属性优选的结果。

## 第三节　SVR－GA 的模型试算

首先使用仿真数据进行算法的验证，即利用仿真函数生成有效属性和无效属性已知的数据集，利用本文引入的 SVR－GA 算法进行属性优选，将优选的结果与已知进行对比，进而评价算法的有效性。

采用以下仿真函数生成数据集（Friedman，J. H. ，1991）：

$$f(x_1,\cdots,x_N) = 10\times\sin(\pi x_6 x_7) + 20\times(x_8 - 0.5)^2 + 10\times x_9 + 5\times x_{10} + n \quad (3-3)$$

设置 $N$ 为 10，数据集共有 100 个样点，由式（3－3）可知，数据集中，第 1～5 个属性为无效属性，第 6～10 个为有效属性。对数据进行标准化之后，利用 SVR－GA 算法对属性进行优选，为了验证可重复行，属性优选进行了 3 次，结果见表 3－1。

可以看出，3 次的属性优选结果中，两次优选结果与已知完全一致，第二次优选出 4 个有效属性，这是由于随机生成的初始解不同，在生成最优解时选择的属性子集也会有一定的变化。

**表 3－1　从 10 个属性（5 个有效属性）优选结果**

| 项目＼属性 | 1～5 | 6～10 |
|---|---|---|
| 第一次 | 00000 | 11111 |
| 第二次 | 00000 | 11011 |
| 第三次 | 00000 | 11111 |

设置 $N$ 为 20，依然生成 100 个样点，则这时，第 6～10 个属性为有效属性，其余的 15 个为无效属性。利用 SVR－GA 优选的结果见表 3－2。

**表 3－2　从 20 个属性（5 个有效属性）优选结果**

| 项目＼属性 | 1～5 | 6～10 | 11～15 | 16～20 |
|---|---|---|---|---|
| 第一次 | 00001 | 11111 | 00000 | 00000 |
| 第二次 | 00000 | 11111 | 00000 | 00000 |
| 第三次 | 00000 | 11111 | 00000 | 00000 |

同样地,3 次属性优选结果都能优选出有效属性(第 6 ~ 10 个属性),并且无效属性识别准确率也很高。

## 第四节　实际数据试算

利用实际数据进行算法验证和分析,实验数据为 OpendTect 中的 F3 工区数据。在 F3 工区中提取 F03 - 4 井的自然伽马测井曲线,并在 OpendTect 中提取 F03 - 4 井旁地震属性,共 231 个。然后利用 SVR - GA 算法进行属性优选,优选出 58 个属性。将数据点分为两组,一组用来建立预测模型,另一组用来检验建立的预测模型的准确性。分组时,为了避免不同深度、不同地层的影响,所以进行随机分组。图 3 - 2 为训练数据和检验数据的实际值和预测值,其中,图 3 - 2a 为训练数据的实际值(蓝色实线)和预测值(红色实线),图 3 - 2b 为检验数据的实际值(蓝色实线)和预测值(红色实线)。

图 3 - 3 是利用预测模型按原始测井顺序排序的自然伽马测井曲线(红色实线)与原始曲线(蓝色实线)的对比图。

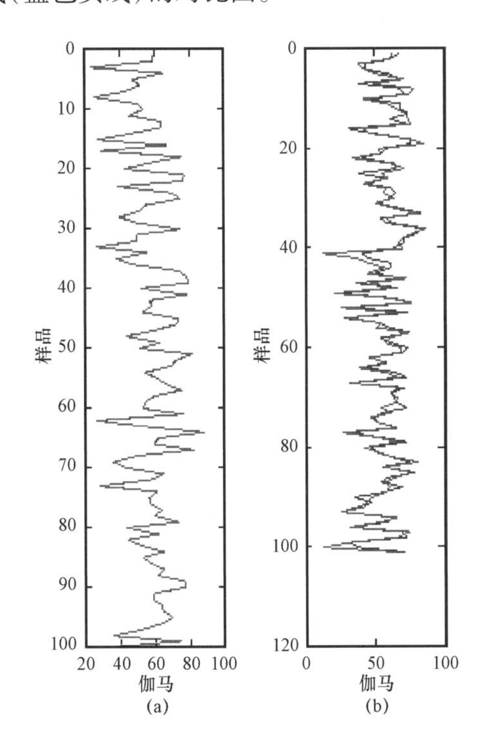


图 3 - 2　训练数据集和检验数据集的实际值和预测值(红色为预测,蓝色为原始)

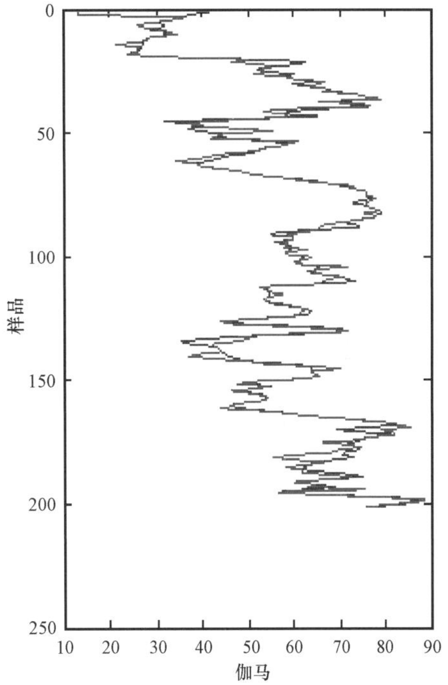

图 3 - 3　按原始测井顺序排序的预测和实际伽马曲线(红色为预测,蓝色为原始)

分别利用优选前的属性集和优选后的属性集建立储层特征参数估算模型,并对过井剖面进行估算,得到估算的储层特征参数剖面,如图 3 - 4 所示。图 3 - 4a 为原始地震剖面,图 3 - 4b 是没有经过优选的原始属性集建立估算模型后,得到的储层特征参数估算剖面,图 3 - 4c

是优选后的属性子集建立估算模型后，得到的储层特征参数估算剖面。可以看到，如果不对地震属性进行优选，原始属性集中的一些对储层参数估算建模不利的地震属性会对建模有不利的影响。

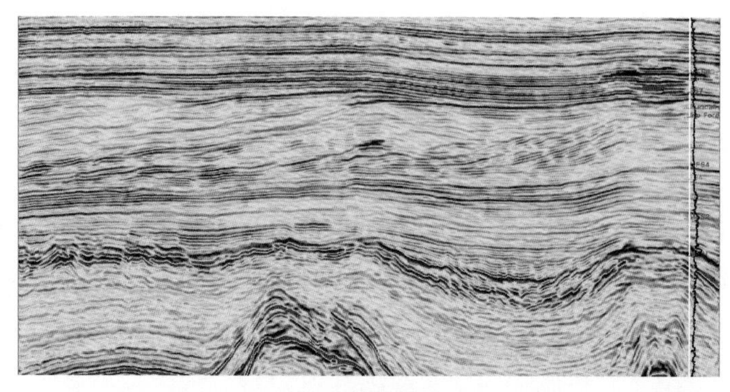

(a) 原始地震剖面

(b) 未进行优选的属性集建模估算的储层特征参数剖面

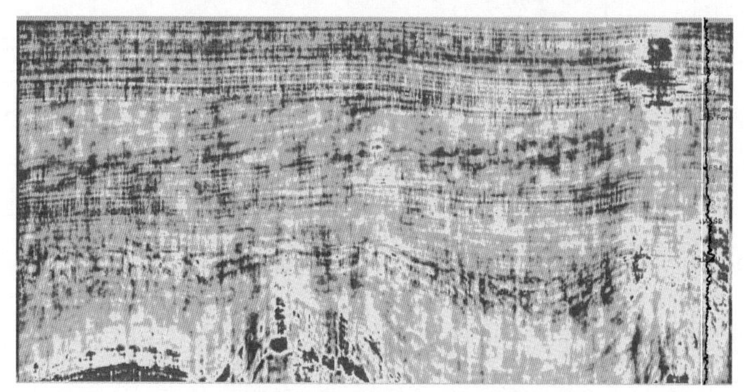

(c) 优选后的属性集建模估算的储层特征参数剖面

图3－4　属性优选前后建立的储层特征参数估算模型的估算效果

通过模型数据和实际工区数据试算，SVR－GA方法可以有效地优选出原始属性集中的有效属性，剔除不利属性，优选后的地震属性子集建立的储层参数估算模型对数据的预测结果准确。

# 第四章　储层特征参数估算方法研究

储层参数估算是油藏描述的重要环节，在岩性勘探和油气开发评价中起着举足轻重的作用。近十年内国内储层参数预测研究方法主要以神经网络、函数逼近与地质统计学方法以及它们的不同组合方法为主，但是随着油田勘探开发的不断深入，这些方法仍然有很多需要逐步完善的地方。

将储层特征参数看成软测量技术中的难检测过程量（主导变量），地震属性看成是软测量技术中的易检测过程量（辅助变量），通过软测量技术建立数学模型，通过计算得到主导变量（储层特征参数）的估算值。

将已知储层样本集分为训练样本集与验证样本集，利用训练样本集建立从地震属性到储层特征参数的映射关系，用验证样本集对映射关系进行检验，根据估算值与实际值之间的误差对核函数和核参数进行优化。不同的核函数和不同的地震属性集具有不同的建模精度。通过优化在数据允许范围内获得最佳建模参数。

非线性支持向量回归（Support Vector Regression，SVR）的基本思想是通过事先确定的非线性映射将输入向量映射到一个高维特征空间（Hilbert 空间）中，然后在此高维空间中再进行线性回归，从而取得在原空间非线性回归的效果。

## 第一节　基于 SVR 的非线性回归的基本原理

支持向量机（Support Vector Machine SRM）的成功源于两项关键技术：利用 SRM 原则设计具有最大间隔的最优超平面；通过非线性变换（核函数）将一个低维原始空间复杂的决策面转化为某个高维空间中的线性问题，即升维的思想。支持向量机解决非线性问题的原理如图 4－1 所示。下面将介绍这两个关键技术，最优超平面和核函数。

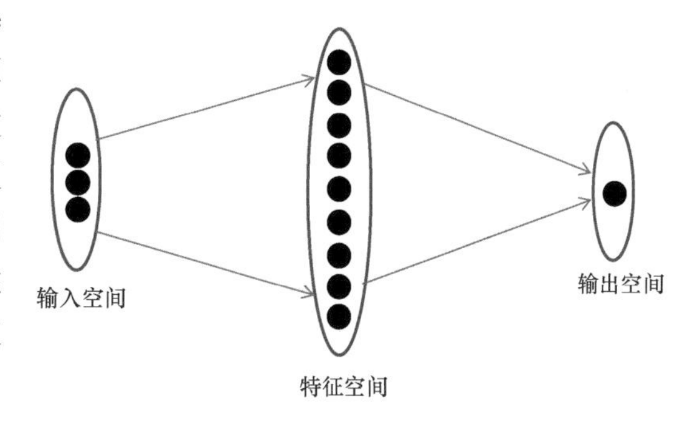


图 4－1　支持向量机特征映射图

### 一、最优超平面

支持向量机方法是从线性可分情况下的最优超平面（Optimal Hyperplane）提出来的。设两类线性可分的样本集合：

$$D = \{(x_1,y_1),\cdots,(x_l,y_l)\},x \in R^n,y \in \{-1,1\} \tag{4-1}$$

其对应的分类面为：

$$w \cdot x + b = 0 \tag{4-2}$$

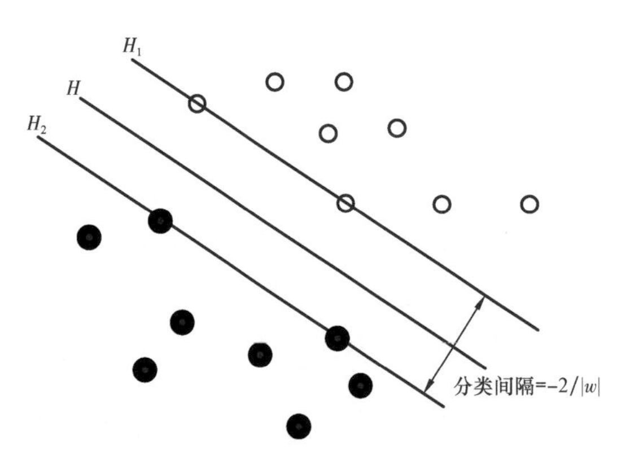


图4-2 线性可分情况下的最优分类超平面

如果该分类面对所有样本都能正确分类且分类间隔最大，该分类面则称为最优分类线（在多维空间称为最优超平面），这个向量集合被这个最优超平面分开，如图4-2所示，其中实心点和空心点代表两类样本，$H$为分类超平面，$H_1$，$H_2$分别代表各类中离$H$最近的样本且平行$H$的面，它们之间的距离称为分类间隔（Margin）。没有错误的分开保证经验风险最小（为0）；使分类间隔的距离最大，保证推广性的界的置信范围最小，从而使真实风险最小。

要求分类超平面对所有样本正确分类，必须满足：

$$y_i[(w \cdot x_i)+b]-1 \geqslant 0, i=0,1,2,\cdots\cdots,l \tag{4-3}$$

容易验证，最优分类超平面就是满足条件式（4-3）并且使得$\Phi(w)=||w||^2$最小化的超平面。通过这两类样本中离分类面最近的点并且平行于最优超平面的训练样本，也就是使$\Phi(w)=||w||^2$式等号成立的那些样本称为支持向量（Support Vectors，SV）。

构建最优分类超平面，必须用系数模最小的超平面把属于两个不同类$y \in [+1,-1]$的样本集中的向量$x_i$分开。要找到这个超平面，需要求解下面的二次规划问题，最小化泛函：

$$\Phi(w)=\frac{1}{2}||w||^2=\frac{1}{2}(w \cdot w) \tag{4-4}$$

这个优化问题的解是由下面的拉格朗日（Lagrange）函数的鞍点给出：

$$L(w,b,\alpha)=\frac{1}{2}(w \cdot w)-\sum_{i=1}^{l}\alpha_i[y_i(w \cdot x_i)+b-1] \tag{4-5}$$

其中，$\alpha_i>0$为拉格朗日系数，本书的目的是对$w$和$b$求拉格朗日函数的极小值，即式（4-5）中分别对$w$和$b$求偏微分并令其等于0，就可以把原问题转化为简单的对偶问题：

$$\max Q(\alpha)=\sum_{i=1}^{l}\alpha_i-\frac{1}{2}\sum_{i,j=1}^{l}\alpha_i\alpha_j y_i y_j x_i x_j \tag{4-6}$$

约束条件为：

$$\sum_{i=1}^{l}\alpha_i y_i=0,\alpha_i \geqslant 0,i=1,2,\cdots,l$$

若 $\alpha_i^*$ 为最优解，则：

$$w^* = \sum_{i=1}^{l} \alpha_i^* y_i x_i \tag{4-7}$$

即最优分类面的权系数向量是训练样本的线性组合。这是一个不等式约束下二次函数的极值问题，存在唯一解。根据 KKT 条件，这个优化问题的解须满足：

$$\alpha_i [y_i (w \cdot x_i + b) - 1] = 0, i = 1,2,\cdots,l \tag{4-8}$$

因此，对于大多数样本，$\alpha_i$ 将为 0，取值不为 0 的 $\alpha_i^*$ 对于使式(4-8)等号成立即为支持向量，它们通常只是全体样本中的很少一部分。通过上述问题的求解最终得到的最优分类函数为：

$$f(x) = \mathrm{sgn}[(w^* \cdot x + b^*)] = \mathrm{sgn}[\sum_{i=1}^{l} \alpha_i^* y_i (x_i \cdot x) + b^*] \tag{4-9}$$

式(4-9)中的求和实际上只对支持向量进行。$b^*$ 是分类的阈值，可以用任一个支持向量[满足式(4-3)]求得。

在线性不可分的情况下，可以在公式(4-3)中增加一个松弛因子 $\xi_i \geqslant 0$，即允许错分样本的存在，即为：

$$y_i[(w \cdot x_i) + b] \geqslant 1 - \xi_i, i = 1,2,\cdots,l \tag{4-10}$$

为了使计算进一步简化，求解广义最优分类超平面可以在条件式(4-10)的约束下求解下列函数的极小值。

$$\Phi(w,\xi) = \frac{1}{2}(w,w) + C(\sum_{i=1} \xi_i) \tag{4-11}$$

即需要求解最优超平面 $w = \sum_{i=1}^{l} \alpha_i y_i x_i$ 的系数（$C$ 是给定的值，为正的常数，可影响分类精度），因此必须找到一系列参数 $\alpha_i (i = 1,2,\cdots,l)$，于是所求解问题可以转化为求解下面的二次规划：

$$\max Q(\alpha) = \sum_{i=1}^{l} \alpha_i - \frac{1}{2}\sum_{i,j=1}^{l} \alpha_i \alpha_j y_i y_j (x_i \cdot x_j) \tag{4-12}$$

其中约束条件为：

$$\sum_{i=1}^{l} y_i \alpha_i = 0, 0 \leqslant \alpha_i \leqslant C, i = 1,2,\cdots l \tag{4-13}$$

求解 $\alpha_i$ 后，即可根据 $w = \sum_{i=1}^{l} \alpha_i y_i x_i$ 确定 $w$，同时必然存在 $x_i$ 使 $|f_{w,b}(x_i)| = 1$，从而求出 $b$。

对于非线性分类问题，如果在原始空间中的简单最优分类面不能得到满意的分类结果，则可以通过非线性变换转化为某个高维空间中的线性问题，这种变换会比较复杂，SVM 采取的解决办法是使用核函数变换。

## 二、核函数

核函数是当前一个十分活跃的研究领域。它的实质是通过定义特征变换后的样本在特征空间中的内积来实现的一种特征变换，它关心的是结果而不是实现过程中所采用的具体方式。核函数所做的内积运算是在一个相对高维的空间中进行，可能会遭遇维数灾难，从而使之不能够计算。根据特征空间中的内积相当于输入空间的核函数思想，如果能够找到一个函数 $K(x,x')$，使之满足式(4－14)：

$$K(x,x') = \{\phi(x) \cdot \phi(x')\} \tag{4-14}$$

那么在高维空间进行的内积运算就可以用原空间中的函数来实现，并不用知道变换 $\phi$ 的具体形式。这样就可以避免维数灾难，而计算复杂度也没有增加。

目前，支持向量机中研究最多的核函数主要有三类（郭瑞华，2010）：多项式核函数，$K(x,x_i) = [(x \cdot x_i) + 1]^q$；高斯径向基函数（RBF），$K(x_i,x) = \exp(-||x - x_i||^2/2\sigma^2)$；Sigmoid函数，$K(x,x_i) = \tanh(v(x \cdot x_i) + c)$。

## 三、支持向量回归机

前面介绍了支持向量机的基本理论，本节将重点讨论支持向量回归估计的数学模型。

将支持向量机方法应用到回归问题中，也常称为支持向量回归机（Support Vector Regression，SVR），它保留了最优超平面的所有的主要特征，唯一不同的是，它所寻求的最优超平面不再是使两类（或多类）样本点分开且间隔最大，而是使所有样本点离超平面的“总偏差”最小。非线性回归函数也可以通过核特征空间中的线性学习器得到。

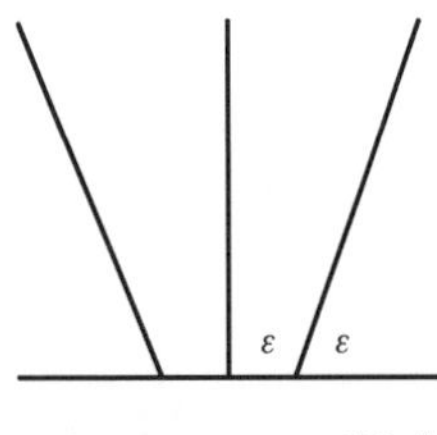

图4－3　ε—不敏感损失函数

为了求解支持向量回归模型，需要在回归算法中定义一个损失函数。Vapnik 构造了 $\varepsilon$ 不敏感损失函数（图4－3），该函数可以忽略预测值和实际值之间的小于 $\varepsilon$ 的误差，其数学表达式为：

$$L(y,f(x,w)) = |y - f(x)| = \begin{cases} 0, 若 |y - f(x,w)| \leq \varepsilon \\ |y - f(w)| - \varepsilon, 其他 \end{cases} \tag{4-15}$$

使用 $\varepsilon$ 不敏感函数可以提高支持向量回归机的鲁棒性和泛化性，对提高解的稀疏性起到重要作用。

## 四、线性支持向量回归机

对于线性回归问题（图4－4），首先设某数据样本集 $D = \{(x_1,y_1),\cdots,(x_l,y_l)\}$ 的线性函数为

$$f(x) = (w \cdot x) + b \tag{4-16}$$

其中 $x \in R^n, y \in R$。要使线性函数 $f(x)$ 回归后尽量光滑，就需要寻找一个尽可能小的 $w$ 值，因此，上述问题可以表述为一个凸优化问题：

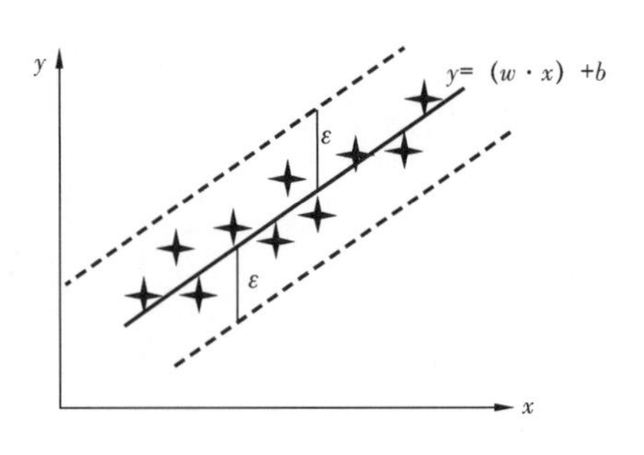

图4－4　线性回归

$$\min \frac{1}{2}||w||^2$$
$$s.t.\begin{cases} y_i-(w\cdot x_i)-b\leqslant\varepsilon, i=1,2,\cdots,l \\ (w\cdot x_i)+b-y_i\leqslant\varepsilon, i=1,2,\cdots,l \end{cases} \tag{4-17}$$

式(4－17)是一个凸二次优化问题,其拉格朗日对偶形式为:

$$\begin{aligned} \max \quad & -\frac{1}{2}\sum_{i,j=1}^{l}(\alpha_i^*-\alpha_i)(\alpha_j^*-\alpha_j)(x_i\cdot x_j) \\ & -\varepsilon\sum_{i=1}^{l}(\alpha_i^*+\alpha_i)+\sum_{i=1}^{l}y_i(\alpha_i^*-\alpha_i) \\ s.t. \quad & \sum_{i=1}^{l}(\alpha_i^*-\alpha_i)=0, \alpha_i^{(*)}\geqslant 0, i=1,2,\cdots,l \end{aligned} \tag{4-18}$$

则线性支持向量回归函数可以写为:

$$f(x)=\sum_{i=1}(\alpha_i-\alpha_i^*)(x_i\cdot x)+b \tag{4-19}$$

五、非线性支持向量回归机

给定一非线性训练集 $\{(x_1,y_1),\cdots,(x_i,y_i)\}$,$x_i\in R^n$,$y_i\in R$,其中 $i=1,2,\cdots,l$。与线性回归不同的是:它需要通过非线性映射 $\phi$ 将输入的训练集数据 $x$ 映射到高维空间,在高维空间变换成线性关系后再进行回归分析,构造回归估计函数。在非线性情况下,回归估计函数 $f(x)$ 为公式(4－20)的形式:

$$f(x)=w\cdot\phi(x)+b \tag{4-20}$$

其中 $w$ 的维数为特征空间维数(可能为无穷维)。最优化问题为:

$$\begin{aligned} \min_{w,b,\xi} \quad & \frac{1}{2}||w||^2+C\sum_{i=1}^{l}(\xi_i+\xi_i^*) \\ s.t. \quad & y_i-w\cdot\phi(x)+b\leqslant\varepsilon+\xi_i \\ & w\cdot\phi(x_i)+b-y_i\leqslant\varepsilon+\xi_i^* \\ & \xi_i^*\geqslant 0 \\ & \xi_i^*\geqslant 0, i=1,2,\cdots,l \end{aligned} \tag{4-21}$$

类似线性情况,得到对偶最优化问题:

$$\min_{\alpha,\alpha^*} \quad L_D=-\frac{1}{2}\sum_{i=1}^{l}\sum_{j=1}^{l}(\alpha_i-\alpha_i^*)(\alpha_j-\alpha_i^*)K(x_i,x_j)$$

$$
-\varepsilon\sum_{i=1}^{l}(\alpha_i+\alpha_i^*)+\sum_{i=1}^{l}y_i(\alpha_i-\alpha_i^*)
$$

$$
\begin{aligned}
s.t.\quad & \sum_{i=1}^{l}(\alpha_i-\alpha_i^*)=0 \\
& 0\leqslant\alpha_i\leqslant C \\
& 0\leqslant\alpha_i^*\leqslant C
\end{aligned}
\tag{4-22}
$$

其中称 $K(x_i,x_j)=\phi(x_i)\cdot\phi(x_j)$ 为核函数，回归估计函数为：

$$
f(x)=\sum(\alpha_i-\alpha_i^*)K(x_i,x)+b \tag{4-23}
$$

其中 $b$ 按如下计算：

$$
\begin{aligned}
b=\frac{1}{N_{\mathrm{NSV}}}\Big\{&\sum_{0\leqslant\alpha_i\leqslant C}\big[y_i-\sum_{x_j\in SV}(\alpha_j-\alpha_j^*)K(x_j,x_i)-\varepsilon\big] \\
&+\sum_{0\leqslant\alpha_i^*\leqslant C}\big[y_i-\sum_{x_j\in SV}(\alpha_j-\alpha_j^*)K(x_j,x_i)+\varepsilon\big]\Big\}
\end{aligned}
\tag{4-24}
$$

支持向量机具有坚实的数学理论基础，是专门针对小样本学习问题提出的。从理论上来说，由于采用了二次规划寻优，因而可以得到全局最优解，解决了在神经网络中无法避免的局部极小问题。由于采用了核函数，巧妙地解决了维数问题，使得算法复杂度与样本维数无关，非常适合于处理非线性问题。另外，支持向量机应用了结构风险最小化原则，因而支持向量机具有非常好的推广能力。

## 第二节　基于 SVR 的非线性回归的方法流程

利用测井揭示的储层特征信息与井旁 ADCIGs 的地震属性集进行地震属性优选和建立非线性储层特征参数估算模型是本文的重点。根据地震、测井数据的时深提取井位处储层特征参数及其对应的各种地震属性，形成联合样本。多口井的所有联合样本形成联合样本集。利用遗传算法与支持向量回归机联合建模方法对特定储层参数进行地震属性优选，进而基于联合建模过程中形成的非线性回归关系估算三维储层特征参数，具体流程（图 4－5）如下。

（1）测井数据整理。获取测井数据、时深关系，对测井数据进行重采样，使其采样率与地震数据相同，且二者层位相对应。

（2）井位置处的地震属性提取。在井位置处提取 ADCIGs 地震属性及 $P$、$G$ 属性，然后对地震属性和测井数据进行标准化处理。

（3）样本提取。整理后的测井数据和井位置处的地震属性组成一一对应的联合样本集，将样本分为两组：训练数据和测试数据，训练数据用于优选属性和建立 SVR 估算模型，测试数据用于对建立的 SVR 估算模型进行检验。

（4）地震属性优选及模型建立。利用遗传算法与 SVR 相结合的算法对训练数据集进行处

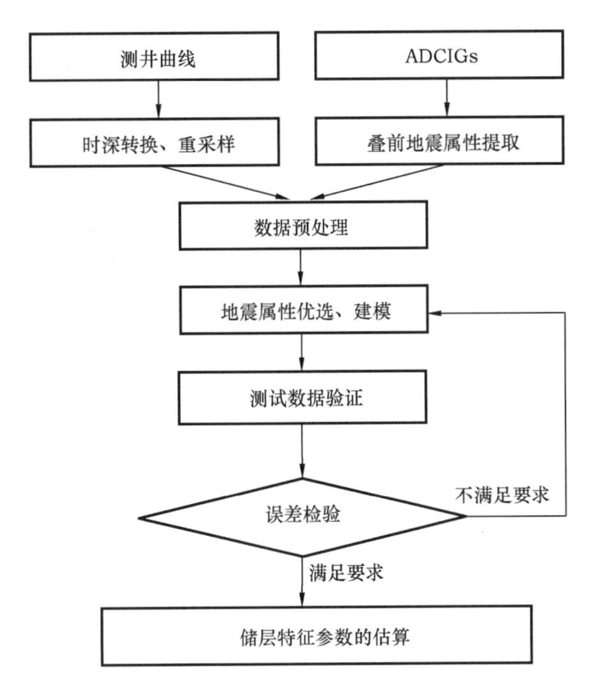


图4－5　利用叠前属性进行储层参数预测的算法流程图

理，优选针对特定储层特征参数的地震属性子集，建立非线性储层特征参数估算模型。

（5）非线性储层参数估算模型的检验。将上一步建立的非线性储层参数估算模型应用于测试数据，估算出储层特征参数，并与实际值对比，如果误差满足要求，则输出储层参数预测模型，进行步骤（6）；如果不满足要求，则重新对地震属性进行优选并建模。

（6）整个工区的储层特征参数估算。在整个工区范围内提取优选的地震属性子集，将其作为非线性储层参数估算模型的输入数据，输出估算的整个工区的测井数据。

# 第三节　实际数据试算

分别采用 OpendTect 的 F3 工区数据、胜利油田埕北工区和胜坨工区等工区数据进行了算法试算。

## 一、F3 工区数据试算

F3 是北海位于荷兰部分的一个区块，如图 4－6 所示。这个区块做了 3D 地震采集，目的是进行上侏罗系—下白垩系的油气勘探，这一目的层系位于演示数据体所选择层段的下方。演示数据体上部 1200ms 内的反射层属于中新世、上新世和更新世，地震反射上有一个非常明显的大型 S 形层面（图 4－7），是一个很大的河成三角洲体系沉积，其大部分都流到波罗的海区域（Sørensen 等，1997；Overeem 等，2001）。三角洲沉积由砂岩和泥岩组成，总体上看孔隙度很高（20%～33%），有一些碳酸盐胶结条带。

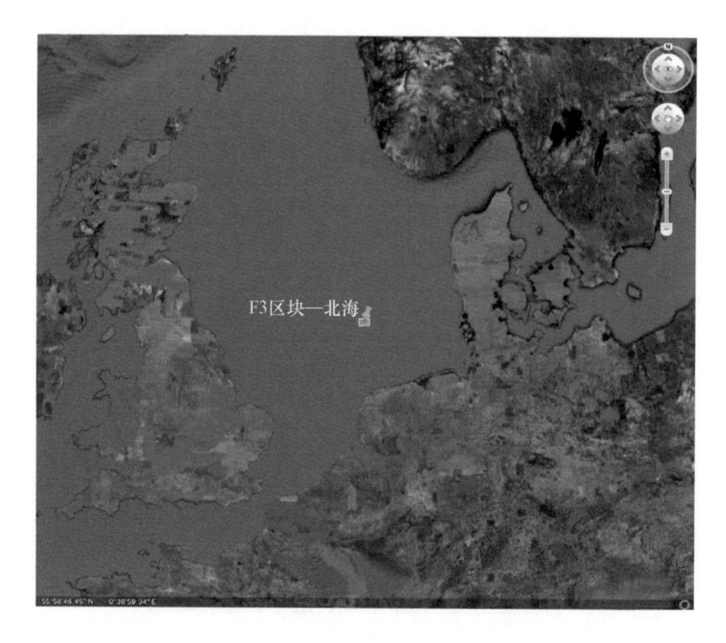


图 4－6　F3 工区位置

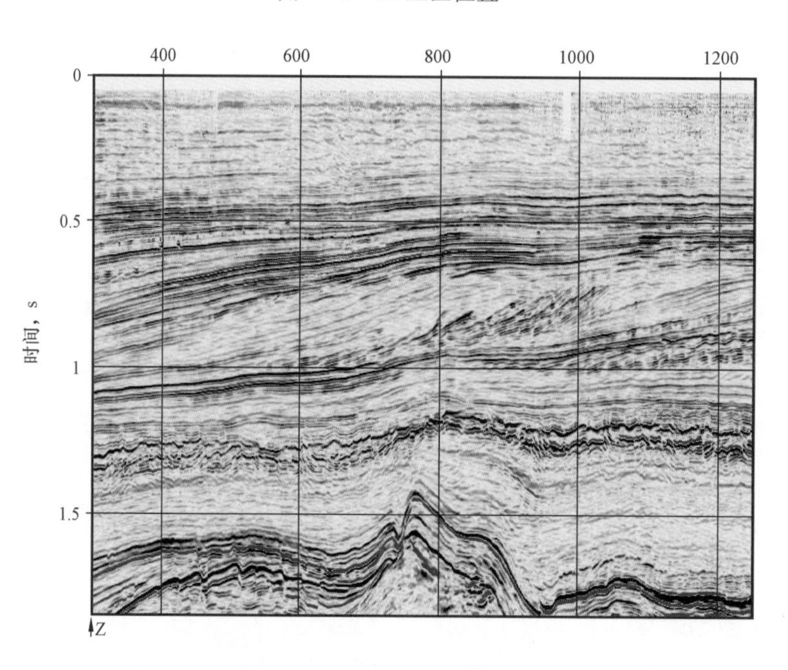


图 4－7　F3 工区三角洲沉积

工区内有 4 口井，分布情况如图 4－8 所示。

在 F3 工区提取 F03－4 井位置处的 Gamma 曲线，通过了解工区背景，截取 400－1200ms 之间的数据，此时间深度范围内为三角洲沉积，主要为砂岩和泥岩，孔隙度高。图 4－9 为 F03－4井整条伽马曲线和截取的数据。

在井旁道地震数据上提取了 231 个叠后属性，其中有的是同种属性，但参数不同。提取的

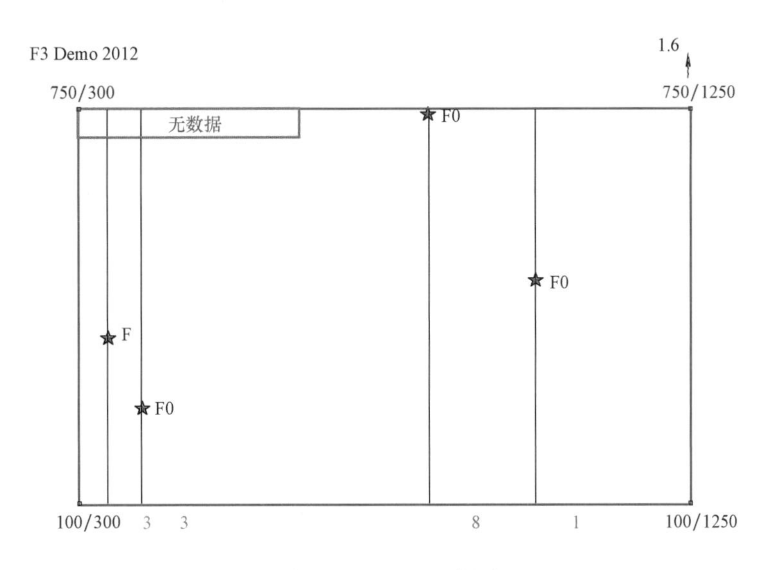


图 4 - 8 F3 工区底图

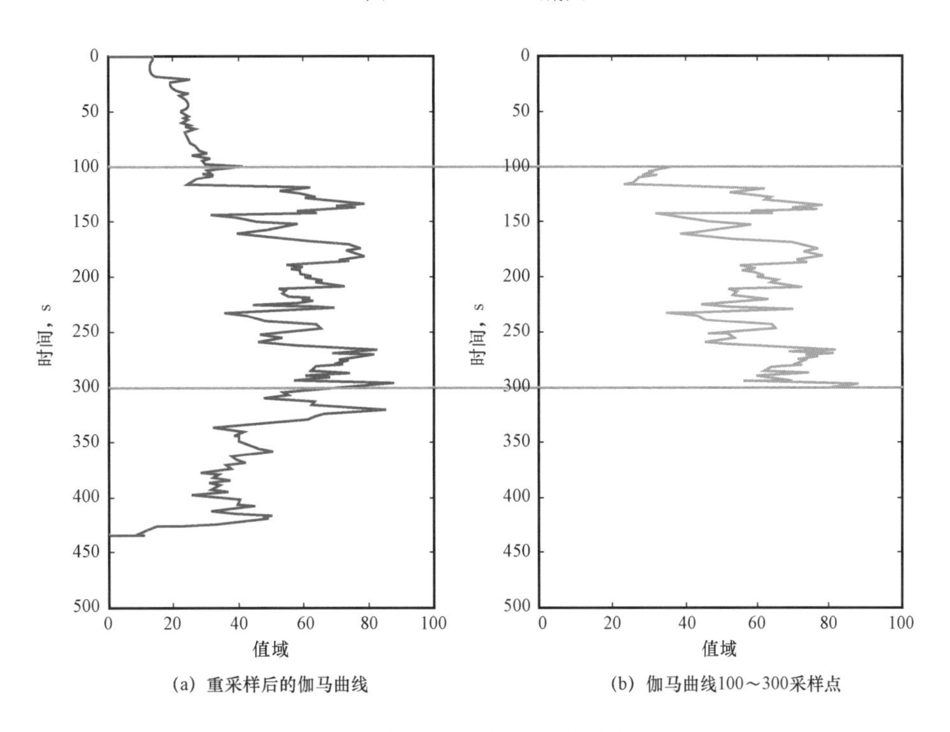


图 4 - 9 伽马测井曲线以及截取的数据区域

地震属性也进行相应时间深度的数据截取，得到了 201 个样点，每个样点处有 231 个地震属性。将数据点分为两组，一组用来建立预测模型，另一组用来检验建立的预测模型的准确性。分组时，为了消除不同深度、不同地层的影响，所以进行随机分组。

之后，用第一组数据进行 SVR 建模，用第二组数据进行检测，同时将这两组数据按原始顺序进行整合，以观察整体趋势。图 4 - 10 从上到下分别为训练数据的原始和估算曲线，测试数据的原始和估算曲线，按原始顺序重新整合的原始和估算曲线，对原始数据的预测。从图中可以看到比较好的建模和估算结果。

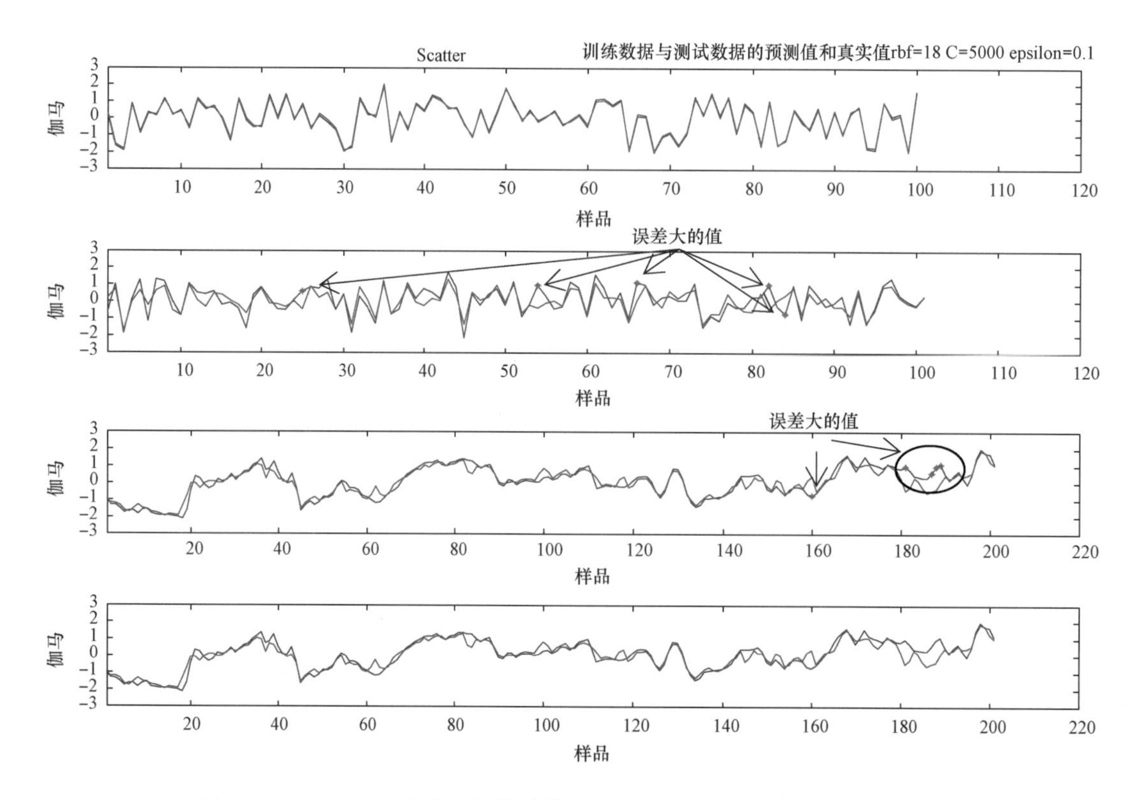


图 4－10　F03－4 井的伽马估算建模、测试结果（红色为预测，蓝色为原始）

提取了过 F03－4 井的 Crossline 线数据，通过 F03－4 井数据的建模，并利用建立的模型对整个剖面进行伽马估算，得到如图 4－11 所示的估算剖面。

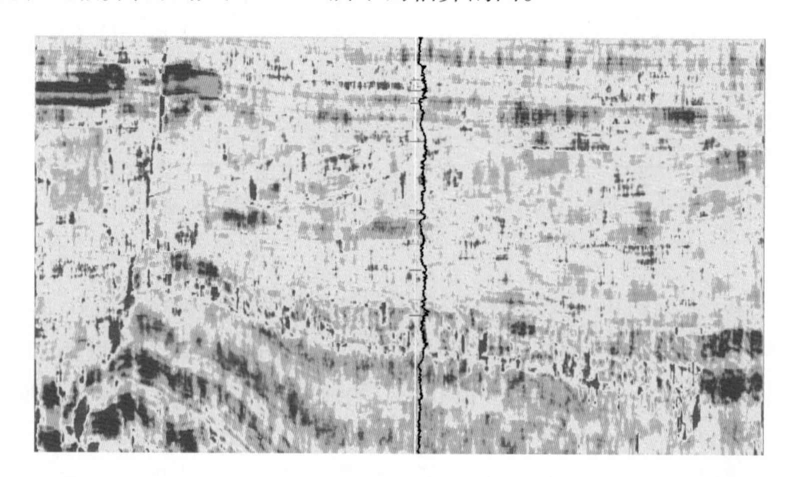

图 4－11　过 F03－4 井 Crossline 数据 400～1200ms 区段伽马值估算剖面

按同样的流程，估算了过 F03－2、F02－1、F06－1 井的伽马值剖面，分别如图 4－12、图 4－13、图 4－14 所示。

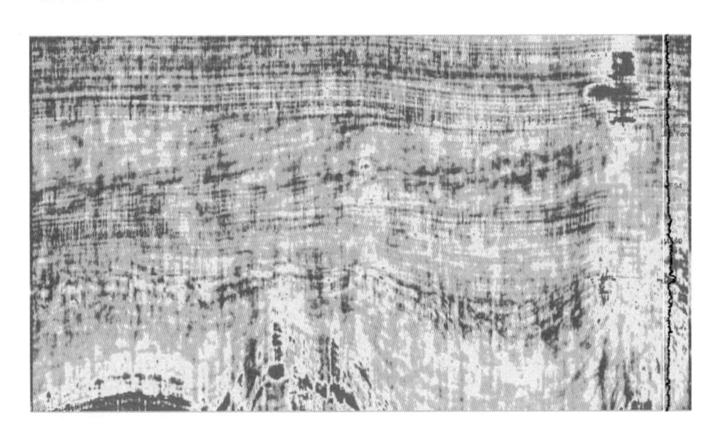

图 4－12　过 F03－2 井 Crossline 数据 400～1200ms 区段伽马值估算剖面

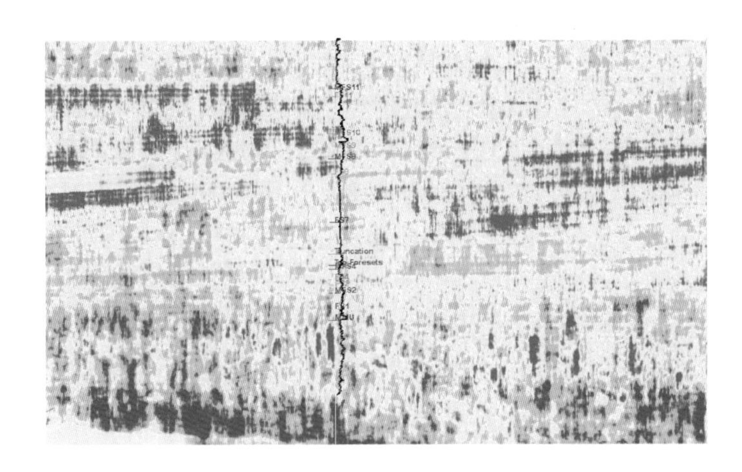

图 4－13　过 F02－1 井 Crossline 数据 400～1200ms 区段伽马值估算剖面

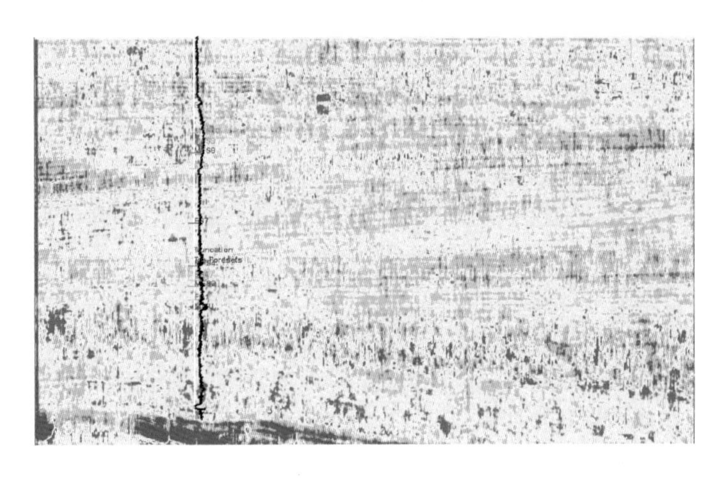

图 4－14　过 F06－1 井 Crossline 数据 400～1200ms 区段伽马值估算剖面

可以看到，井位置处的估算结果与实际值具有很高的一致性，从剖面上的估算结果可以看到，远离井位置处有与地震剖面上同相轴相对应的响应，即建立的估算模型可以由井旁向外扩展，进行整个工区的测井参数估算。但由于此工区没有具体的层位信息以及储层信息，无法对估算结果进行进一步储层含油气性的验证。

## 二、胜利油田埕北工区数据试算

将本算法应用于埕北工区，工区底图如图4－15所示。工区内有3口井，其中井cb258、cb260钻遇油气，井cb259没有油气显示。ADCIGs数据的角度范围为1°～35°，提取瞬时振幅、瞬时相位、瞬时频率、瞬时频率的斜率、均方根振幅、平均振幅、能量半衰时等7种地震属性以及$P$、$G$属性，每一个共成像点提取$35\times7+2=247$个地震属性。通过时深转换和重采样，将3口井的伽马、孔隙度测井数据转换到与地震数据相同的采样率上，并作归一化处理。在有效测井井段内选取样本点，3口井共获得了300个样点。将这些样本点随机划分为等数量的两组，一组作为训练数据，另一组作为测试数据。训练数据用于地震属性优选及建立储层特征参数估算模型，测试数据用于检验所建立模型对未知数据估算时的泛化性能。

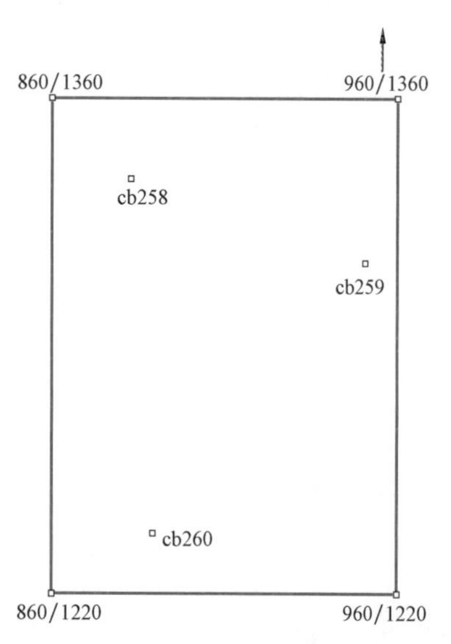


图4－15　工区内3口井的分布

以训练数据为对象，针对伽马和孔隙度分别进行SVR－GA地震属性优选，得到对应的优选地震属性子集和SVR估算模型。根据GA－SVR的最终选择结果，选择了被选中次数最多的42个地震属性作为伽马的优选地震属性子集。利用这42个属性建立SVR储层特征参数估算模型，估算伽马数据体。孔隙度估算优选了90个地震属性。

为了分析叠加对叠前数据中储层信息的影响，对叠后数据提取了对应的7种地震属性，并用这7中属性进行SVR建模和估算储层特征参数。图4－16为叠前、叠后地震数据针对伽马数据的建模、估算对比，表4－1是其误差统计。图4－16中(a)是利用叠前地震属性建模和测试结果，(b)是利用叠后地震属性建模和测试结果，由二者对比可以看到，无论是训练数据还是测试数据，相比叠后结果，叠前的估算值与实际值的一致性更高；(c)是利用叠前地震属性建立的估算模型对3口井进行估算的结果（井1、2、3分别为井cb258、cb259、cb260），(d)是利用叠后地震属性建立的估算模型对3口井进行估算的结果（井1、2、3分别为井cb258、cb259、cb260），二者对比可以看到：整体趋势上，叠前和叠后的估算结果都与实际曲线比较一致，但在局部上，叠前比叠后的估算结果更接近实际值，误差更小。从表4－1的误差对比中也可以看到，利用叠前地震属性建立的估算模型的估算误差更小。

从表4－1的误差对比中，对于叠前、叠后数据，测试数据误差与训练数据误差之间的差别都说明建立的估算模型能有效避免过拟合现象，对未知数据具有很好的泛化性能。

根据以上流程建立孔隙度的估算模型，图4－17为估算的孔隙度测井曲线，蓝色实线为实际值，红色实线为估算值，误差统计如表4－2所示。由图4－16、图4－17可以看出，伽马、孔隙度测井曲线的估算结果与真实值整体上吻合度很高。

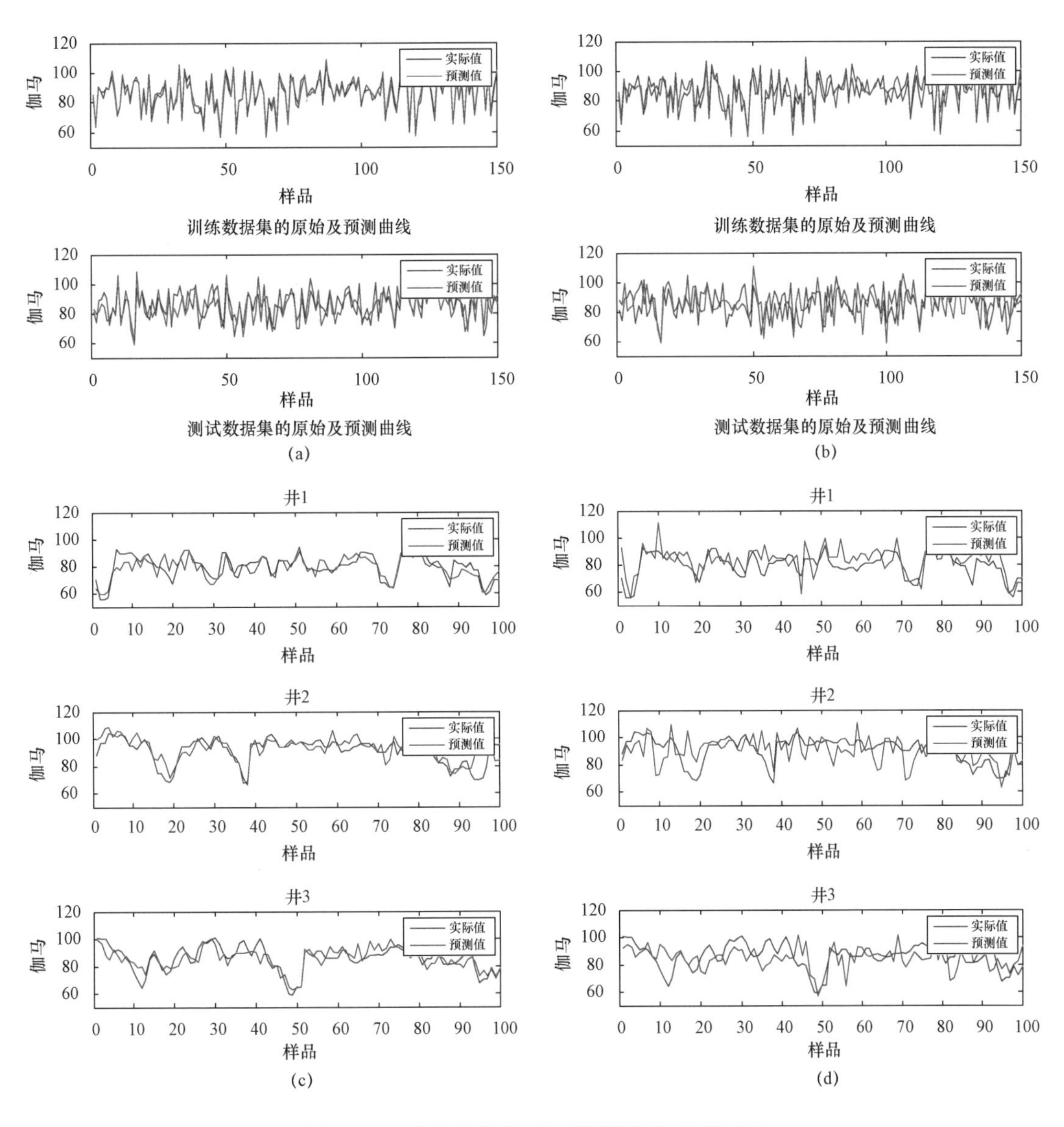


图 4－16　伽马的叠前、叠后数据建模、估算对比

**表 4－1　叠前、叠后的伽马测井数据估算误差统计**

| 数据类型 | 训练数据 | 测试数据 | cb258 | cb259 | cb260 |
|---|---|---|---|---|---|
| 叠前 | 3. 2223 | 7. 8934 | 5. 7898 | 6. 4536 | 5. 8192 |
| 叠后 | 7. 1328 | 11. 7237 | 8. 6824 | 10. 2905 | 10. 0601 |

**表 4－2　孔隙度测井数据估算误差**

| 测井数据 | 训练数据 | 测试数据 | cb258 | cb259 | cb260 |
|---|---|---|---|---|---|
| 孔隙度 | 2. 3757 | 8. 1786 | 5. 6836 | 7. 3578 | 4. 6131 |

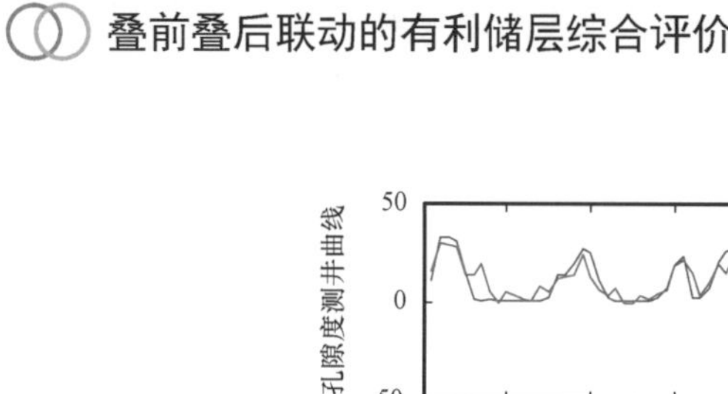


图 4－17　该工区 3 口井的孔隙度估算值、真实值对比

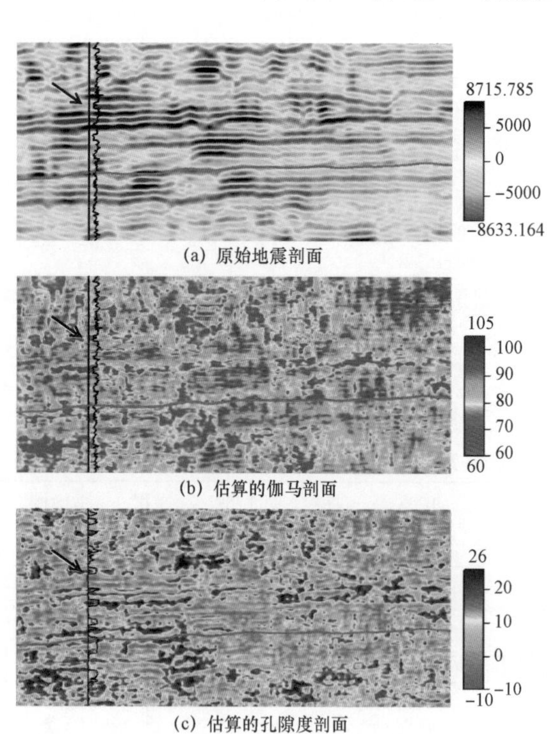


图 4－18　伽马、孔隙度预测数据的过 cb258 的剖面

根据属性优选结果提取整个工区内叠前地震属性，将地震属性集输入到建立的储层特征参数估算模型中，估算出整个工区的伽马、孔隙度测井参数。图 4－18、图 4－19、图 4－20 分别是过 cb258、cb259、cb260 的估算结果剖面，其中，图 4－18a、图 4－19a、图 4－20a 是原始地震剖面，图 4－18b、图 4－19b、图 4－20b 是估算的伽马剖面，图 4－18c、图 4－19c、图 4－20c 是估算的孔隙度剖面。在井位置处，测井数据的估算结果与已知的实际测井信息具有很高的一致性。伽马表征泥质含量，孔隙度值在一定程度上反映岩性——泥质比砂质的孔隙度低，对比伽马和孔隙度剖面可知，伽马高的区域在孔隙度剖面的对应区域显示低值，二者所反映的地质情况相一致。

已知 cb258、cb260 在图 4－18、图 4－20 中箭头所指位置有油气显示，而 cb259 无油气显示。可以看到在箭头所指位置，伽马值较低，而孔隙度值较高，说明箭头所示区域泥质含量低、孔隙度高，即发育储层，与有油气产出相一致。剖面上远离井位置处有与地震剖面上同相轴相对应的响应，即建立的估算模型可以由井旁向外扩展，进行整个工区的测井参数估算。

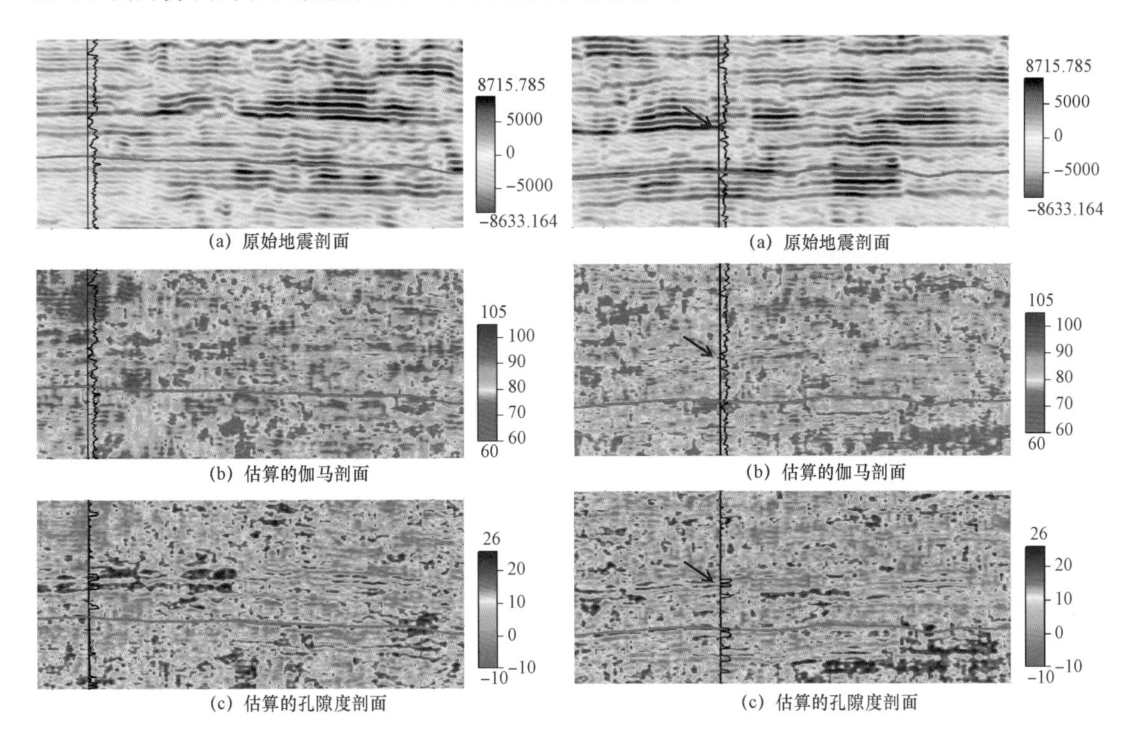


(a) 原始地震剖面　(b) 估算的伽马剖面　(c) 估算的孔隙度剖面

图 4－19　伽马、孔隙度预测数据的过 cb259 的剖面

(a) 原始地震剖面　(b) 估算的伽马剖面　(c) 估算的孔隙度剖面

图 4－20　伽马、孔隙度预测数据的过 cb260 的剖面

通过算法验证结果，SVR 可用于储层特征参数的非线性估算，估算结果与实际测井数据拟合度高，具有很高的精度，可以与实际钻井得到的油气显示相对应。在远离井的位置，测井数据估算结果能互相对应，且与地震剖面同相轴的走势相一致，表明建立的储层参数估算模型可以由井位置处向外扩展进行储层特征参数估算。

# 第五章　储层模糊综合评价方法研究

## 第一节　模糊评价的基本原理

地下地质问题具有非定量、不确定、模糊性等特点，同时地震资料获取的信息又具有不完备性、不精确性、不确定性等特点。而模糊理论正是解决这些问题的一整套完整的理论方法体系。地震资料包含了大量的地下构造信息、岩性信息、含流体信息以及空间展布信息。储层模糊综合评价就是要针对地震资料丰富，但是地下地质信息缺乏的问题，在地震资料与地下地质信息之间搭建起一座沟通的桥梁，在测井资料的约束下，利用区域地震资料，揭示出区域地下地层岩性的基本信息，并对区域的储层类别进行分类定级。

模糊推理系统是模糊逻辑和模糊集合理论最著名的应用之一。该方法不仅在理论上日趋完善，而且已经被广泛用于分类、预测、模式识别、决策支持与过程控制等方面，并取得大量科研与实际的应用效果。模糊推理系统具有两重特性：一方面，基于规则的模糊推理系统符合人类的思维模式，能够处理不确定的、模糊的语言概念，而且提取的模糊规则模式易于操作人员的理解和管理者的决策支持；另一方面，模糊推理系统能够以任意的精度逼近任意连续的非线性函数映射，是一种万能的逼近器。

储层模糊综合评价涉及储层特征参数的优选、地层岩性的预测、储层分类等工作，其对于控制的精度和处理地质语言都提出了较高要求。但是处理地质语言的模糊性与评价结果精度却是一对矛盾共同体。因此，基于问题的特殊性与模糊推理系统的优势，在评价工作中引入了模糊推理系统。

模糊推理系统主要有三大模块构成：数据的模糊化模块、模糊规则库与模糊推理模块、去模糊化模块（图5－1）。

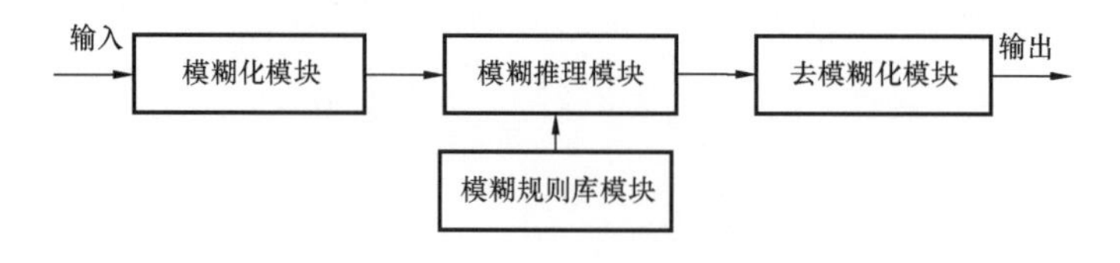


图5－1　模糊推理系统示意图

### 一、模糊化处理

模糊推理系统处理的数据是模糊集下的数据，而需要处理的数据是精确集下的数据。精确集下的地震数据除了看出数值上的差异并不能直观地反映出更深层次的含义和所携带的信息，而模糊集下的地震数据却能够透过数值的差异凸显出其隐含的、具有明确地质含义的信息。因此，模糊化处理就是将精确集下的输入数据转换至模糊集下的待模糊推理使用的数据的过程。这个过程的实现是通过具有实际地质含义的隶属函数来完成的，定义与目标数据匹配的模糊集，运用隶属函数将精确集数据映射到模糊集下。

## 二、模糊规则库与模糊推理

模糊规则库是模糊推理系统的主心骨，用于指导模糊推理前提条件到模糊推理结论的映射关系。模糊规则产生的途径主要有三种方式：

总结操作人员、领域专家、控制工程师的经验和知识；

基于过程的模糊模型；

基于过程输入输出样本数据的学习。

同时，模糊规则库的数据与输入输出相关，输入输出模糊划分的变化将会引起模糊规则库中规则数目呈现指数增减的现象。为了保证模糊推理系统的鲁棒性、稳定性、精确性等，模糊规则库还需要满足以下的条件。

(1)一致性，即模糊规则库中的规则应该避免模糊推理系统的输出呈现多峰现象，也就是一条规则只能导出一个结果。

(2)完备性，即模糊规则库的规则应该覆盖所有样本点知识，使得给定一个输入就能得到一个输出结果，从而避免在某些特定的区域上系统的行为可能出现不可预测或者不可控的情形。

(3)冗余性，即模糊规则库中不能有重复的规则，若有相同的规则，应当予以剔除。

模糊推理就是实现这个映射过程的模拟人脑的推理活动，揭示出前提条件对结论的影响，或称模糊蕴涵。模糊推理机制如图 5－2 所示。

图 5－2　模糊推理机制

模糊推理大多采用三段式，其基本形式有肯定前件(MP)和否定后件(MT)两种形式。

肯定前件式：

大前提(一般规则)：若 $x$ 是 $A$，则 $y$ 是 $B$

小前提(特殊证据)：$x$ 是 $A$

---

结论：$y$ 是 $B$

否定后件式：

大前提(一般规则)：若 $x$ 是 $A$，则 $y$ 是 $B$

小前提(特殊证据)：$y$ 不是 $B$

---

结论：$x$ 不是 $A$

储层模糊综合评价是通过综合利用多个储层特征参数对地层的岩性与储层的级别进行模

糊推理。所以,模糊推理的形式也由基本形式扩展为多维模糊推理,其结构形式如下:

大前提(学习规则):若 $x_1$ 是 $\tilde{A}_1$ 且 $x_2$ 是 $\tilde{A}_2$ 且 … 且 $x_n$ 是 $\tilde{A}_n$ ,则 $y$ 是 $\tilde{B}$

小前提(预测样本):$x_1$ 是 $\tilde{A}'_1$ 且 $x_2$ 是 $\tilde{A}'_2$ 且 … 且 $x_n$ 是 $\tilde{A}'_n$

结论:$y$ 是 $\tilde{B}'$

对储层的模糊综合评价而言,语言式规则(Mamdani 型规则)与函数式规则(Sugeno 型规则)是指导模糊推理两个基本规则,从而在推理过程中,也有两种蕴涵方式:取小蕴涵(Mamdani 蕴涵)与乘积蕴涵(Larsen 蕴涵)。

假设模糊规则的形式为 $FR^i$ :IF$R_{pq}$ THEN $P_m$ ,那么取小蕴涵公式如式(5-1)所示:

$$\mu_{FR^i} = \min(\mu_{R_{pq}}, \mu_{P_m}) \tag{5-1}$$

乘积蕴涵公式如式(5-2)所示:

$$\mu_{FR^i} = \mu_{R_{pq}} \mu_{P_m} \tag{5-2}$$

### 三、去模糊化模块

经过模糊推理过后的数据依然是模糊集,其表征的实际地质含义,或者说代表的实际信息并非显而易见。因此,去模糊化就是将模糊推理之后的模糊集数据再次转换回精确集数据的过程,从形式上而言,和模糊化构成互逆运算。

完成去模糊化处理,就可以得到储层模糊综合评价的地层岩性与储层的分类定级的结果。

## 第二节　模糊评价的方法流程

储层模糊综合评价的输入数据来源于第三部分的估算结果。对于估算出来的参数,不同地区、不同地层的敏感参数或存差异。因此,在将数据输入模糊推理系统之前,需要对储层特征参数进行优选,这里使用的储层特征参数优选算法为模糊聚类方法。然后将优选之后的储层特征参数输入到模糊推理系统中,针对不同的评价目标,分别对岩性识别与储层分类定级采用语言式模糊推理和函数式模糊推理,最终输出评价的地区岩性信息与储层的分类定级结果。

## 第三节　储层模糊参数优选

储层的模糊综合评价中,涉及参数优选的主要有优选储层特征参数,优化隶属函数参数,确定模糊规则权重以及模糊规则库的修剪等方面。

### 一、储层特征参数的优选

第三部分研究工作估算出来的特征参数个数较多,不同地区、不同地层的优势参数不尽相同。因此就需要对不同地震道的储层特征参数进行优选,故引入模糊聚类方法。模糊聚类根

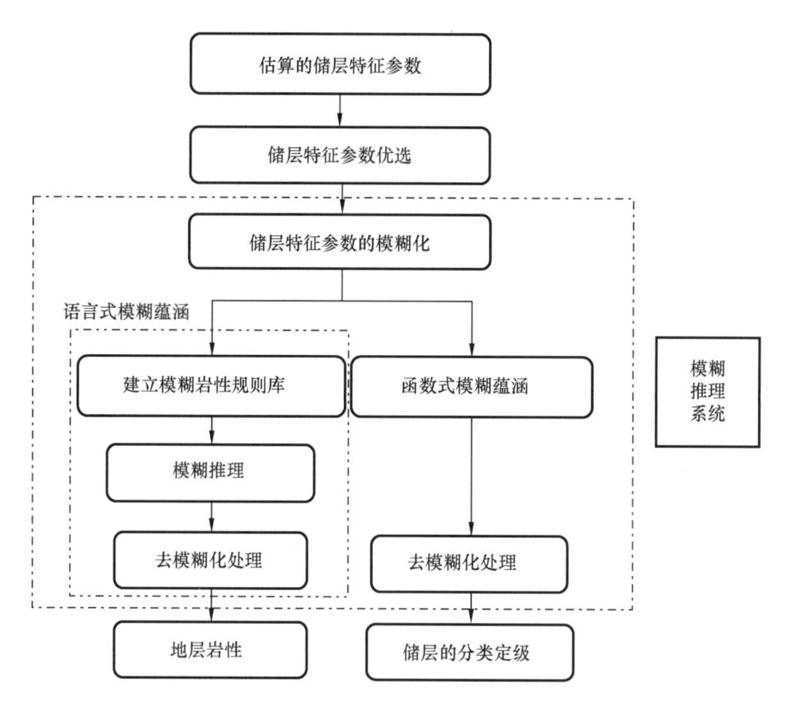


图 5－3　储层模糊综合评价方法流程图

据数据之间的模糊相似关系，计算出数据之间的相似程度，选取不同的隶属度阈值，获取数据的不同聚类结果。

其具体步骤分为以下四步：

第一步，确定分类对象，抽取因素数据。设分类对象之全体为 $X = \{x_1, x_2, \cdots, x_n\}$，而每一对象 $x_i$ 由一组数据（$m$ 个特征指标）来表征。

$$x_i = (x_{i1}, x_{i2}, \cdots, x_{im}) \in (R^+)^m, i = 1, 2, \cdots, n \tag{5-3}$$

第二步，建立模糊相似关系。

用数 $r_{ij} \in [0,1]$ 来刻画对象 $x_i$、$x_j$ 之间的相似程度。在实际工作中，关键是如何确定 $\mathrm{r_{ij}}$的值。由于 $m$ 个特性指标的量纲和数量级不一定相同，在确定相似程度之前要对数据进行归一化，以消除特征指标的量纲差别和数量级差所带来的影响。如果特征指标没有量纲差别和数量级差，数据可以不用规格化处理。

对于除与电性相关的之外的参数，采用式（5－4）的规格化处理方法。

$$x_{ij}' = \frac{x_{ij} - x_{\min}}{x_{\max} - x_{\min}} \tag{5-4}$$

与电性相关的参数，采用式（5－5）的规格化处理方法。

$$x_{ij}' = \ln x_{ij} \tag{5-5}$$

数据规格化后利用余弦幅度法公式建立相似矩阵，如式（5－6）所示。

$$r_{ij} = \frac{\sum_{k=1}^{m} x_{ik} \cdot x_{jk}}{\sqrt{\left(\sum_{k=1}^{m} x_{ik}^2\right)\left(\sum_{k=1}^{m} x_{jk}^2\right)}} \tag{5-6}$$

第三步，改造模糊相似关系为模糊等价关系。

用上述方法建立起来的相似关系 $R$，一般只满足自反性和对称性，不满足传递性，因而还不是模糊等价关系，可以用求传递闭包的方法（如式 5－7）将 $R$ 改造成 $t(R)$，这时的矩阵就满足传递性，即模糊等价矩阵。

$$Q \circ R = S = [s_{ij}]_{m\times n} = \bigvee_{k=1}^{l} \{q_{ik} \wedge r_{kj}\}, i = 1,2,\cdots,m, j = 1,2,\cdots,n \tag{5-7}$$

第四步，模糊聚类。

对模糊等价关系 $t(R)$ 进行聚类处理，给定不同置信水平的隶属度 $\alpha$，获得不同阈值下的截集矩阵。随着阈值 $\alpha$ 从 1 减小到 0，由细到粗逐渐归并，最后得到动态聚类谱系图。

## 二、隶属函数参数的优化

隶属函数在模糊推理系统中起着数据转换的作用，从某种意义上说其对数据转换的恰当与否影响着模糊推理系统的精准度。无论是数据的模糊化处理还是去模糊化处理，隶属函数都在其中扮演着重要的角色。隶属函数的选取与建立需要满足以下条件：

（1）能够满足解决实际问题的需要；

（2）具有明确的实际意义；

（3）相邻的两条隶属函数曲线的交叉点对应的隶属度值为 0.5 左右，隶属函数曲线相交的面积占各自面积的 25% 到 50% 左右。

（4）易于操作者的理解与管理者的决策。

从国内外期刊、会议发表的文献来看，梯度隶属函数（图 5－4）是研究者们青睐的能够表达地质含义的隶属函数。从图中可以看出，梯度隶属函数分割成了五段，包含“偏小型”“中间型”与“偏大型”五个语言值变量构成的模糊集。每一个语言值变量隶属度为 1 的平直段可以与地质描述语言相对应。梯度隶属函数看起来也易于处理。

不过，从梯度隶属函数示意图中也可以看到，梯度隶属函数需要确定的参数过多，如每一个语言值变量边界值上下限的确定。较多的变量个数如果处理不当，就会影响到系统的稳定性和精确性。基于此，这里引入高斯隶属函数（图 5－5）来研究地质问题。虽然高斯型隶属函数没有了梯度隶属函数平直段的直观显示，但是它同样能表达描述性的地质问题。同时，高斯型函数在地质解释经验的前提下，固定好数据的平均分布的平均值，可调参数就只有数据分布的方差，大大降低了人工干预的因素，并能够提高模糊推理系统的自动化程度。

关于高斯型隶属函数方差参数的优化，出版物中发表有梯度下降方法、遗传算法等。试验发现，针对特定学科问题，高斯型隶属函数的方差参数可调范围并不太大。

## 三、模糊规则权重的确定

对于函数式的模糊蕴涵，模糊推理的前提条件与结论为非线性映射的函数关系，对于不同的目的，前提条件的参数之间就呈现出此重彼轻的关系。因此，在模糊蕴涵过程中增加权重项

就能够增强最敏感的参数而削弱次敏感的参数，从而保证模糊推理的结果合理、可靠。

确定模糊规则权重的方法有模糊熵法、模糊格贴近度法与专家打分法等。

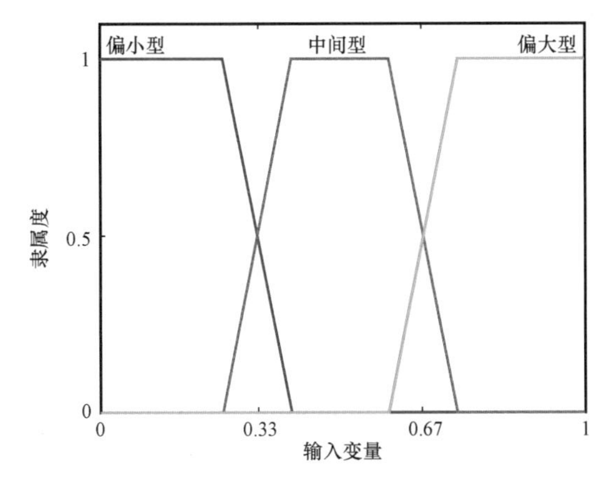


图5－4　梯度隶属函数示意图

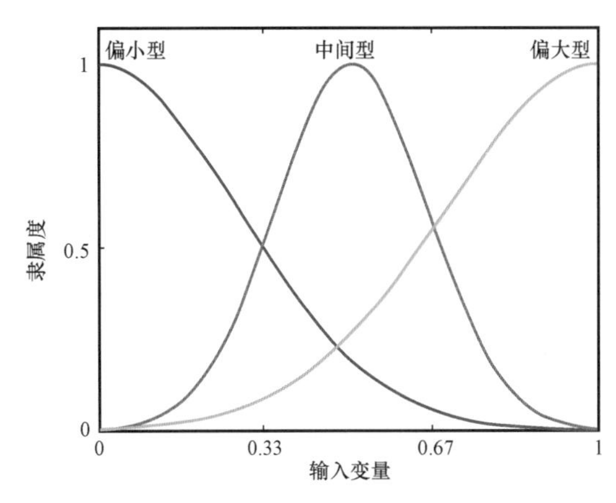


图5－5　高斯型隶属函数示意图

四、模糊规则库的修剪

庞大的数据不可避免地会出现特征相同的样本。这反映在模糊推理系统中就表现为模糊规则库的冗余，即有相同的模糊规则。因此，当学习样本完成了规则的学习，形成了初步的模糊规则库，接着要做的工作就是对模糊规则库进行审核，约减掉重复的规则。

## 第四节　模 型 试 算

储层模糊综合评价是在测井约束下，利用地震属性数据估算的储层特征参数对储层进行岩性、物性与含油气性的综合评判。因此，井位置处评价结果的正确性能够为算法验证提供支持和指导在无井处的评价工作。

为了验证算法的精准度，模型试算选取埕北工区258井进行试验。试验数据选取了井资料较为稳定的层段，并假定与岩性、物性和含油气性相关的测井曲线类比储层模糊综合评价中的相应敏感储层特征参数。试验选用的测井曲线有自然伽马曲线（标号3）、密度曲线（标号2）、有效孔隙度曲线（标号5）、深浅侧向视电阻率曲线（标号分别为1和8）、含水孔隙度曲线（标号6）、冲洗带饱含泥浆孔隙度曲线（标号7）、声波时差曲线（标号4）共8条测井曲线。

试验的第一步工作是对各测井曲线进行归一化处理，深浅侧向曲线采用式（5－5）进行处理，其余曲线采用式（5－4）进行处理。

试验的第二步工作是对各测井曲线进行模糊聚类，选出在该井位置处敏感的测井曲线，选取阈值 $\alpha=1$，得到相应的聚类结果如图5－6所示，根据各曲线之间的相似度，相似度最大的曲线为3～8号曲线，从而将这六条曲线保留下来用于综合评价工作，去掉1、2号曲线。

接下来就是要将优选后的测井曲线输入到模糊推理系统当中，进行模糊综合评价的工作。如图5－1所示，首先要对输入的测井曲线进行模糊化处理。针对岩性识别与预测的工作，建立评判因素集U1＝｛泥质含量，声波时差，有效孔隙度｝。泥质含量可以从自然伽马曲线换算获得，如图 5－7 所示，计算出工区的相对泥质含量与实际泥质含量，并建立工区地层中砂泥含量的隶属函数，如图 5－8 所示。从隶属函数图中可知，砂泥含量隶属函数有六个语言值变量，代表六层不同的地质含义，并构成该隶属函数的模糊集为{很低，低，较低，较高，高，很高}。这样的模糊划分正好对应于地质中对砂泥岩命名的标准，泥质含量低于 5% 的就定为纯砂岩，泥质含量在 5% ~10% 的命名为含泥砂岩，泥质含量在 10% ~25% 的定为泥质砂岩。对应的就可以定为纯泥岩、含砂泥岩与砂质泥岩。

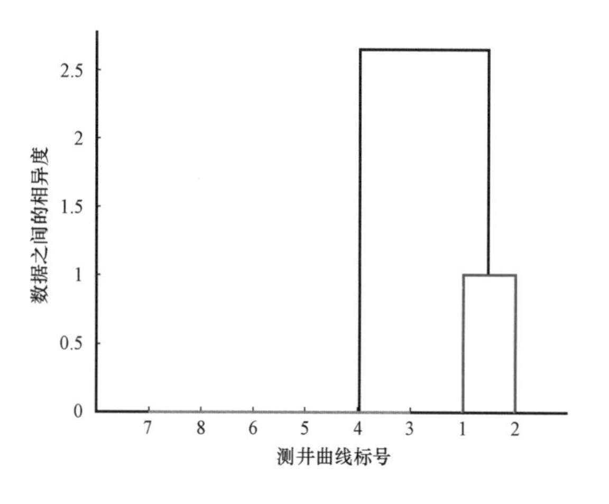


图 5－6　模糊聚类谱系图

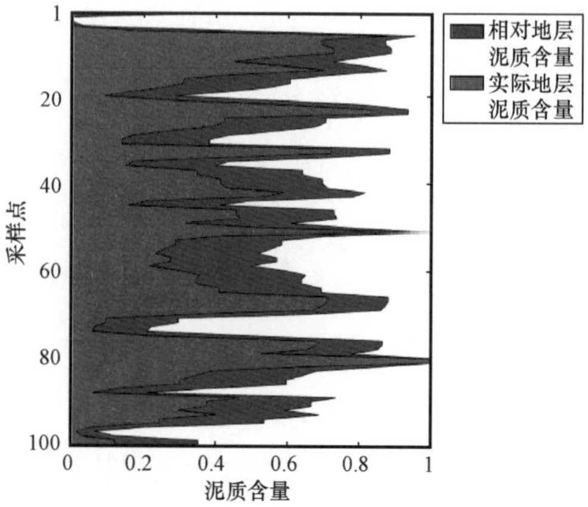

图 5－7　工区地层的泥质含量

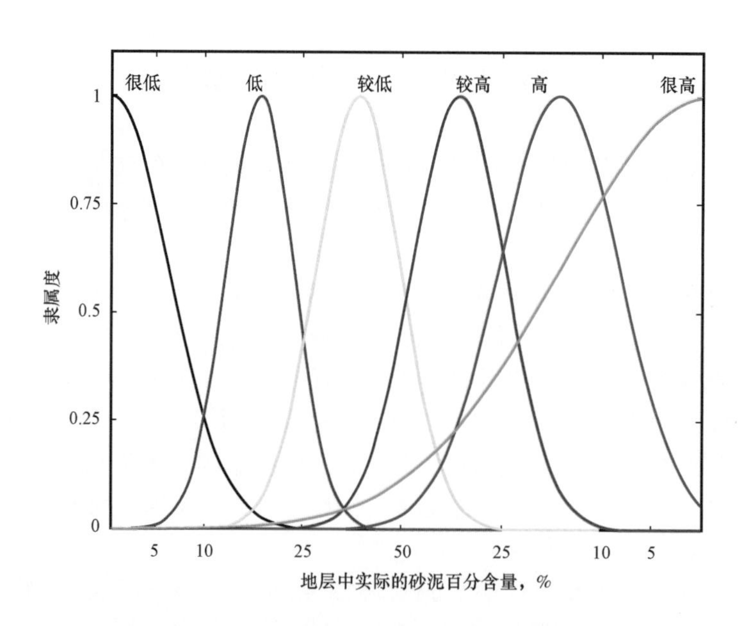


图 5－8　工区地层砂泥含量隶属函数图

声波时差曲线上砂泥岩特征较为明显，常用于测井曲线的岩性解释。基于此建立声波时差曲线的隶属函数，如图 5－9 所示，其模糊集为{低，中等，高}。

有效孔隙度曲线也是常规测井岩性解释的必选对象。如图 6－10 所示，有效孔隙度曲线

的模糊集为{极差,差,中等,好,极好}。这五个等级的模糊划分对应于常规测井解释孔隙度划分标准:孔隙度小于5%,认为地层孔隙度极差;孔隙度在5%～10%,认为地层孔隙度差;孔隙度为10%～15%,认为地层孔隙度中等;孔隙度为15%～20%,认为地层孔隙度好;孔隙度大于20%,认为地层孔隙度极好。

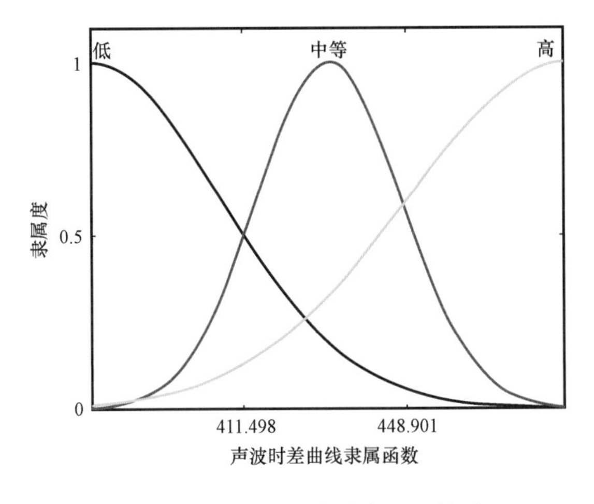


图5-9　声波时差曲线隶属函数图

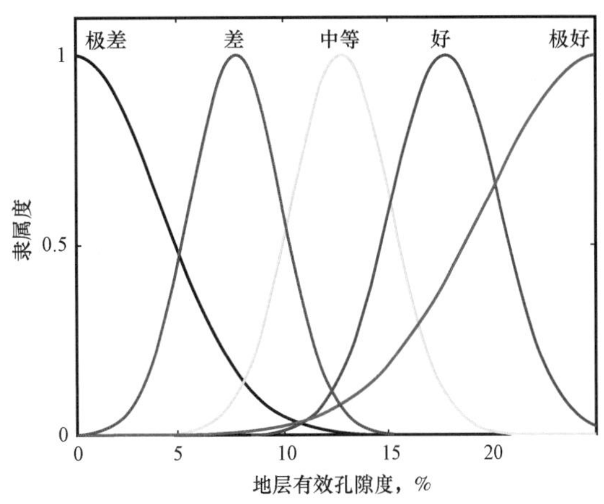


图5-10　有效孔隙度曲线隶属函数图

基于最大隶属度原则将评价因素集中的各因素样本数据通过隶属函数从精确集下转换到模糊集下。基于过程的输入输出的样本数据学习获取岩性识别与预测的模糊规则库。根据语言式模糊蕴涵原理,进行模糊推理,获得模糊集下的岩性数据。岩性识别与预测的最后一步工作就是对模糊集下的数据进行去模糊化处理。根据工区的岩心数据,井段的岩性有粉砂岩、泥质粉砂岩、粉砂质泥岩、泥岩四种。因此,模糊评价结论集的模糊集为{粉砂岩,泥质粉砂岩,粉砂质泥岩,泥岩}。最终,岩性识别与预测的结果如图5-11所示。图中横坐标为模糊岩性代码,1代表粉砂岩,2代表泥质粉砂岩,3代表粉砂质泥岩,4代表泥岩。

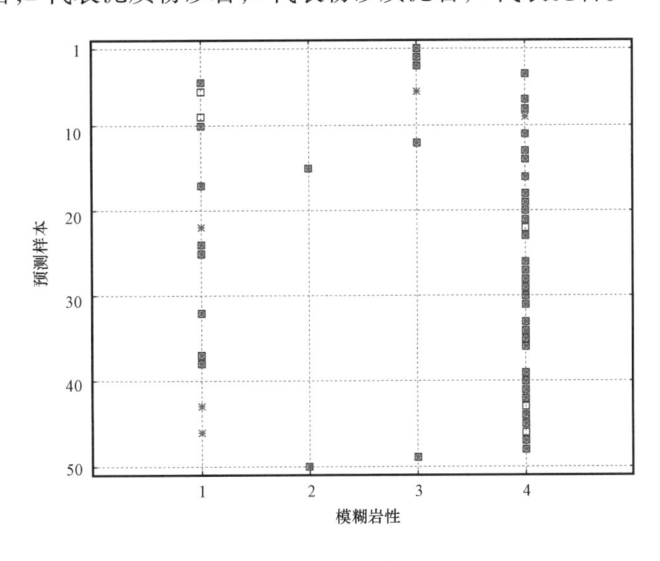


图5-11　模糊岩性识别与预测结果图

针对储层的分类定级，选用了有效孔隙度、含水孔隙度、冲洗带饱含泥浆孔隙度、泥质含量等参数，换算出含油气饱和度、粒度中值、渗透率、含油气孔隙度四个对储层划分敏感的参数，并构成储层分类定级的评价因素集{渗透率，粒度中值，含油气饱和度，含油气孔隙度}。分别建立评价因素集的隶属函数如图5－12到图5－15所示，并计算得到工区地层的含油气饱和度与含油气孔隙度，如图5－16与图5－17所示。渗透率的模糊集为{差到尚可，中等，好，很好，极好}，这五个等级的划分是经验，常常做如下的划分：小于1～15mD的，属于差到尚可；15～50mD的，属于中等；50～250mD的，属于好；250～1000mD的，属于很好；大于1000mD的，属于极好。粒度中值的模糊集为{极细，细，中等，粗}。含油气饱和度的模糊集为{低，中等，高}。含油气孔隙度的模糊集为{很低，低，中等，高，很高}。

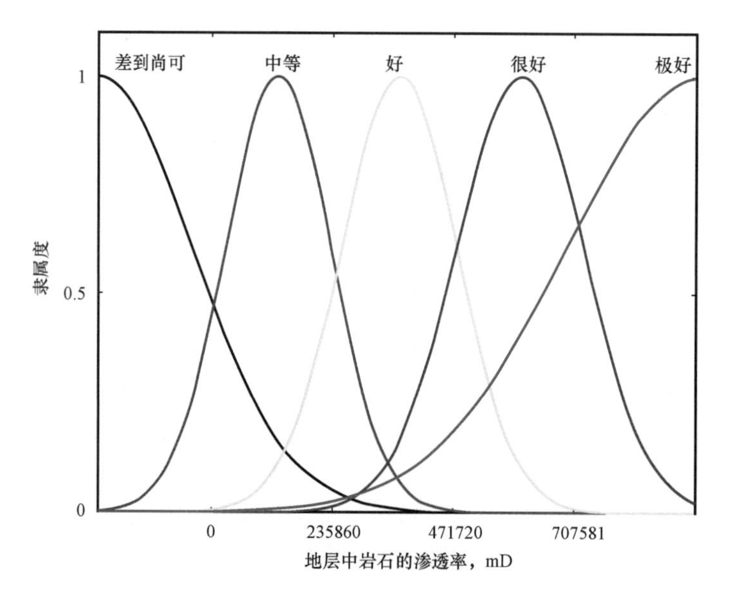


图5－12　渗透率隶属函数图

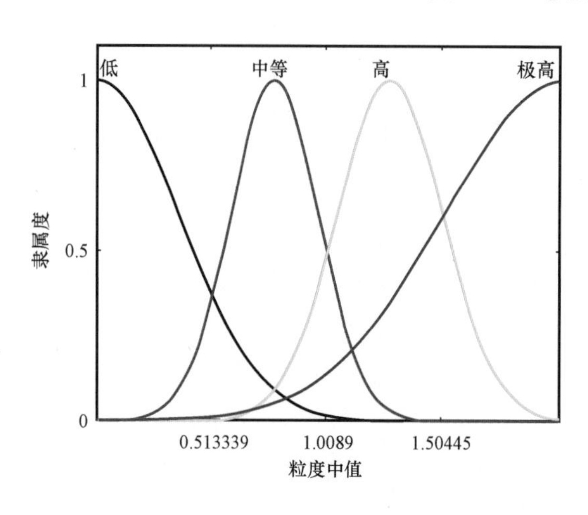


图5－13　粒度中值隶属函数图

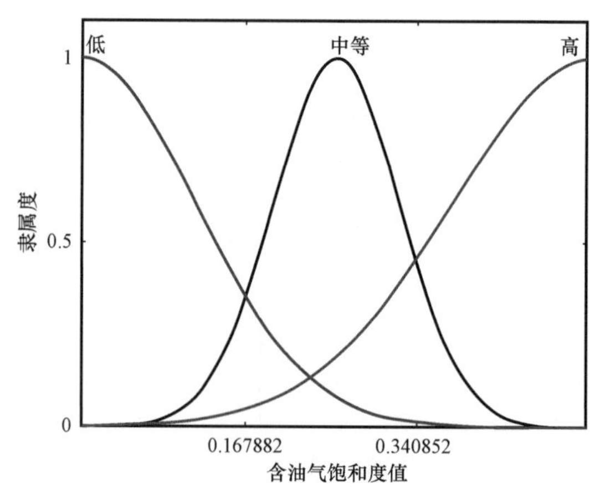


图5－14　含油气饱和度隶属函数图

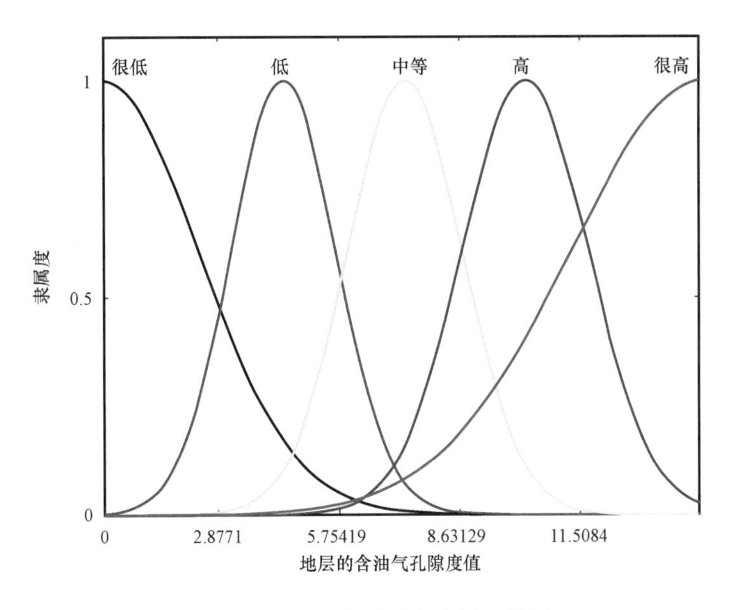


图 5－15　含油气孔隙度隶属函数图

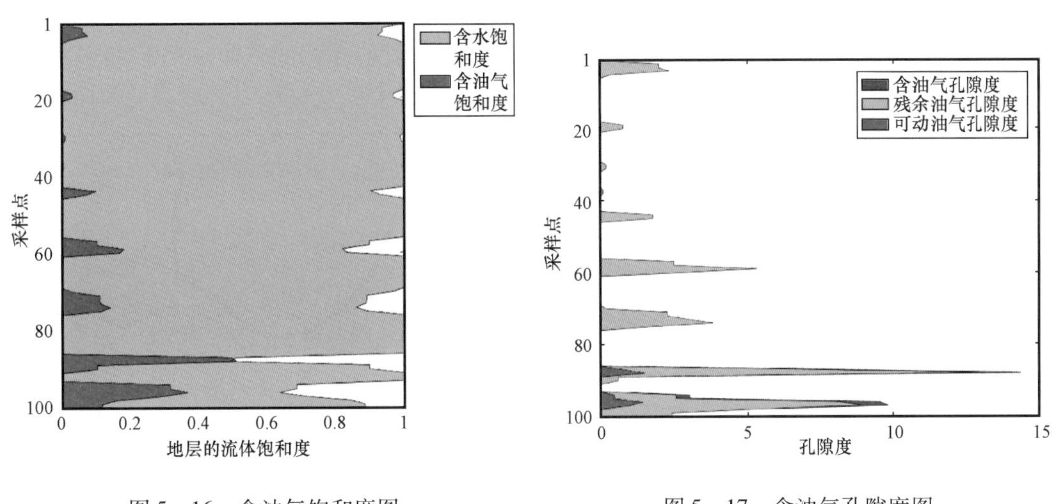


图 5－16　含油气饱和度图　　　　图 5－17　含油气孔隙度图

模糊评价因素集模糊化后，基于函数式模糊蕴涵机理，对数据进行模糊推理，得到模糊集下的储层分类定级的数据。最后，利用储层分类定级的评价集将模糊集下的数据通过去模糊化处理，转换到精确集下，得到储层分类定级的评价结果。

本章介绍了储层模糊综合评价的基本原理、方法流程，并通过模型试算验证了算法的正确性与可靠性。

# 第六章　研发技术的实际应用

## 第一节　胜坨地区沙四段纯上段 1 砂组砂砾岩体识别

### 一、工区概况

胜坨地区位于东营凹陷北部陡坡带，其北面是陈家庄凸起，其西南和东南分别是利津洼陷和民丰洼陷（图 6－1），区内发育的胜坨油田目前是胜利油田复式油气聚集区中最为富集的。本书研究工区位于胜坨油田中东部，南北横跨胜北大断层，如图 6－1 中蓝框所示。研究工区的目的层位以沙四纯上段 1 砂组为主。

研究和钻探表明，胜坨地区主要有两个物源方向，分别是北部的陈家庄凸起和东南部物源；北部物源以发育大面积的砂砾岩扇体为主，东南部物源主要发育与三角洲有关的储集体。

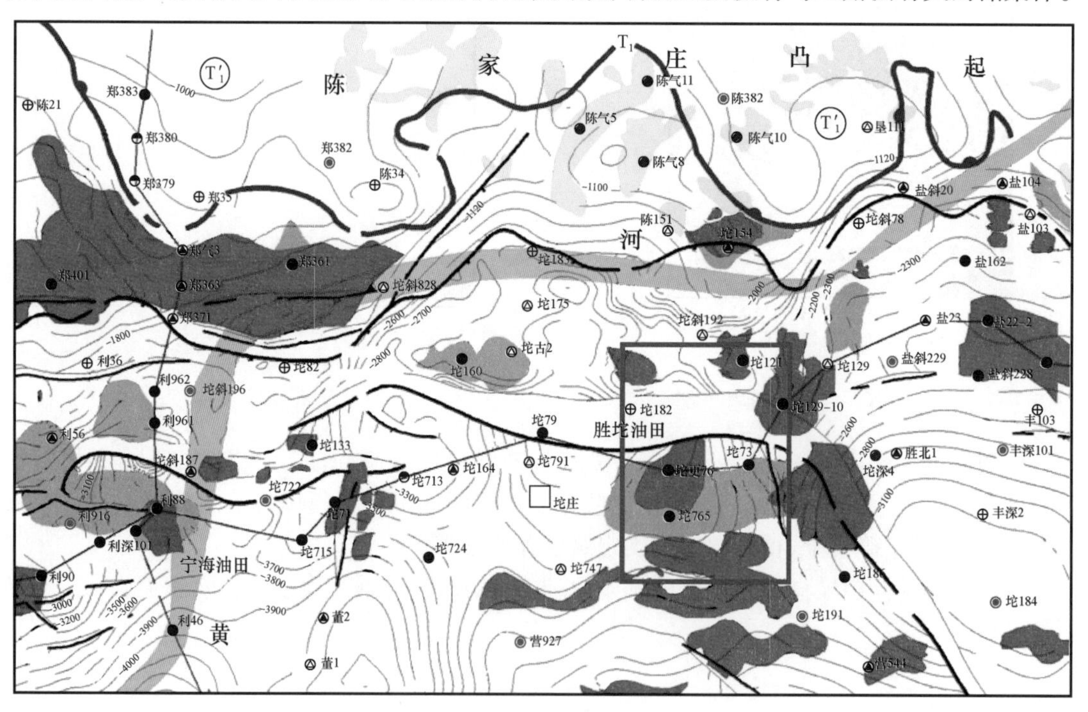


图 6－1　研究工区地理位置

二、叠后资料分析

图6-2是过坨764—坨76—坨762—坨765井的连井地震叠后剖面图。从图6-2可以看出，坨764、坨76、坨762和坨765这四口井在沙四纯上段顶部都是强波峰反射，它们与上覆地层都有一个较大的速度差。这四口井在沙四纯上段发育不同的岩性，坨764井和坨765井在沙四纯上段顶部发育含灰质泥岩，坨76井和坨762井在沙四纯上段顶部发育砂砾岩，不论是砂砾岩还是灰质泥岩发育，都与上覆泥岩地层有一个较大的速度差，因此都可以形成强波峰反射。

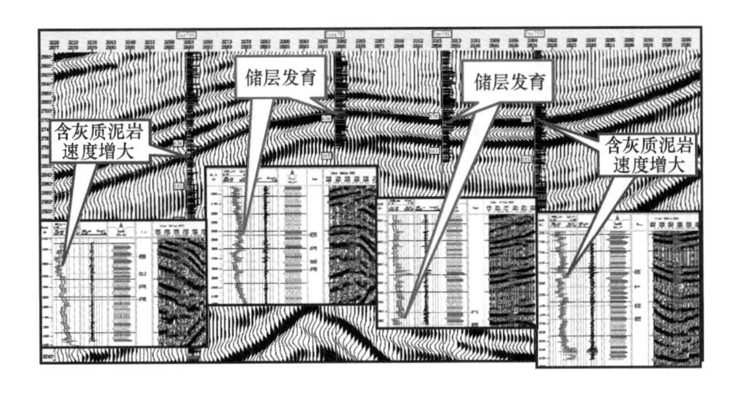


图6-2　过坨764—坨76—坨762—坨765井的连井地震剖面图(叠后)

从纯上段1砂组的RMS平面属性图(图6-3)上可以看出，在反射能量上，坨764井是强振幅，坨766井是弱振幅，坨76井、坨765井是中强振幅，坨762井是中弱振幅。因此无法利用振幅属性来区分含灰质泥岩和砂砾岩。综上所述，在叠后地震数据上，利用振幅属性来区分岩性存在一定的局限性。

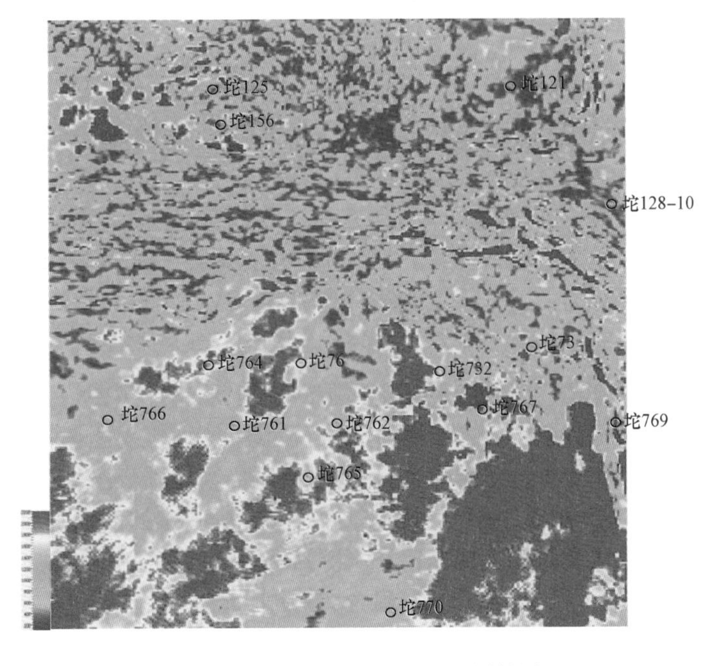


图6-3　纯上段1砂组RMS属性图

因此，将研究方向转向叠前，从过坨766、坨764、坨765等井的叠前道集上（图6-4）可以看出，叠前道集保留了从近角到远角的振幅和频率的变化信息。因此，是不是可以寻找某一偏移距段范围，在此偏移距段范围内提取振幅或频率属性来区分储层和非储层？

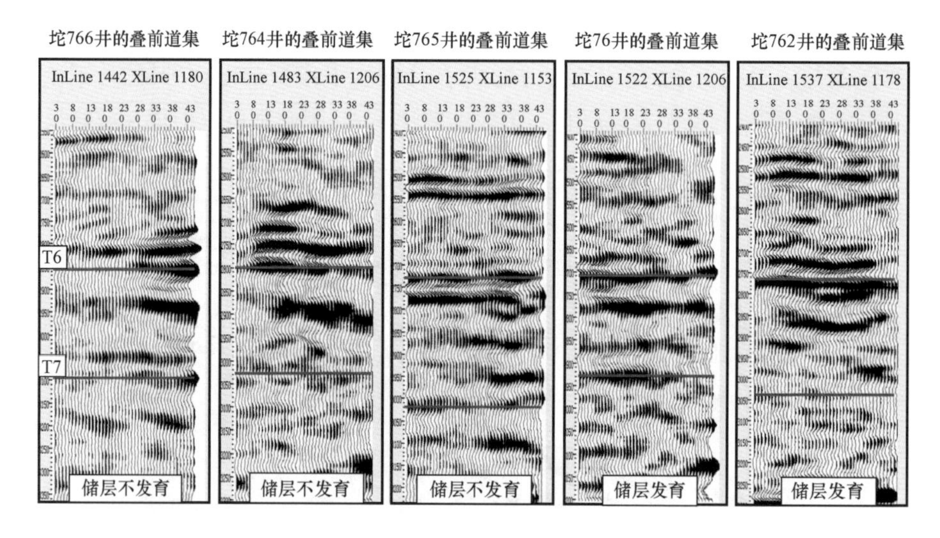


图6-4 过重点井的叠前道集剖面

## 三、叠前叠后属性优选

使用改进遗传算法，从海量的叠前叠后属性中，针对储层特征参数进行逐一属性优选。通过时深转换和重采样，将每口井的储层岩性和储层物性测井数据转换到与地震数据相同的采样率上，并作归一化处理。在有效测井井段内选取样本点，并结合层位信息，共获取514个样点。利用这些样本点进行属性优选，针对储层岩性和储层物性分别优选出被选中次数最多的78和108个地震属性，利用优选后的属性集建立SVR储层特征参数估算模型，估算储层岩性和储层物性数据体。

图6-5是针对胜坨地区沙四纯上段1砂组的储层岩性进行属性优选的结果。从图中可以看出，提取的叠前常规属性包括平均绝对值振幅、平均振幅、均方根振幅、弧长、平均能量、瞬时振幅、瞬时相位、瞬时频率总共8种，还包括截距和梯度两种AVO类属性。针对储层岩性，从346个属性中优选出78个属性。通过对优选属性的角度和属性种类进行统计（图6-6）发现，在小、中、大各个角度都有属性被优选出来，而均方根振幅、弧长、平均能量属性对应的角度比较多。

将样本点随机划分为等数量的两组，一组作为训练数据，另一组作为测试数据。训练数据用于地震属性优选及建立储层特征参数估算模型，测试数据用于检验所建立模型对未知数据估算时的泛化性能。图6-7为针对储层岩性进行建模和测试的结果。在训练数据上，储层岩性的实际值与预测值吻合率很高，通过计算，发现实际值与预测值的均方根误差为$5.2715\times10^{-5}$；在测试数据上，预测值保持了实际值的变化趋势，预测值与实际值的误差相对大一些，达到$3.1991\times10^{-4}$。无论在训练数据还是在测试数据上，实际值与预测值的均方根误差都是比较小的，这种误差范围是完全可以接受的。

| 属性优选结果（vp/vs*rho） | | | | | | | | |
|---|---|---|---|---|---|---|---|---|
| 属性<br>角度,(°) | 瞬时振幅 | 平均绝对值振幅 | 平均振幅 | 均方根振幅 | 弧长 | 平均能量 | 瞬时频率 | 瞬时相位 |
| 3 | | | | | 1 | | | |
| 4 | | | | | | | | |
| 5 | | | | | | 1 | | |
| 6 | | | 1 | | 1 | 1 | | 1 |
| 7 | | | | | | 1 | | |
| 8 | | | | | | | | |
| 9 | | | | 1 | 1 | 1 | | |
| 10 | | | | 1 | | | | 1 |
| 11 | | | | 1 | | 1 | 1 | |
| 12 | | | | | 1 | 1 | 1 | 1 |
| 13 | | | | 1 | | 1 | | |
| 14 | | | 1 | | | | | 1 |
| 15 | 1 | | | | | | | |
| 16 | | | | | | | | |
| 17 | 1 | | | 1 | | 1 | | |
| 18 | | | | | 1 | 1 | 1 | |
| 19 | | | 1 | 1 | | 1 | | 1 |
| 20 | | | | 1 | | 1 | | |
| 21 | | | | | | | | |
| 22 | | | | | | 1 | 1 | |
| 23 | | 1 | | | | | | |
| 24 | | | 1 | | | | | |
| 25 | | | | | | 1 | | |
| 26 | | | | | 1 | | | 1 |
| 27 | | | 1 | | | | | |
| 28 | | | | | | | | |
| 29 | 1 | | | 1 | | | | |
| 30 | | | | | 1 | 1 | | |
| 31 | 1 | | | 1 | | | | |
| 32 | | | | | | | 1 | |
| 33 | 1 | | | 1 | 1 | | | |
| 34 | | | 1 | 1 | 1 | 1 | 1 | |
| 35 | | | | 1 | | | | |
| 36 | | | | 1 | | | | |
| 37 | | | | 1 | | 1 | 1 | |
| 38 | | | | 1 | | | | |
| 39 | | | | 1 | | | 1 | |
| 40 | | | | | 1 | | | |
| 41 | | | | | | | | |
| 42 | | 1 | | 1 | | | | |
| 43 | | | | | | | 1 | |
| 44 | | | 1 | | 1 | | | 1 |
| 45 | | 1 | | 1 | 1 | 1 | | |

图 6-5　针对储层岩性进行属性优选的结果

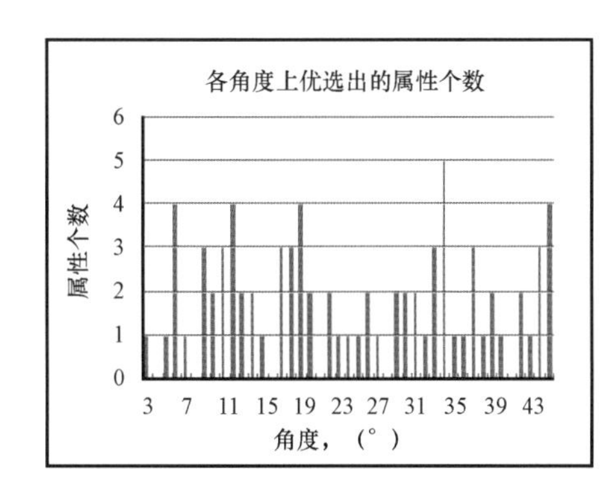


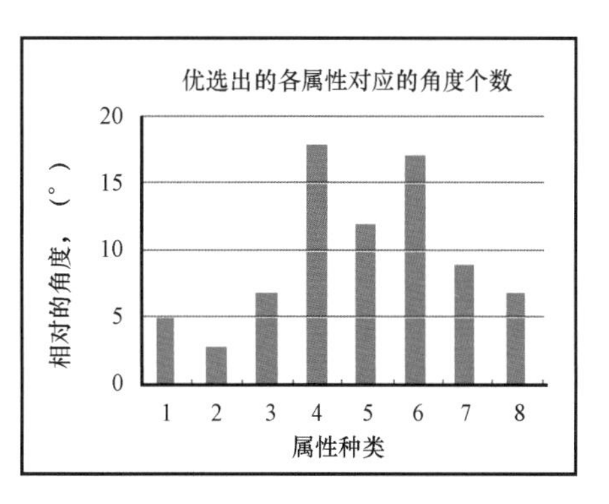


图 6-6　优选属性角度和属性种类统计图

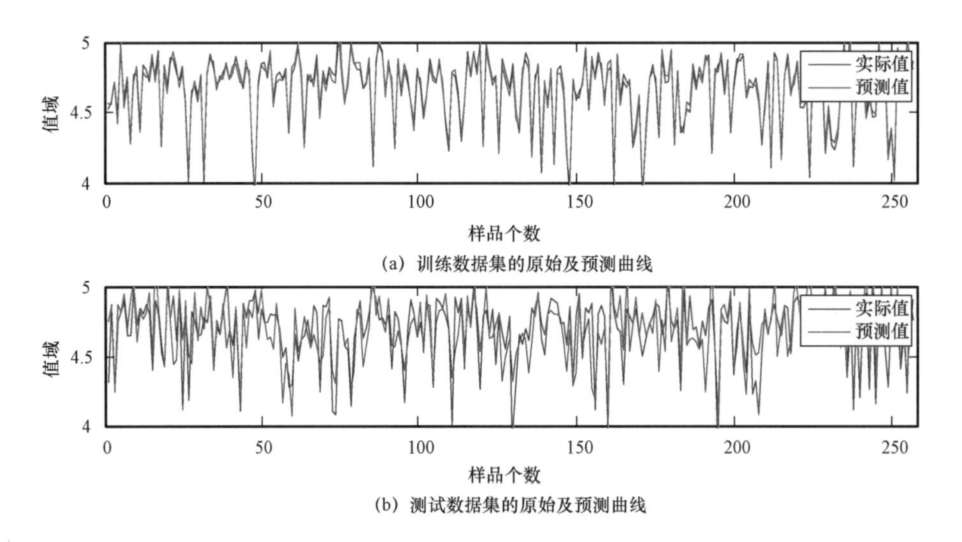


(a) 训练数据集的原始及预测曲线



(b) 测试数据集的原始及预测曲线

图 6－7 针对储层岩性进行建模和测试的结果图

另外，针对储层物性，也开展了叠前叠后属性的优选。图 6－8 是针对沙四纯上段 1 砂组储层物性进行属性优选的结果，从 346 个属性中优选出 108 个属性。可以看出，在小、中、大各个角度都有属性被优选出来，而瞬时振幅、均方根振幅、弧长、平均能量、瞬时相位对应的角度比较多(图 6－9)。

图 6－10 为针对储层物性进行建模和测试的结果。在训练数据上，储层岩性的实际值与预测值吻合率很高，通过计算，发现实际值与预测值的均方根误差为 $8.1533\times10^{-6}$；在测试数据上，预测值保持了实际值的变化趋势，预测值与实际值的误差相对大一些，达到 $5.5207\times10^{-5}$。无论在训练数据还是在测试数据上，实际值与预测值的均方根误差都是比较小的，这种误差范围是完全可以接受的。

## 四、储层特征参数预测

### 1. 储层岩性平面预测

本书提出的 SVR－GA 属性优选算法，不仅可以针对某一储层特征参数优选出更为准确的敏感属性，而且还可以得到井点处的储层特征参数的预测值。现在，把井点处优选属性与储层特征参数之间的拟合关系外推到整个研究工区，可以得到整个研究工区的储层岩性的平面预测结果(图 6－11)。

从图 6－11 可以看出，在沙四纯上段，胜北断层上升盘储层普遍发育，坨 125、坨 121 和坨 128－10 等井在上升盘都位于储层发育区内。在胜北断层下降盘，主要发育两个古冲沟，分别为坨 76 和坨 73 古冲沟。坨 76 古冲沟对应上升盘的坨 125 古冲沟；坨 73 古冲沟与上升盘的坨 128 古冲沟对应。在两个古冲沟的南部还有一片储层发育区，主要发育多期次沉积的浊积水道，呈现相互交错的现象，符合地质宏观分布规律。从实际钻井情况来看，该区有 14 口探井参与拟合，只有东风 2 井未参与拟合，可以作验证井，从预测结果与实际情况对比统计图(图 6－12)可以看出，不论是参与拟合的井还是未参与拟合的井，储层预测结果都与实钻情况吻合，吻合率达到 100%。

| 属性优选结果（孔隙） | | | | | | | | |
|---|---|---|---|---|---|---|---|---|
| 属性<br>角度,(°) | 瞬时振幅 | 平均绝对值振幅 | 平均振幅 | 均方根振幅 | 弧长 | 平均能量 | 瞬时频率 | 瞬时相位 |
| 3 | | | | | | | 1 | 1 |
| 4 | | | | | | | | |
| 5 | | | | 1 | 1 | | 1 | 1 |
| 6 | | | 1 | | | 1 | | |
| 7 | | | | 1 | | 1 | | 1 |
| 8 | | | | | | | | |
| 9 | | | | | 1 | 1 | | |
| 10 | | | | 1 | | | | 1 |
| 11 | 1 | | | 1 | | 1 | | 1 |
| 12 | | | | 1 | 1 | 1 | | |
| 13 | 1 | | | 1 | | 1 | | |
| 14 | 1 | 1 | | | 1 | 1 | | 1 |
| 15 | 1 | | | | | | | |
| 16 | | | | 1 | 1 | | | 1 |
| 17 | 1 | | | 1 | 1 | 1 | | |
| 18 | 1 | | 1 | | | | | |
| 19 | 1 | | | 1 | | | | 1 |
| 20 | 1 | | | | 1 | 1 | | 1 |
| 21 | | | | | | | | 1 |
| 22 | | | | 1 | | 1 | | |
| 23 | | | | | | | | |
| 24 | | | 1 | | | 1 | 1 | |
| 25 | 1 | | | | | | | |
| 26 | | | | | 1 | | | 1 |
| 27 | 1 | | | 1 | | | 1 | 1 |
| 28 | | | | 1 | 1 | | 1 | 1 |
| 29 | 1 | | | | 1 | 1 | | 1 |
| 30 | 1 | | 1 | | 1 | | | |
| 31 | | 1 | | | | | 1 | |
| 32 | | | | | 1 | 1 | | 1 |
| 33 | | | | | | | | |
| 34 | | | | 1 | | | | |
| 35 | | | | 1 | 1 | 1 | | |
| 36 | 1 | | 1 | | 1 | | | 1 |
| 37 | 1 | | | | 1 | | 1 | |
| 38 | | | | | | | 1 | |
| 39 | | | | 1 | | 1 | | |
| 40 | | | | | 1 | | | |
| 41 | 1 | | | 1 | | 1 | | |
| 42 | 1 | 1 | | 1 | 1 | | | 1 |
| 43 | | | | | 1 | 1 | | 1 |
| 44 | | 1 | 1 | 1 | | | 1 | 1 |
| 45 | | | | | | | 1 | |

图6－8　针对储层物性进行属性优选的结果

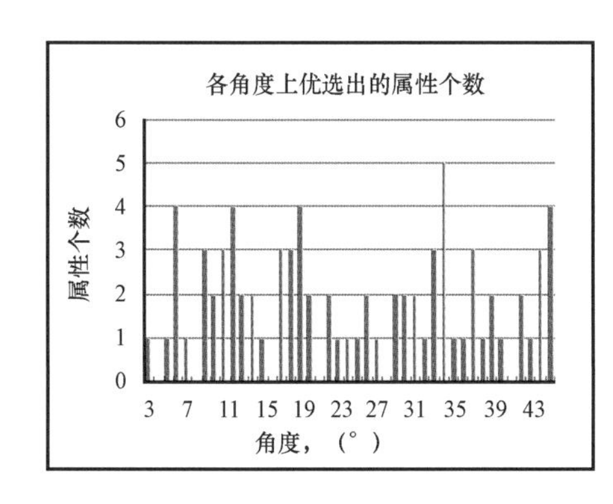


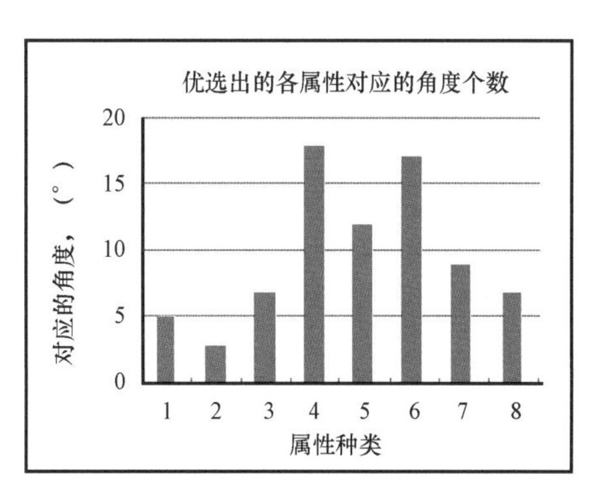


图6－9　优选属性角度和属性种类统计图

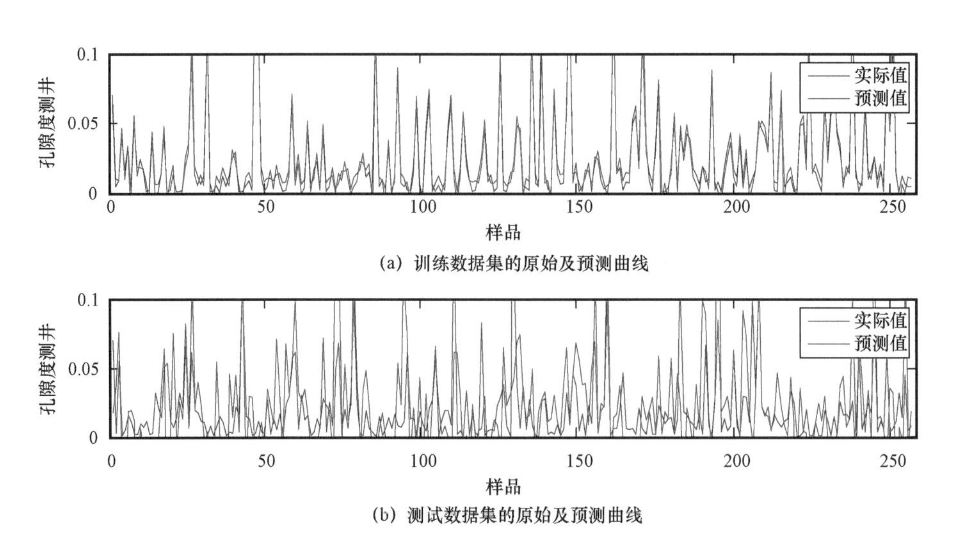


(a) 训练数据集的原始及预测曲线

(b) 测试数据集的原始及预测曲线

图 6－10　针对储层物性进行建模和测试的结果图

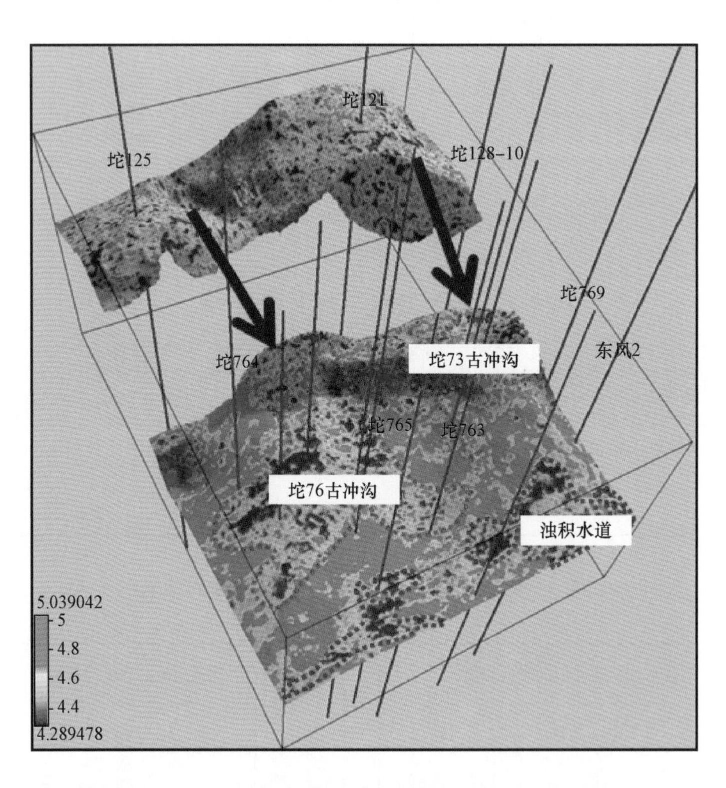


图 6－11　沙四纯上段 1 砂组的储层岩性平面预测图

2. 储层物性平面预测

在对储层岩性有一个平面上的正确认识的基础上，对沙四纯上段 1 砂组的储层物性也进行了平面预测（图 6－13）。

从图 6－13 可以看出，红框所表示的范围，储层物性都较好，其中坨 125 井区和坨 76 井区已经上报了储量，另外三块物性较好区域，勘探程度很低，需要进一步部署探井，探明其勘探潜力。

| 井名 | 纯上段1砂组储层发育情况 | 储层预测结果 | 是否吻合 |
|---|---|---|---|
| 坨125 | 发育 | 发育 | 吻合 |
| 坨121 | 发育 | 发育 | 吻合 |
| 坨128-10 | 发育 | 发育 | 吻合 |
| 坨76 | 发育 | 发育 | 吻合 |
| 坨761 | 发育 | 发育 | 吻合 |
| 坨762 | 发育 | 发育 | 吻合 |
| 坨152 | 发育 | 发育 | 吻合 |
| 坨764 | 不发育 | 不发育 | 吻合 |
| 坨765 | 不发育 | 不发育 | 吻合 |
| 坨73 | 不发育 | 不发育 | 吻合 |
| 坨767 | 不发育 | 不发育 | 吻合 |
| 坨763 | 不发育 | 不发育 | 吻合 |
| 坨770 | 不发育 | 不发育 | 吻合 |
| 坨769 | 不发育 | 不发育 | 吻合 |
| 东风2 | 不发育 | 不发育 | 吻合 |

图 6－12　沙四纯上段 1 砂组的储层预测结果与实钻情况对比统计图

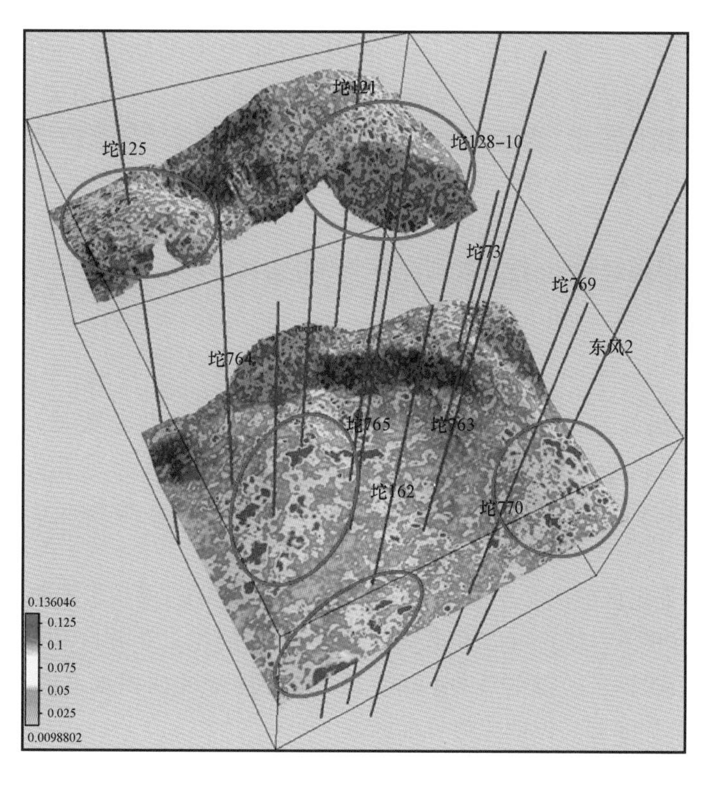


图 6－13　沙四纯上段 1 砂组的储层物性平面预测图

五、有利储层平面预测

找到每一种储层特征参数在地质上的指示意义并不困难，困难的是评价它们统计的有效性和可靠性。储层特征参数的不确定性是广泛存在的，影响其可靠性和稳定性的主要原因可分为地质、地震、预测方法和主观认识等因素所产生的干扰与陷阱。

为了提高确定性，在表征有利储层时，引入了基于 T－S 模型的模糊推理系统。通过对估算的多种储层特征参数模糊化，根据输入—输出数据的函数关系建立模糊规则，并由得分高低获得储层的类别，实现由估算的储层特征参数向有利储层的转换。

| 储层参数 \ 储层分类 | Ⅰ类储层 | Ⅱ类储层 | Ⅲ类储层 | 非储层 |
|---|---|---|---|---|
| 岩性参数 | <4.44 | 4.44～4.64 | 4.64～4.82 | >4.82 |
| 物性参数 | >0.1 | 0.1～0.05 | 0.05～0.025 | <0.025 |

图 6－14　针对储层特征参数的模糊分类图

首先对两种储层特征参数（岩性参数和物性参数）进行储层与非储层的划分，如图 6－14 所示。针对储层岩性参数，当值小于 4.44 时，定性为Ⅰ类储层；当值域为 4.44～4.64 时，定性为Ⅱ类储层；当值域为 4.64～4.82 时，定性为Ⅲ类储层；当值大于 4.82 时，定性为非储层。针对储层物性参数，当值大于 0.1 时，定性为Ⅰ类储层；当值域为 0.1～0.05 时，定性为Ⅱ类储层；当值域为 0.05～0.025 时，定性为Ⅲ类储层；当值小于 0.025 时，定性为非储层。

然后制定一种模糊规则，并将该规则在整个研究工区进行推广和验证，以求其适用于整个研究工区。该模糊规则公式如下：

$$f = (\text{岩性}^{-2} + \text{物性}^{-1.5} + 1)^2$$

从概率的角度出发，这个公式应该就是把岩性参数和物性参数都认为是Ⅰ类储层的地区查找出来，然后再把单一参数认为Ⅰ类储层、其他参数认为是Ⅱ类储层的地区查找出来，以此类推。最有可能成为有利储层的地区当然是所有参数都认为是Ⅰ类储层的地区。

通过在整个研究工区应用基于 T－S 模型的模糊推理系统，得到了沙四纯上段 1 砂组的有利储层平面预测图（图 6－15），可以看出，已经上报储量的坨 125 井区和坨 76 井区都在预测的有利储层范围内，验证了所得结果的正确性，另外，在南部的浊积水道也有部分地区含有有利储层，可以作为下步部署井位的优势目标区域。

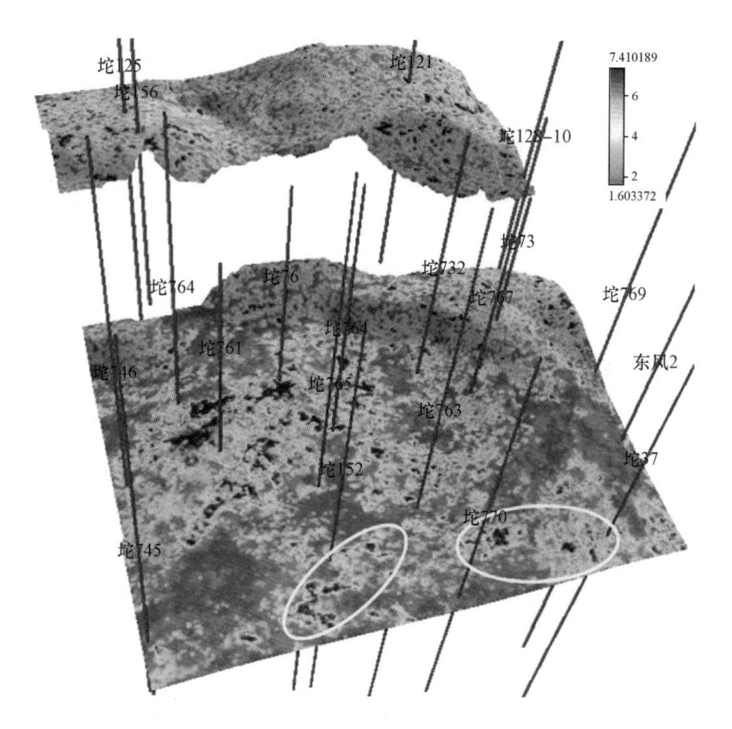


图 6－15　沙四纯上段 1 砂组的有利储层平面预测图

# 第二节　曲堤地区馆陶组有利河道识别

## 一、工区概况

曲堤地区位于惠民南部斜坡带东段的曲堤鼻状构造带、曲堤东鼻状构造带和白桥构造，勘探面积约 380km$^2$（图 6－16）。该区目前共完钻探井 39 口，其中曲堤鼻状构造带上 26 口，白桥构造带上 3 口，发现馆陶组、沙二段、沙三段和沙四段共 4 套含油层系，上报探明储量 3159. 16 ×10$^4$t，建成了曲堤油田。近几年曲堤油田的勘探主要集中在曲堤鼻状构造带上，勘探目标以小断块油藏勘探为主，岩性、构造岩性及地层圈闭目标评价刚刚起步，东部的曲堤东和白桥构造带勘探程度低。

研究工区位于曲堤地区曲 35 井附近，工区面积约 60km$^2$，如图 6－16 所示黑框范围，目的层系是馆陶组，河道较为发育。曲 35 井在馆上段发现气层，其西北面的曲古 2 井在馆下段发现油层，该区是寻找油气的重要阵地。因此，以馆上段作为目的层系，展开有利河道的识别工作。

在成藏条件方面，曲堤、曲堤东和白桥构造与夏口断层下降盘的江家店瓦屋鼻状构造连接，洼陷带的油气通过夏口断层在此聚集成藏，油源条件十分有利；来自南部鲁西隆起的三大物源体系形成的储层复杂交错，而且由于构造的翘倾作用，工区南部古近系普遍遭受剥蚀，形成了构造、构造—岩性、岩性、地层不整合等多种圈闭类型，成藏条件十分有利。2009 年曲堤油田在馆陶组、沙三段和沙四段的小断块油藏上报新增探明储量 1165. 16 ×10$^4$t，展现了该区

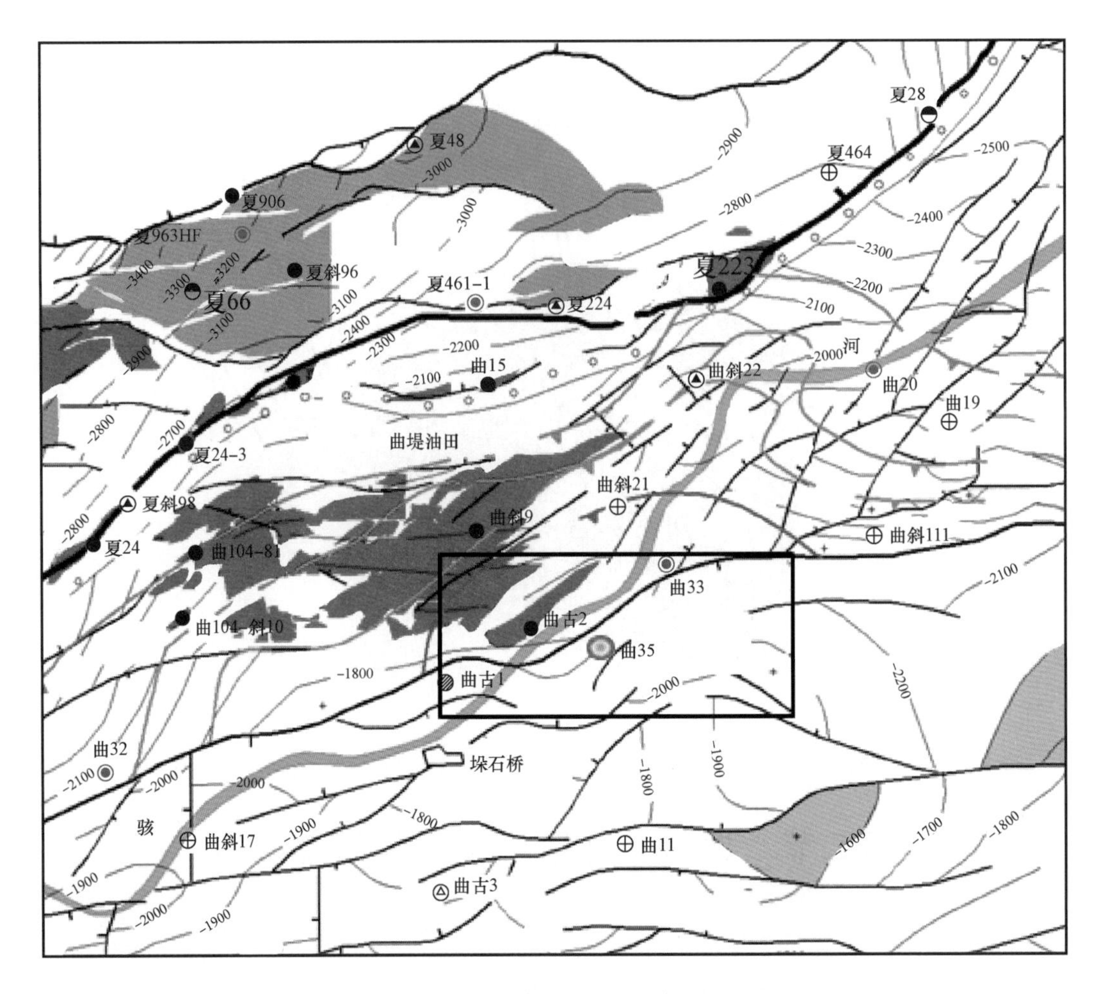


图6-16 曲堤地区工区位置

具有多层系多油藏类型大面积成藏的良好勘探前景。

从勘探现状看，目前发现的含油气层系分布在西部曲堤鼻状构造带上的沙河街组及馆陶组中，油藏类型主要以复杂的小断块油藏为主，随着勘探程度的深入，这种整装大规模断块构造圈闭越来越少，而多物源沉积体系与断裂匹配形成的构造—岩性圈闭、南部超剥带地层圈闭及深部层系的中生界应是下一步勘探的重要评价目标。从目前发现的油层和油藏的分布来看，具有不均衡性，油藏主要分布在曲104、曲10、曲斜9和曲堤断层一带，在层系上具有沙四段、沙三段多，沙二段、馆陶组少的特点，油藏分布受控于什么还需要进一步的研究。该区钻遇中生界的井较少，中生界储层展布和物性特征认识不很明确，至今未系统开展过中生界油气成藏条件的研究工作，致使目前对该区中生界的成藏条件认识不清，制约着中生界油气的勘探。该区在明化镇组、馆陶组见良好油气显示，展示了良好的勘探前景。

该区内曲35井在馆陶组钻遇2m气层，深度1023～1025m，油层7m，深度1027～1033m，水层3m，深度1045～1048m，如图6-17所示。

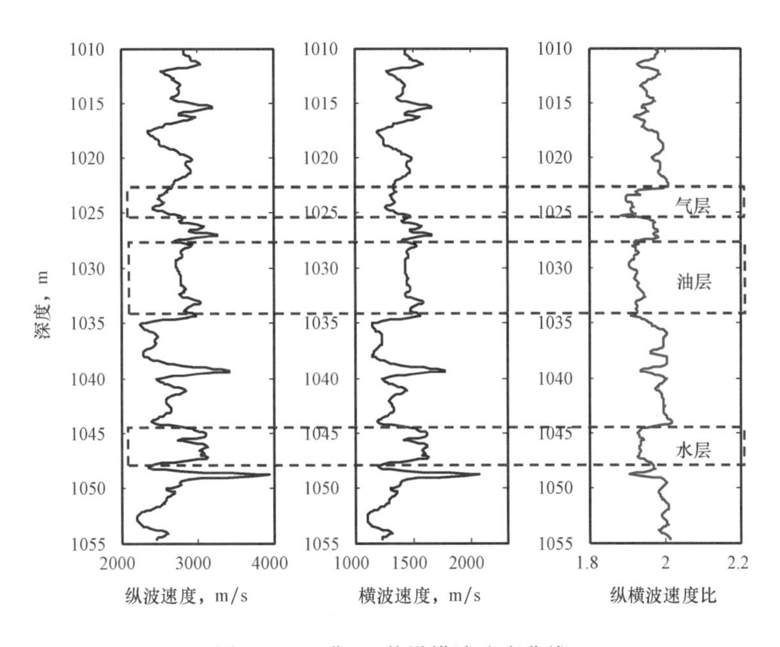


图6－17　曲35井纵横波速度曲线

## 二、叠前叠后属性优选

针对曲堤地区叠前资料信噪比较差的情况，选择了10°、20°和30°的单角度叠加地震数据进行属性提取，分别在这三个单角度叠加地震数据上提取了瞬时振幅、绝对值振幅、平均振幅、均方根振幅、弧长、平均能量、瞬时频率和瞬时相位属性。然后利用改进遗传算法对储层岩性进行属性优选，图6－18是针对储层岩性进行属性优选的结果。从图6－18可以看出，20°和30°的数据体上优选的属性最多，说明与20°和30°的数据体相比，10°的数据体更能刻画储层岩性。

| 属性＼角度 | 10° | 20° | 30° |
|---|---|---|---|
| 瞬时振幅 | 1 | 1 | 1 |
| 绝对值振幅 | | | |
| 平均振幅 | | 1 | 1 |
| 均方根振幅 | | 1 | |
| 弧长 | 1 | 1 | 1 |
| 平均能量 | | | 1 |
| 瞬时频率 | | 1 | 1 |
| 瞬时相位 | 1 | 1 | 1 |

图6－18　针对储层岩性进行属性优选的结果

将样本点随机划分为等数量的两组,一组作为训练数据,另一组作为测试数据。训练数据用于地震属性优选及建立储层特征参数估算模型,测试数据用于检验所建立模型对未知数据估算时的泛化性能。图6-19为针对储层岩性进行建模和测试的结果。从结果来看,在建模数据上,预测值与实际值相当吻合,只在测试数据上,预测与实际值有相对较大误差,但是整体上看,预测值保留了实际值的变化趋势,预测结果还是比较可信的。

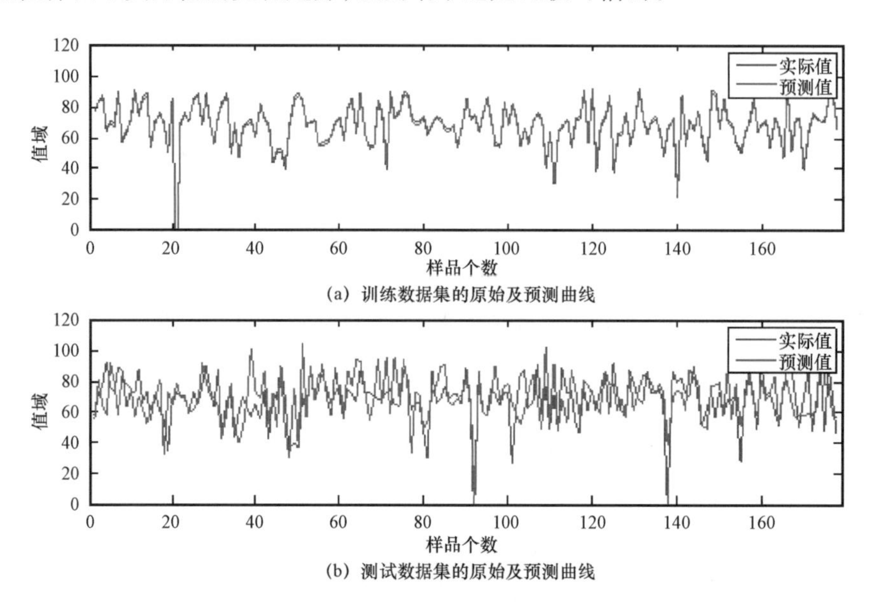


图6-19 针对储层岩性进行建模和测试的结果

## 三、储层特征参数预测

在曲堤工区馆陶组,分别针对储层岩性、物性和含油气性进行了平面预测,结果如图6-20至图6-22所示。

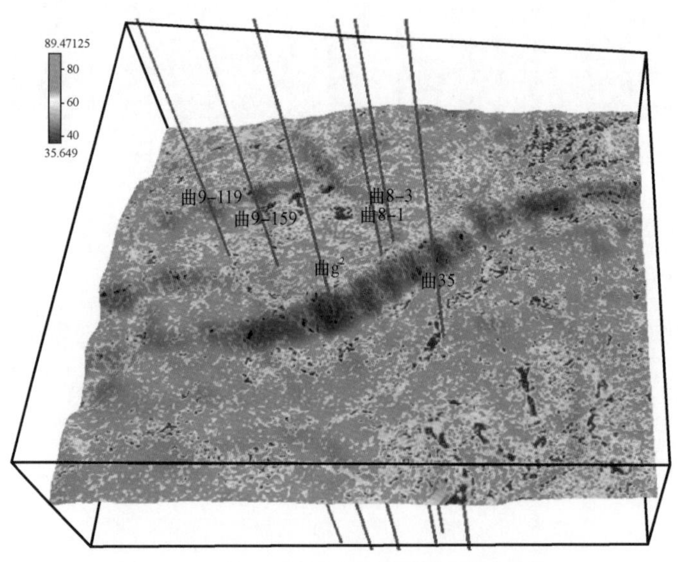


图6-20 沿 $T_0$ 层的储层岩性平面预测结果

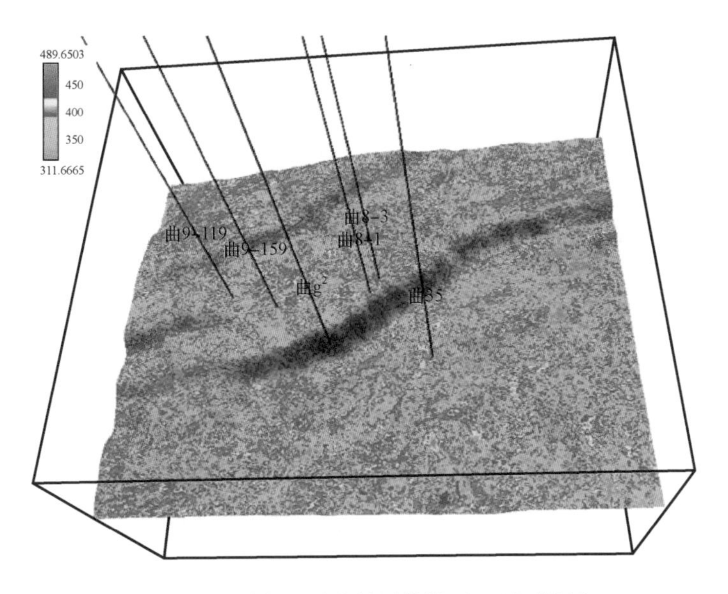


图 6 - 21　沿 $T_0$ 层的储层物性平面预测结果

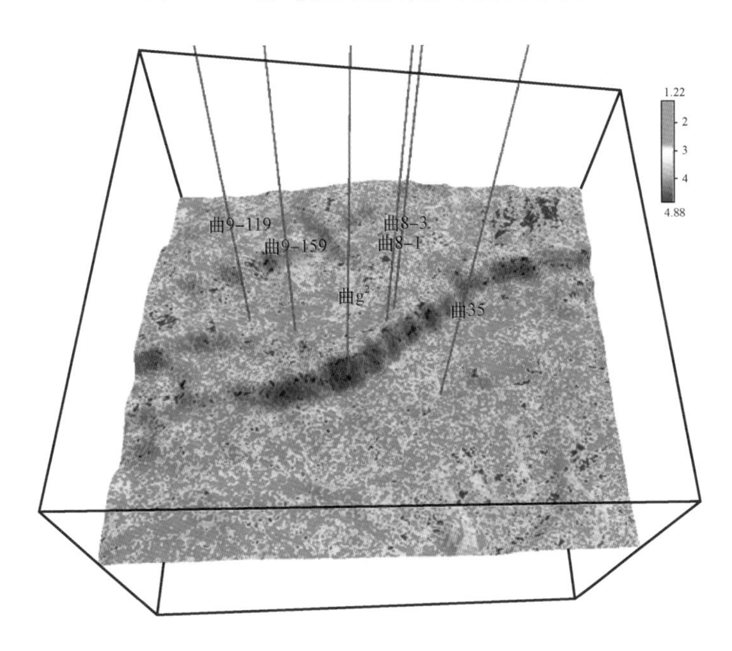


图 6 - 22　沿 $T_0$ 层的储层含油气性平面预测结果

从图 6 - 20 沿 $T_0$ 层的储层岩性平面预测图上看出，曲 35 井附近河道形态比较清晰，这条河道向西南可以延伸很远；在曲 35 井南部，还存在一条较为明显的曲流河。从图 6 - 21 沿 $T_0$ 层的储层物性平面预测图上看出，曲 35 井附近的河道，有部分河道储层物性较好，南部的曲流河也有部分河道物性较好。从图 6 - 22 沿 $T_0$ 层的储层含油气性平面预测图上看出，曲 35 井附近储层含油气性较好，南部的曲流河也有部分河道显示出较好的含油气性。

## 四、有利储层平面预测

通过比较三种不同储层特征参数的平面预测结果，可以发现，它们在表征有利储层时存在差异,因为每种储层特征参数从其机理上讲,在刻画有利储层时都是具有多解性的。

因此,在曲堤地区馆陶组也引入了基于 T - S 模型的模糊推理系统。通过对估算的多种储层特征参数模糊化,根据输入—输出数据的函数关系建立模糊规则,并由得分高低获得储层的类别,实现由估算的储层特征参数向有利储层的转换。

| 储层分类 / 储层参数 | Ⅰ类储层 | Ⅱ类储层 | Ⅲ类储层 |
|---|---|---|---|
| 岩性参数 | <60 | 60～65 | >65 |
| 物性参数 | 392～428 | <392 | >428 |
| 含油气性参数 | >3 | 2.5～3 | <2.5 |

图 6 - 23　针对储层特征参数的模糊分类图

首先对三种储层特征参数(岩性参数、物性参数和含油气性参数)进行储层与非储层的划分,如图 6 - 23 所示。针对储层岩性参数,当值小于 60 时,定性为Ⅰ类储层;当值域为 60 ~ 65 时,定性为Ⅱ类储层;当值大于 65 时,定性为Ⅲ类储层。针对储层物性参数,当值域为 392 ~ 428 时,定性为Ⅰ类储层;当值域小于 392 时,定性为Ⅱ类储层;当值大于 428 时,定性为Ⅲ类储层。针对储层含油气性参数,当值大于 3 时,定性为Ⅰ类储层;当值域为 2. 5 ~ 3时,定性为Ⅱ类储层;当值小于 2. 5 时,定性为Ⅲ类储层。

然后制定一种模糊规则,并将该规则在整个研究工区进行推广和验证,以求其适用于整个研究工区。该模糊规则公式为:

$$f = (\text{岩性}^{-1} + \text{物性}^{-100} + \text{含油气性}^{-1})^2$$

从概率的角度出发,这个公式应该就是把岩性参数、物性参数和含油气性参数都认为是Ⅰ类储层的地区查找出来,然后再把单一参数认为Ⅰ类储层、其他参数认为是Ⅱ类储层的地区查找出来,以此类推。最有可能成为有利储层的地区当然是所有参数都认为是Ⅰ类储层的地区。

通过在整个研究工区应用基于 T - S 模型的模糊推理系统,得到了曲堤地区馆上段有利河道预测图(图 6 - 24),从图 6 - 24 可以看出,曲 35 井附近,有利河道较为发育,南部曲流河也有许多位置发育有利储层,可以在部署井位时,优先考虑。

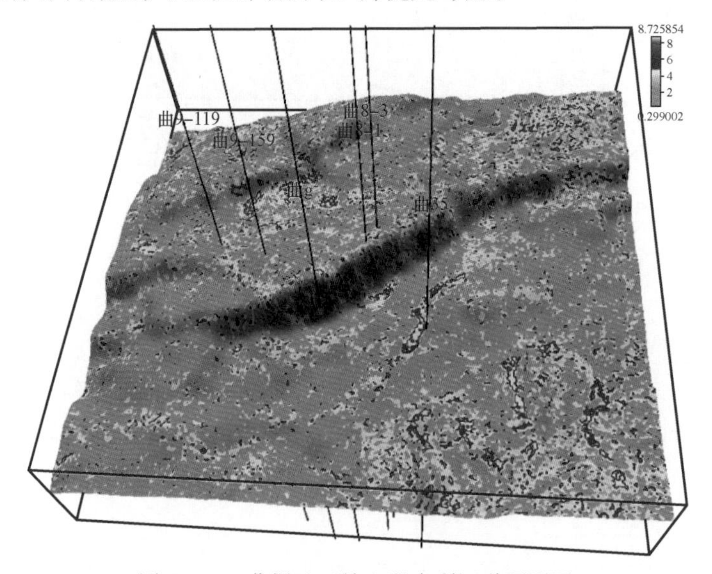


图 6 - 24　曲堤地区馆上段有利河道预测图

# 第三节　富林地区中生界风化壳储层识别

## 一、工区概况

中生界属于低勘探、低认识程度地层。“十一五”以来，对富林洼陷重新评价，先后部署完钻的富115、富117、富25、富29等井（图6－25）都取得了较好的勘探效果，上报三级储量2434 $\times 10^4$t。后续井位富121、富291井均见油气显示，其中富121井电测解释油层8.0m/2层，富林洼陷中生界含油气面积进一步扩大，展示了孤岛富林地区中生界良好的勘探前景。

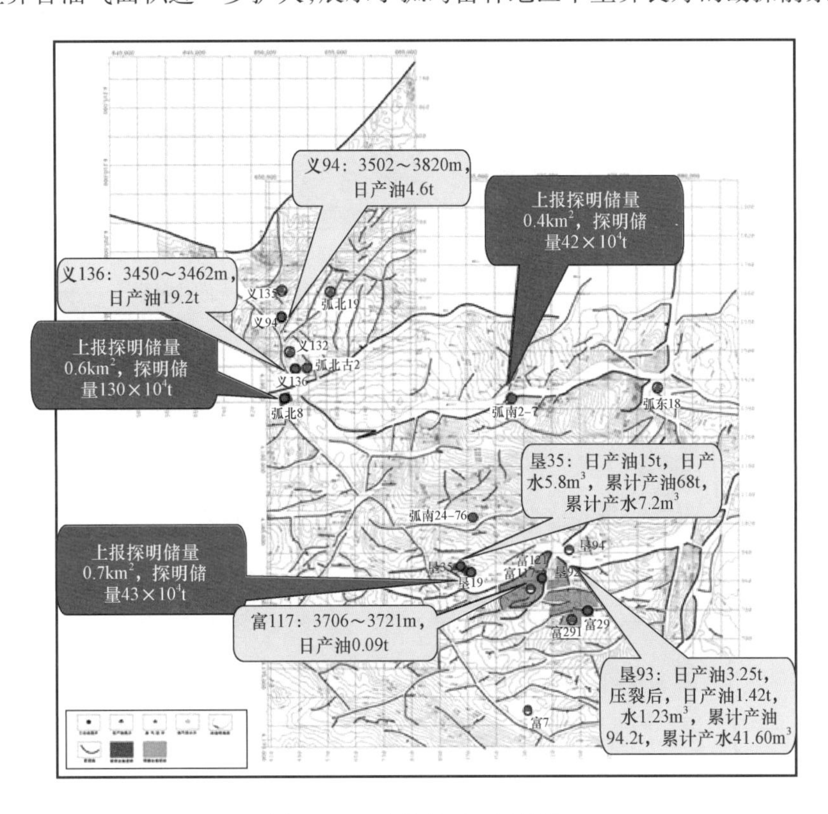


图6－25　富林地区工区位置

## 二、储层特征参数平面预测

与前面两个工区做法类似，针对某一储层特征参数，提取了大量的叠前叠后属性，并且使用改进遗传算法进行属性优选及误差分析，最终估算出多种储层特征参数。

富林地区中生界风化壳储层大面积存在，影响有利储层分布的因素是储层物性和含油气性。因此，该区主要针对储层物性和含油气性展开预测，结果如图6－26和图6－27所示。

从图6－26富林地区中生界风化壳储层物性平面预测图可以看出，出油井富117、富121、富29附近物性较好，富15、垦古21、富20附近物性也较好，垦84、富12、富291附近物性较好。从图6－27富林地区中生界风化壳储层含油气性平面预测图可以看出，富117、富121、富29附近具有较好的含油气性，富15、富20、垦84、富12、富291具有较差的含油气性，垦古21含油气性一般。

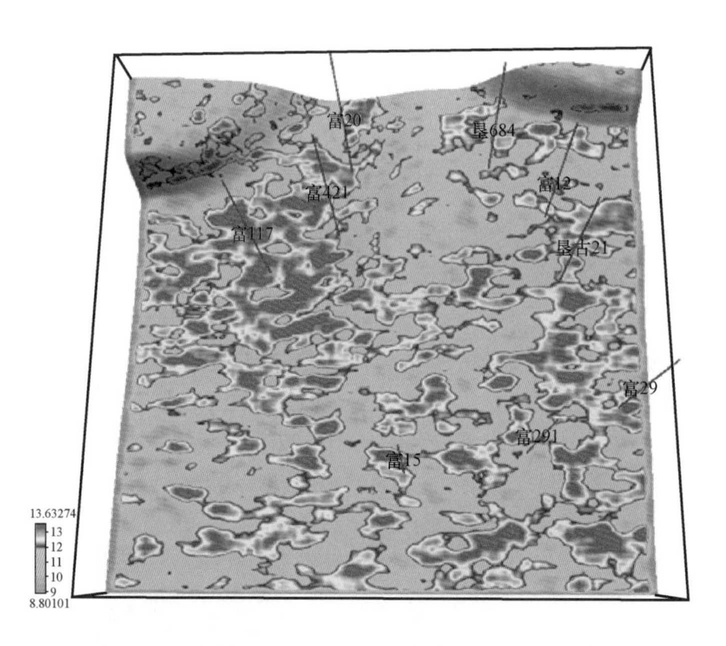


图 6 - 26　富林地区中生界风化壳储层物性平面预测图

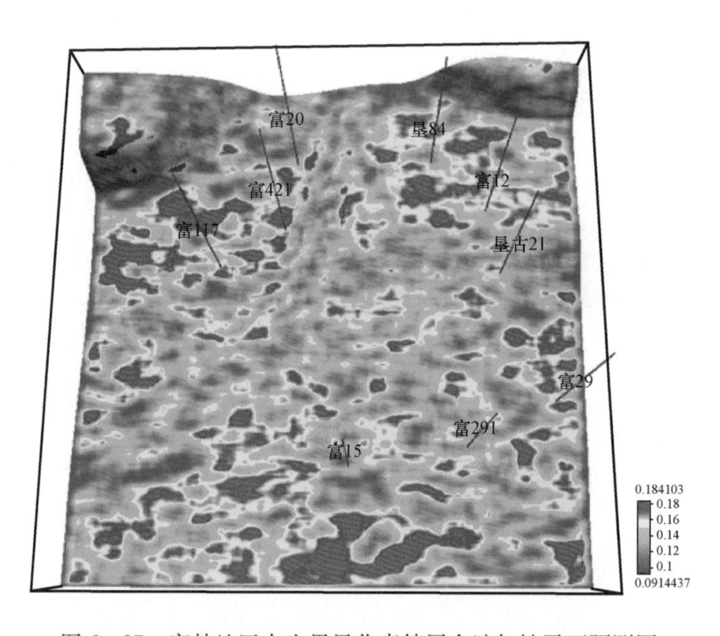


图 6 - 27　富林地区中生界风化壳储层含油气性平面预测图

## 三、有利储层预测

为了提高确定性，在表征有利储层时，引入了基于 T - S 模型的模糊推理系统。通过对估算的多种储层特征参数模糊化，根据输入—输出数据的函数关系建立模糊规则，并由得分高低获得储层的类别，实现由估算的储层特征参数向有利储层的转换。

首先对两种储层特征参数（物性参数和含油气性参数）进行储层类别的划分，如图 6 - 28 所示。针对储层物性参数，当值大于 12 时，定性为Ⅰ类储层；当值域为 10.5 ~ 12 时，定性为Ⅱ类储

层;当值域为小于10.5时,定性为Ⅲ类储层。针对储层含油气性参数,当值大于0.15时,定性为Ⅰ类储层;当值域为0.12~0.15时,定性为Ⅱ类储层;当值域小于0.12时,定性为Ⅲ类储层。

| 储层分类 / 储层参数 | Ⅰ类储层 | Ⅱ类储层 | Ⅲ类储层 |
|---|---|---|---|
| 物性 | >12 | 10.5～12 | <10.5 |
| 含油气性 | >0.15 | 0.12～0.15 | <0.12 |

图6-28 针对储层特征参数的模糊分类图

然后制定一种模糊规则,并将该规则在整个研究工区进行推广和验证,以求其适用于整个研究工区。该模糊规则公式如下:

$$f=(\text{物性}^{-2}+\text{含油气性}^{-1}+1)^2$$

从概率的角度出发,这个公式应该就是把岩性参数和物性参数都认为是Ⅰ类储层的地区查找出来,然后再把单一参数认为Ⅰ类储层、其他参数认为是Ⅱ类储层的地区查找出来,以此类推。最有可能成为有利储层的地区当然是所有参数都认为是Ⅰ类储层的地区。

通过在整个研究工区应用基于T-S模型的模糊推理系统,得到了富林地区中生界风化壳有利储层平面预测图(图6-29),从图6-29可以看出,出油井富117、富121、富29这三口井附近有利储层较为发育,与实钻情况吻合;垦84、富12、富15有利储层不发育,与实钻情况吻合;垦古21、富20这两口井,有利储层发育情况一般,垦古21是一口油气显示井,富20往南侧钻,效果较好,应该说这两口井与实钻情况基本吻合;富291预测有利储层不发育,但是实际上该井是一口油气显示井,预测结果与实钻不吻合。另外,在富117井的西北面,还有大片的有利储层发育区,可以部署探井,探测其勘探潜力。

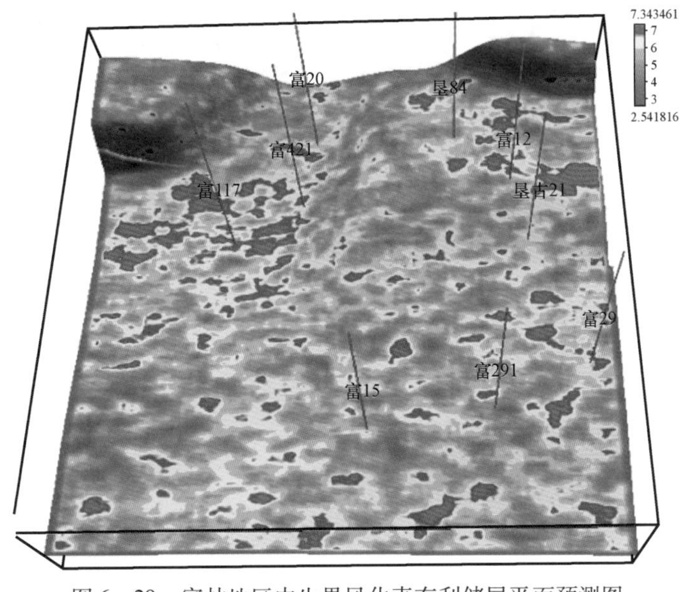

图6-29 富林地区中生界风化壳有利储层平面预测图

# 第四节　广利周缘沙四上亚段滩坝砂储层预测

## 一、研究区概况

### 1. 地理位置及勘探现状

研究区地理位置位于山东省东营市东营区东南与广饶县东北交界处，构造上位于济阳坳陷东营凹陷中央隆起带东部，东临青南洼陷与青坨子凸起，西临牛庄洼陷，是一个南北走向的大的鼻状构造带，包括广利鼻状构造带主体和西缘辛176—王58地区，面积为394km²，如图6－30蓝框所示。该区先后施工共涉及广利东、广利西、王家岗东、王家岗(补)、王一区、王14东、王14－2004、青西、辛154、辛镇、永79、永新水库、永新等13个区块，并做过多次处理，包括广利、王14、东营南坡连片三维地震常规处理及东营南部东段叠前时间偏移处理。截至2008年底，发现了东营组、沙一段、沙二段、沙三段、沙四段、孔店组等多套含油层序，从而发现了广利、王家岗2个油田，探明石油地质储量$9188\times10^4$t。

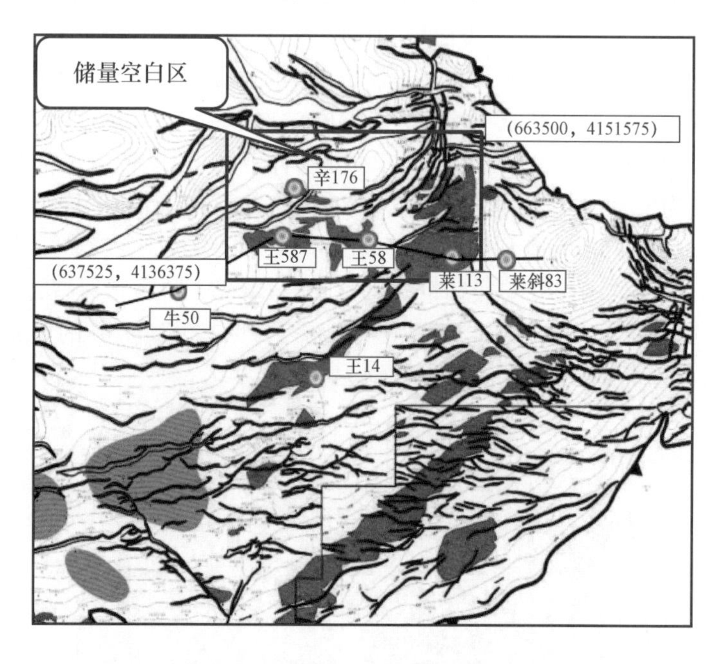


图6－30　东辛广利周缘勘探形势图

本项目研究重点层系为沙四上亚段，油藏类型以构造、岩性油藏为主。广利主体纯上段1—3砂组为扇三角洲构造油藏，纯上段4—6砂组以及纯下段为滩坝砂岩性油藏，主体总共上报探明储量$4776.27\times10^4$t。

广利油田于1966年完钻莱1井，发现了广利油田，在1985年之前主要针对的是莱1、莱36、莱38等断块沙四上亚段纯上段1—3砂组的构造油藏进行勘探开发，此后在很长一段时间，广利油田的勘探开发陷入沉寂。近几年，随着勘探研究的不断加强，该区的勘探在沙四上亚段深层连续取得了较好的效果。继2005年广利西部王58、辛176井在沙四段相继获得工业油流，2008 年上报探明储量 772.89 × $10^4$t 之后，2009 年完钻的莱斜 112 井和莱 113 井也见到了良好的油气显示。莱斜 112 井于沙四上亚段纯上亚段 3004.8 ~ 3020m 井段，1 层 15.2m 试油，获日产油 8.32t，日产水 3.95$m^3$；莱 113 井于沙四上亚段纯上段 2777.2 ~ 2782.3m 井段，1 层 5.1m，试采 4mm 油嘴放喷，日产油 13t，日产水 0.1$m^3$；2010 年完钻的莱 115 井于沙四上亚段纯下段 2896.9 ~ 2907.5m 井段，4 层 6.2m，压裂后试油，日产油 4.37t，日产水 5.87$m^3$，2010 上报广利油田莱 113 区块控制含油面积 33.91$km^2$，控制石油储量 906.08 × $10^4$t。

研究区沙四段埋藏适中、物性好、常规投产产量高、效益好（王 58 井区平均单井累计产油 1.247 × $10^4$t，单井初期平均含水 3.3%）。但是研究区中部和西部探明程度则相对较低，其中部和西部的浊积岩性体和滩坝砂体分布广阔，有待于进一步的勘探和开发。

2. 地层和沉积特征

据钻井资料和地震资料，广利地区自下而上发育有古近系（孔店组 Ek、沙河街组 Es、东营组 Ed）、新近系（馆陶组 $N_1g$、明化镇组 $N_2m$）和第四系（平原组 Qp）。

本区目的层位为沙四上亚段，沙四上亚段形成时期，盆地处于初陷—断陷期，整体上处于半封闭盐湖—半深湖环境。沙四上亚段沉积早期，在青南断层南侧形成沉降中心，青南洼陷内发育巨厚的泥岩沉积；此时广利地区物源供给较差，发育褐灰色泥岩、油页岩、灰质泥岩夹薄层白云岩、灰质粉砂岩，电阻率曲线呈梳状尖齿形，地层横向稳定，只是在广利构造主体部位形成了较多的滨浅湖滩坝砂体；晚期由于断陷扩张加大，洼陷区湖水面积扩大，形成半深湖沉积，沉积了较厚的泥岩和油页岩，由于邻近坡降大、地形陡的青坨子凸起，盆内水系以源近、流急为特征，从而形成了分布较为广泛的近物源粗碎屑沉积，主要以扇三角洲沉积为主，岩性组合有砾岩、砾状砂岩以及褐灰色厚层灰质页岩、油页岩、灰质泥岩夹薄层粉砂岩、泥质粉砂岩和泥质白云岩，电阻率曲线呈高幅异常的尖刀状，特征明显；在青南洼陷中心向斜坡边缘过渡带形成油页岩与砂泥岩互层。

研究区沙四上亚段岩性下部以泥岩、油页岩以及灰质泥岩为主，夹薄层粉砂岩和细砂岩以及少量的灰质砂岩和泥质砂岩，自然电位曲线以平直为主，夹低幅指状或齿状。沙四上亚段上部岩性以砾岩、含砾砂岩和泥岩为主，自然电位曲线以箱形和钟形为主。

本区沙四上亚段分为纯上和纯下两段，其中纯上段又分为 6 个砂组，纯下段分为 3 个砂组，本次上报探明储量的层位为纯上段 5、6 砂组，分别为 $E_2s41cs5$、$E_2s41cs6$。

$E_2s41cs5$：以泥岩、灰质泥岩为主，夹薄层粉砂岩、细砂岩，地层厚度为 20 ~ 60m。

$E_2s41cs6$：以泥岩、灰质泥岩、油页岩为主，夹薄层粉砂岩和细砂岩，地层厚度为 25 ~ 80m。

3. 储层特征

（1）岩石学特征。

储层岩性以灰色细砂岩、粉砂岩为主，铸体薄片分析表明：石英平均含量为 55%，长石平均含量为 28%，岩屑平均含量为 17%，岩石分选中等—好，孔隙式胶结，反映了砂岩的成分成熟度及结构成熟度较高。

从粒度资料看，岩石类型属于细砂岩，平均粒度中值为 0.15mm，泥质含量为 7.23%，分选系数为 1.6。岩石黏土矿物平均含量为 16%，黏土矿物含量较高。黏土矿物的主要成分为伊蒙混层，其次是伊利石、高岭石和绿泥石。

(2)孔隙结构与储层物性。

储集空间类型以粒间孔为主,孔隙结构表现为小孔细喉型,粒间孔变化范围在 7 ~ 58μm 之间,小于 8μm 的微孔隙发育。

根据 6 口取心井资料统计,$E_2$s41cs5 油层平均孔隙度为 17.9%,平均渗透率为 53.57mD,$E_2$s41cs6 + CX1 油层平均孔隙度为 17.5%,平均渗透率为 94.2mD,两个砂组油层岩心平均孔隙度为 17.7%,平均渗透率为 75.6mD。

研究区目的层段单层储层厚度较薄,现有地震资料的分辨率低且连续性强,不能满足对岩性体追踪描述的需求;而工区东北部发育厚度较大的砂砾岩体沉积,扇体分辨率差,内幕反射特征不能清晰反映扇体沉积微相,扇体边界和有利储层发育部位不易确定,从而影响对该区成藏规律的认识和下步的勘探部署。另外初步研究表明,王 58 井区沙四段属隐蔽油气藏。然而,由于沙四段是王家岗 – 牛庄地区新的勘探层位,总体勘探程度较低,长期以来对该套地层缺乏系统、深入的研究,涉及研究区隐蔽油气藏勘探的诸多基础地质问题,如储层沉积体系、储层分布、构造演化、油藏类型、成藏控制因素、富集规律等方面还没有形成较为明确的认识,严重制约了该区沙四段的进一步勘探开发进程。以下几方面的问题尤为突出。

① 不同沉积相带的边界模糊。

2006 年操应长教授针对研究区纯上段 6 砂组展开沉积体系的研究(图 6 – 31),认为该区纯上段 6 砂组受南部物源的影响,发育三角洲沉积。而据 2013 年胜利油田勘探开发研究的研究成果,认为该区纯上段 6 砂组是滩坝相沉积。不同的沉积相认识导致沉积相带的边界不清,存在模糊认识。因此,需要对该区的沉积相边界进行再确认,进一步指导储层预测。

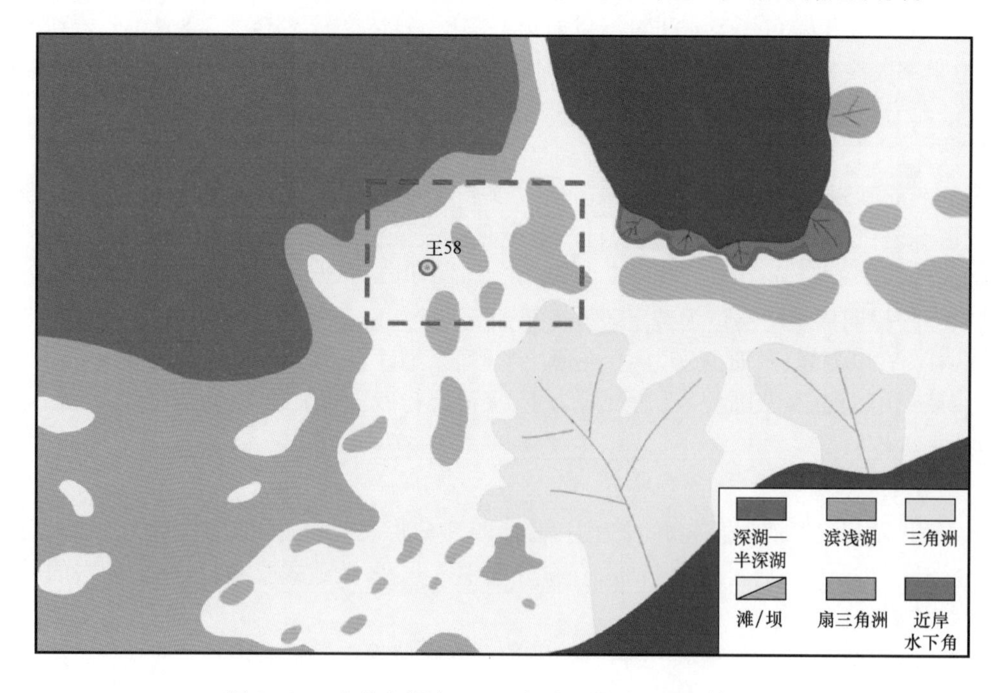


图 6 – 31　东营东部沙四上亚段纯上段砂组沉积体系图

② 地震资料频率和信噪比较低(图6-32、图6-33),影响了构造解释、断层刻画和储层预测精度。目前资料沙四段小断层难以准确落实;应用该资料的反演主要反映的还是砂层组的展布及变化,对单层砂体无法进行准确识别和描述;因此亟需从改善地震资料品质入手或者采用相关的储层预测方法,提高该区储层预测精度,为该区研究和勘探突破创造有利条件。

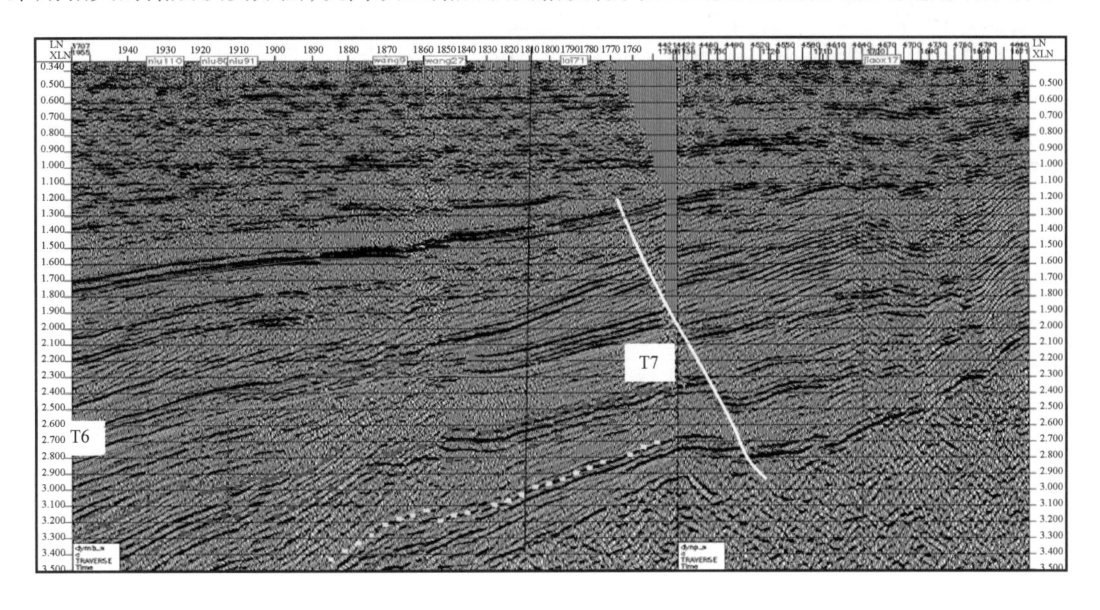


图6-32　原始地震剖面图

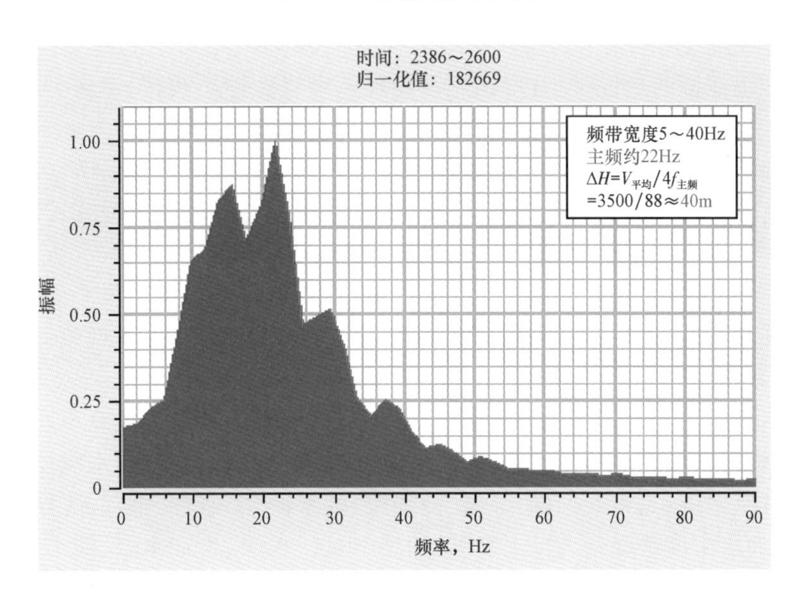


图6-33　目的层振幅谱

沙四上亚段多套砂体纵向上相互叠置,横向上厚薄变化大,实钻井油水关系复杂。纯上段5砂组高部位为含油水层,低部位为油层,地震上为连续、中强振幅反射,现有地震资料难以实现砂体边界的追踪解释(图6-34)。

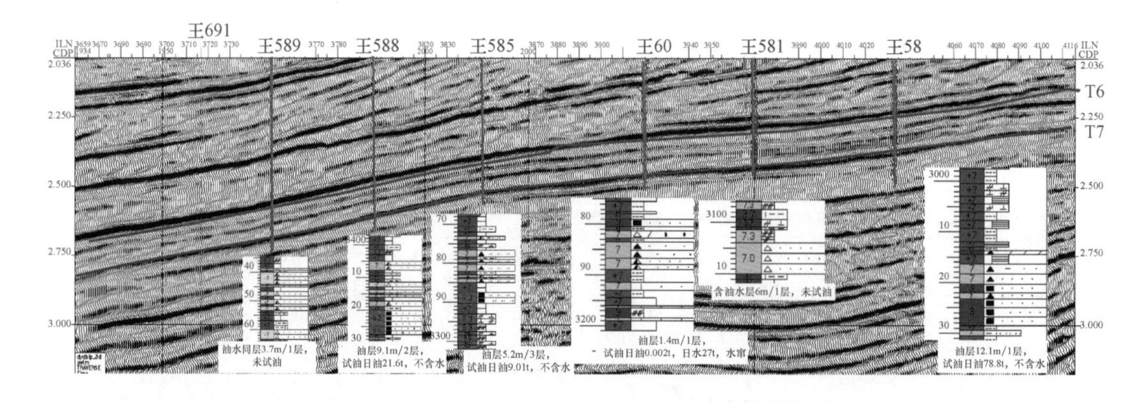


图 6－34　王 589—王 585—王 58 井近东西向地震剖面图

因此，针对上述问题，开展东辛广利周缘沙四上亚段储层展布规律研究，建立研究区沙四上亚段储层预测针对性技术方法，提高储层预测精度，预测成果为井位部署提供依据，以期在研究区中北部实现勘探突破。

## 二、胜坨地区沙四上亚段储层岩电震特征分析

针对研究区内 48 口重点井，剖析了不同岩性组合的地震反射特征和电性特征，明确了研究区沙四上亚段储层识别的关键参数。

### 1. 沙四上亚段岩性和含油气性特征分析

本区沙四上亚段又细分为沙四纯上和沙四纯下段，沙四纯上划分为 6 套砂组，纯下段分为 2 套砂组。通过研究区内的莱 1、永 89、莱 115、莱 105、莱 110、王 58、王 587、辛 176 和辛斜 149 这 9 口井在沙四上亚段的岩性类型进行分析，发现该区岩性种类较多：油页岩、泥岩、页岩、油泥岩、石膏质泥岩、含膏泥岩、石膏岩、碳质泥岩、白云岩、粉砂岩、细砂岩、粗砂岩、泥质砂岩、泥质粉砂岩、泥质细砂岩、砾状砂岩、含砾砂岩、含砾细砂岩、灰质砂岩、泥灰岩、鲕状灰岩、石灰岩、灰（钙）质泥岩、灰质油泥岩、灰质页岩、砂质泥岩、灰质白云岩、泥质白云岩、白云质粉砂岩、白云质泥岩等 20 多种岩性类型。其中，砂岩和砾状砂岩的占比较少，大部分不足 10%（图 6－35），只有莱 105 的砾状砂岩占比达到 18%，其余岩性类型以泥岩居多。

通过对上述 9 口井在沙四上亚段的储层单层厚度进行统计分析，发现单储层厚度大部分在 7m 以下，单储层厚度较薄（图 6－36）。

从莱 113、莱 115 井的测井解释成果来看（图 6－37），不同的颜色代表不同的测井解释成果，图中的 YouXing 表示测井解释成果，从上到下，依次是：泥岩裂缝、弱水淹层、中水淹层、强水淹层、含油水层、水淹层、可疑油层、干层、差油层、油水同层、水层、油层，无解释成果。在沙四上段，钻遇的地层出油情况分为以下 6 类：油层、干层、水层、含油水层、油水同层和水淹层。从这 2 口井来看，油层单层解释厚度都较薄。

莱 1 井在沙四上段钻遇多套油层，每套油层对应的岩性包括砂岩和砾状砂岩两种；水层对应的岩性类型主要是泥质砂岩。从莱 1 井的岩性与含油气性对比图可以看出（图 6－38），未必有砂岩就一定成藏，测井解释可以将砂岩定义为干层。

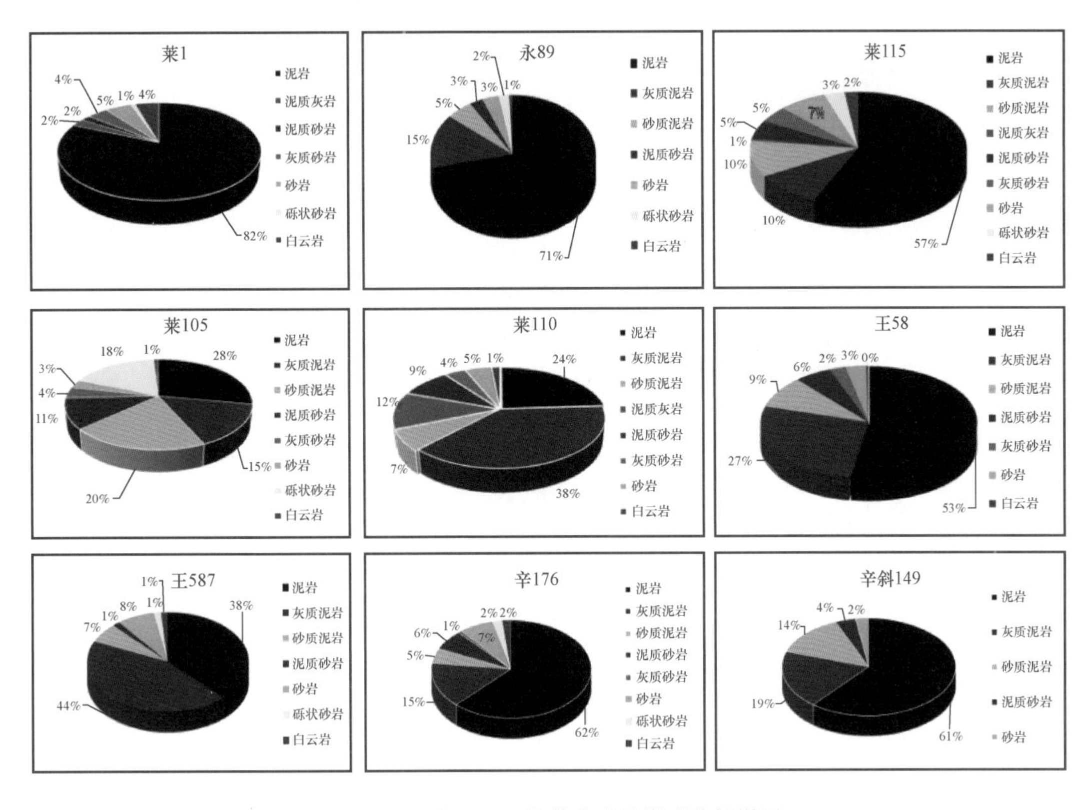


图 6-35　沙四上亚段单井岩性类型分析饼图

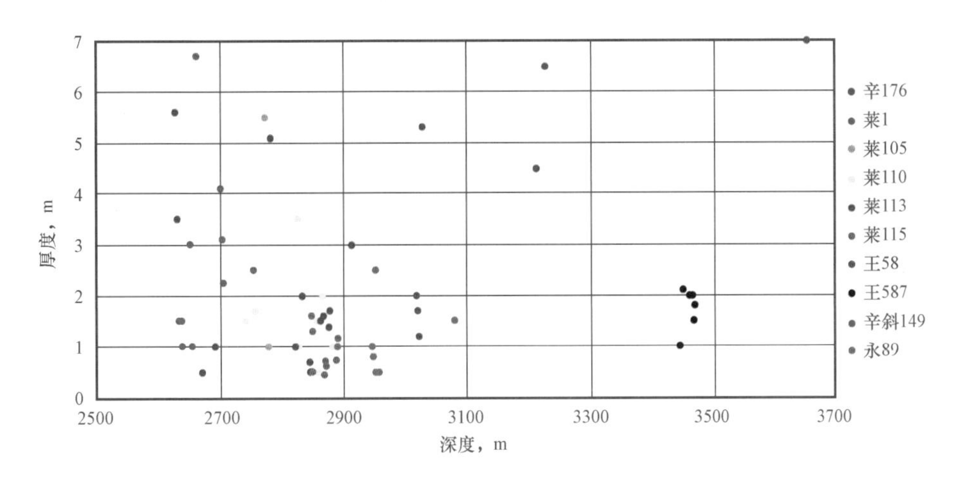


图 6-36　沙四上亚段储层单层厚度统计散点图

通过对辛 176、莱 1、莱 105、莱 110 等 10 口井在沙四上段钻遇的油层厚度(图 6-39)进行统计分析,发现莱 1 井在沙四上段钻遇的油层累计厚度达到了 14.8m,莱 115 井油层累计厚度有 14.7m,辛 176 和莱 105 在沙四上段未钻遇油层,其他井的油层厚度在 1.6 ~ 9m 之间。

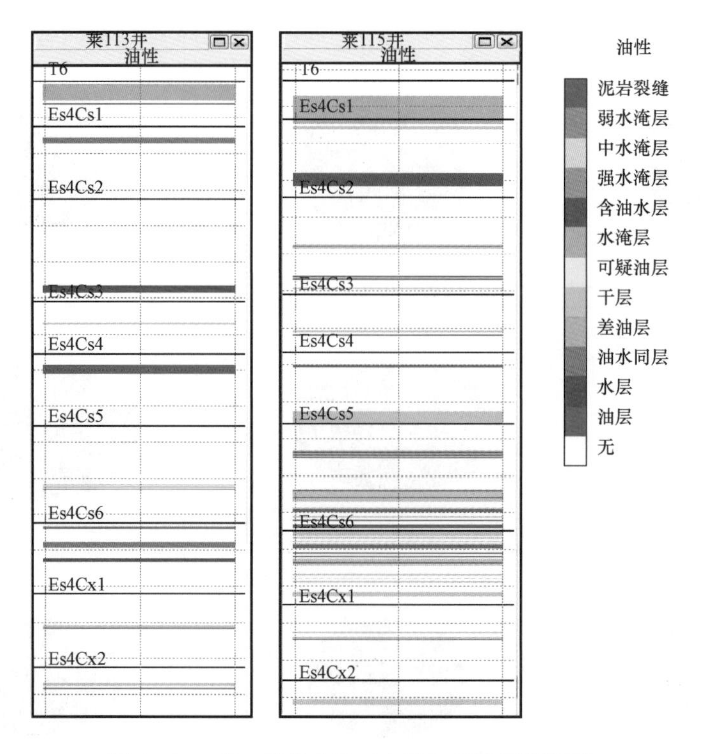


图 6－37　莱 1 等井在沙四上段解释油层情况图

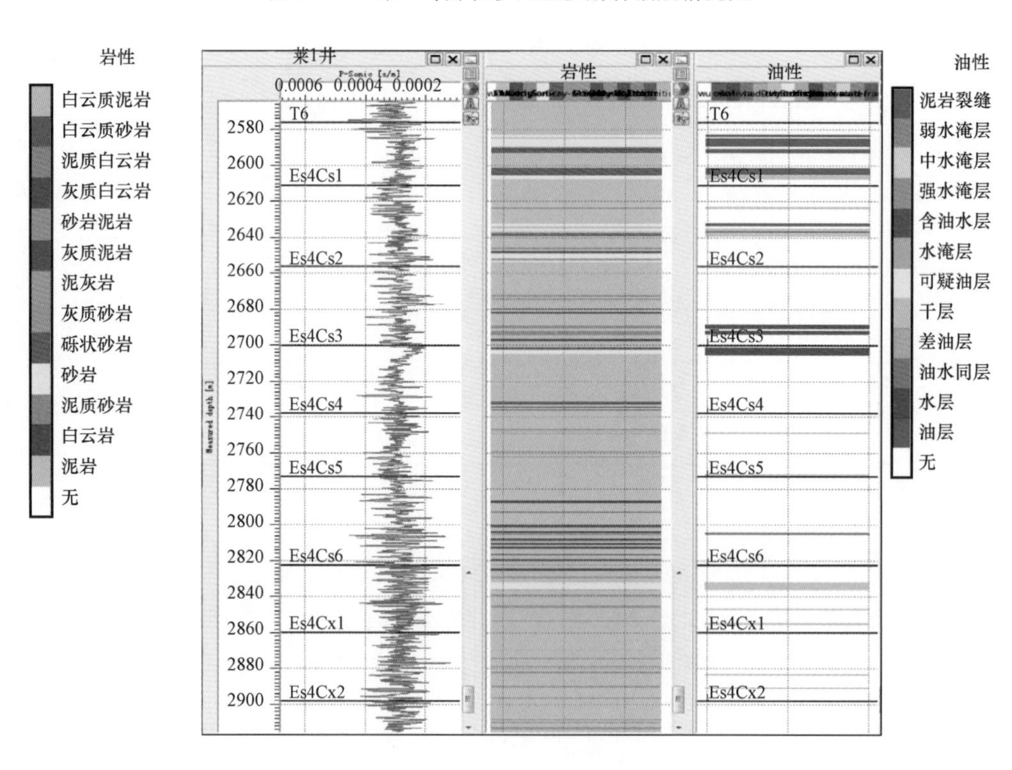


图 6－38　莱 1 井的岩性与含油气性对比图

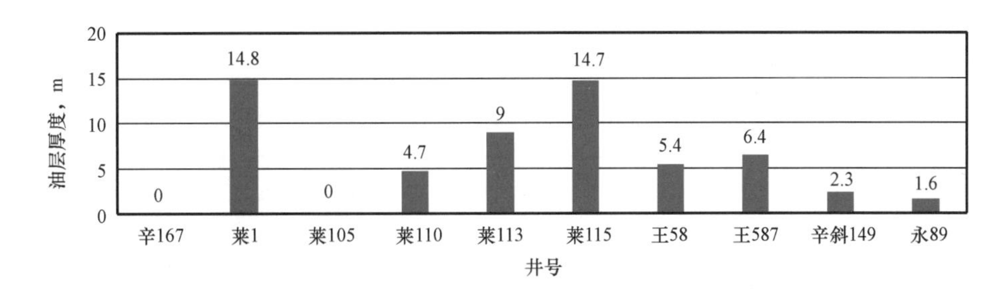


图 6－39　沙四上段解释油层厚度图

2. 叠后地震响应特征分析

沙四上亚段既有北部来自青坨子凸起的物源，又有南部物源，导致沉积和油气富集规律都比较复杂。所以，搞清砂体的地震响应特征分析有助于砂体的准确识别。

以王 58 井为例（图 6－40）。从测井上看，砂岩（红框所示）是低伽马、低电位、高阻抗；大套泥岩（蓝框所示）是低伽马、高电位、低阻抗。

从地震上看，砂岩（红框所示）是中强振幅反射特征；大套泥岩（蓝框所示）是中弱振幅反射特征。

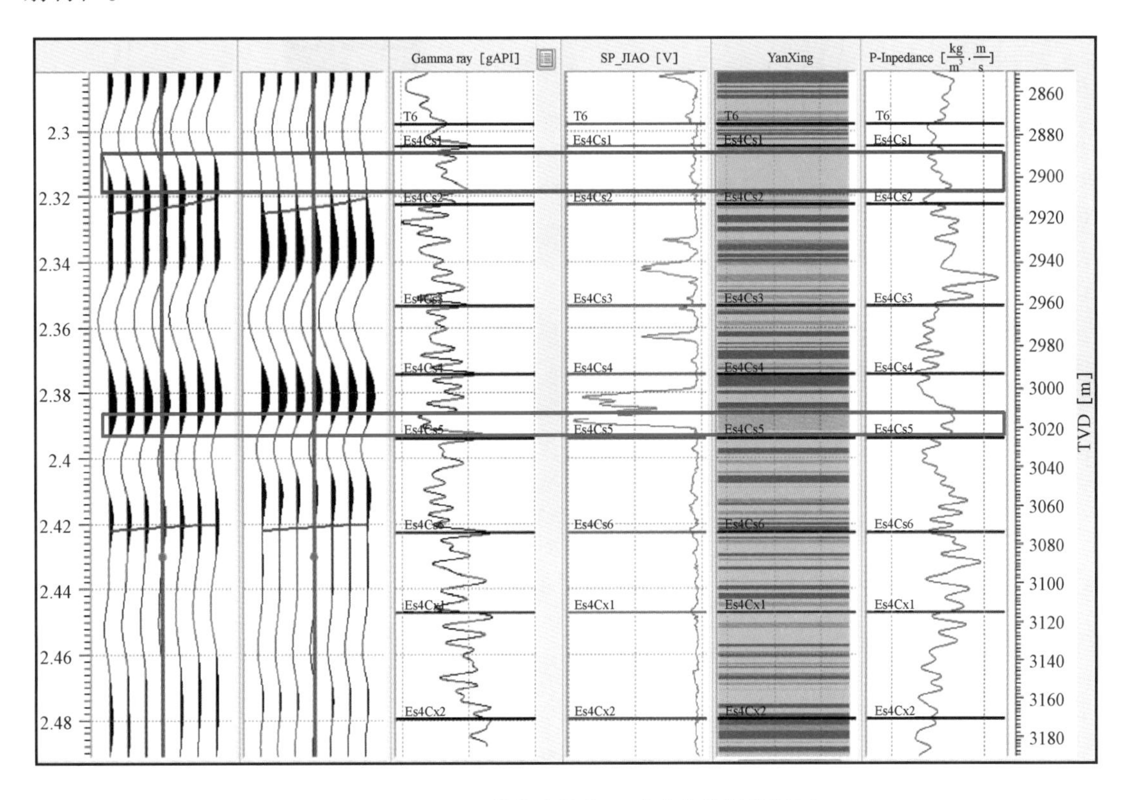


图 6－40　王 58 井的电性与地震响应特征分析图

以王 587 井为例（图 6－41）。从测井上看，砂岩（红框所示）是低伽马、低电位、高阻抗；大套泥岩（夹灰）（蓝框所示）是低伽马、高电位、高阻抗。

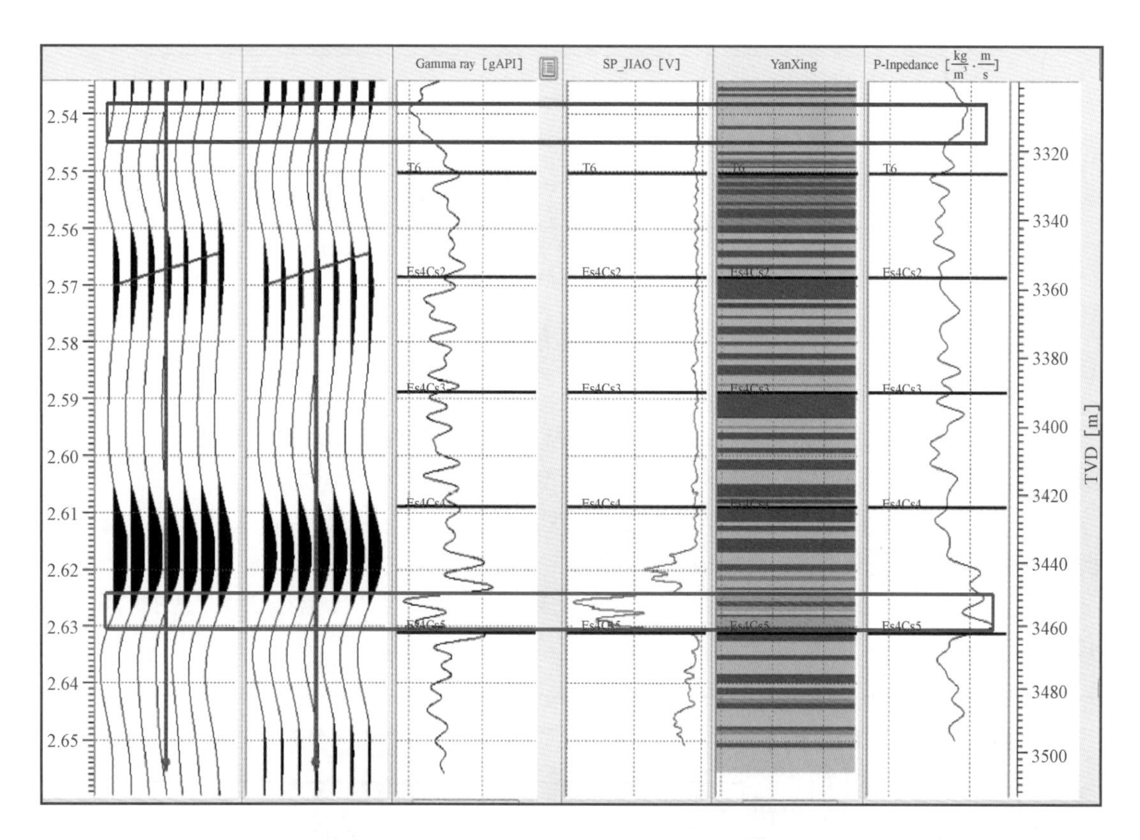


图 6－41　王 587 井的电性与地震响应特征分析图

从地震上看，砂岩（红框所示）是中强振幅反射特征；大套泥岩（蓝框所示）是中弱振幅反射特征。

以莱 113 井为例（图 6－42）。从测井上看，砂岩（红框所示）是低伽马、低电位、低阻抗；大套泥岩（夹灰）（蓝框所示）是低伽马、高电位、低阻抗。

从地震上看，砂岩（红框所示）是中强振幅反射特征；大套泥岩（蓝框所示）是中弱振幅反射特征。

综上所示，从王 58、王 587、莱 113 这 3 口井来看，砂岩是中强振幅反射特征，大套泥岩是中弱振幅反射特征。取过王 60、王 581、王 58 等井的连井地震剖面（图 6－43），发现砂体发育区大部分是中强波峰振幅反射特征，但是由于地震分辨率不够，有些较薄砂体处于弱反射位置。

从伽马与自然电位曲线在纯上 4、5 砂组的交汇分析图（图 6－44）来看，伽马曲线在纯上 4、5 砂组对于砂岩和泥岩的区分度很小，而自然电位曲线对于砂泥的区分度很大。因此，在接下来的储层空间预测的工作中，将会把自然电位定为敏感曲线。

3. 叠前叠后资料对比分析

根据目的层段的覆盖次数多少，将广利地区叠前道集数据分近角、中角、远角三个角度段叠加，得到近角叠加（5－15）数据体、中角叠加（15－25）数据体和远角叠加（25－35）数据体。

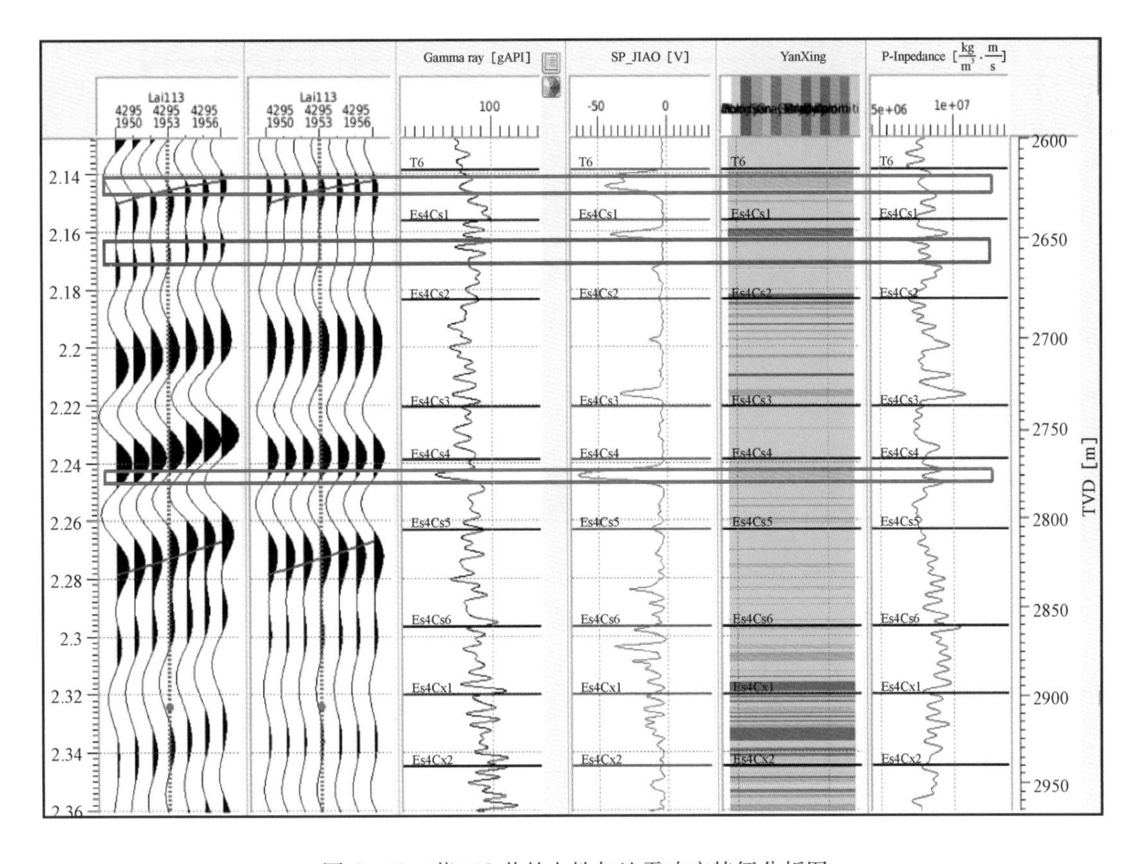


图 6－42　莱 113 井的电性与地震响应特征分析图

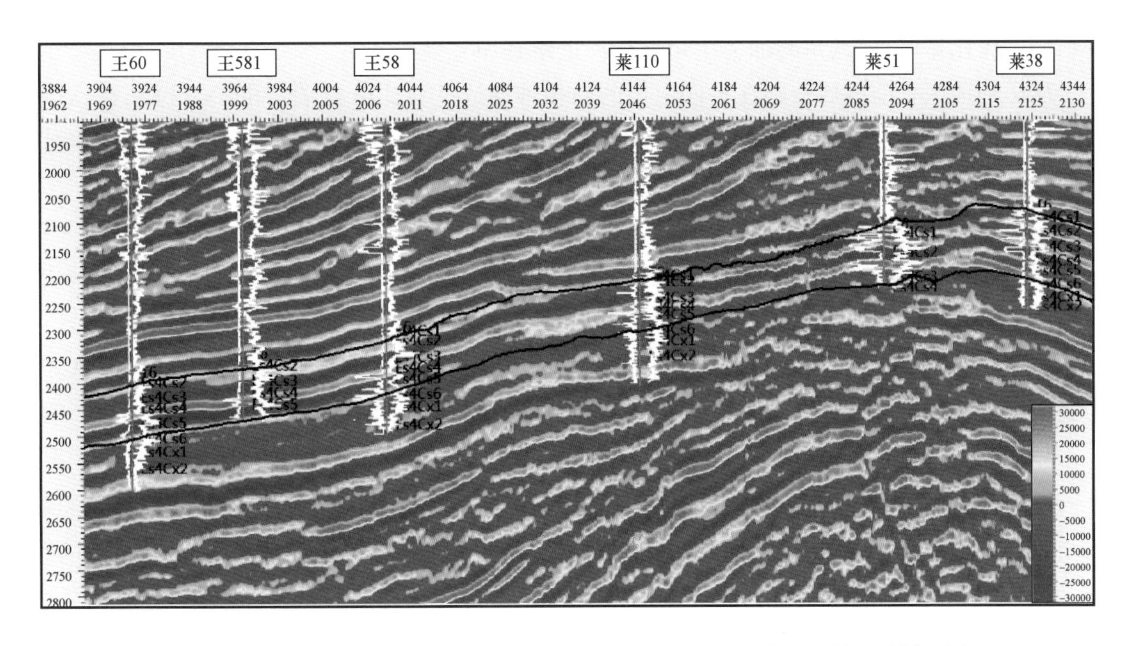


图 6－43　过王 60—王 581—王 58—莱 110—莱 51—莱 38 井的连井地震剖面图

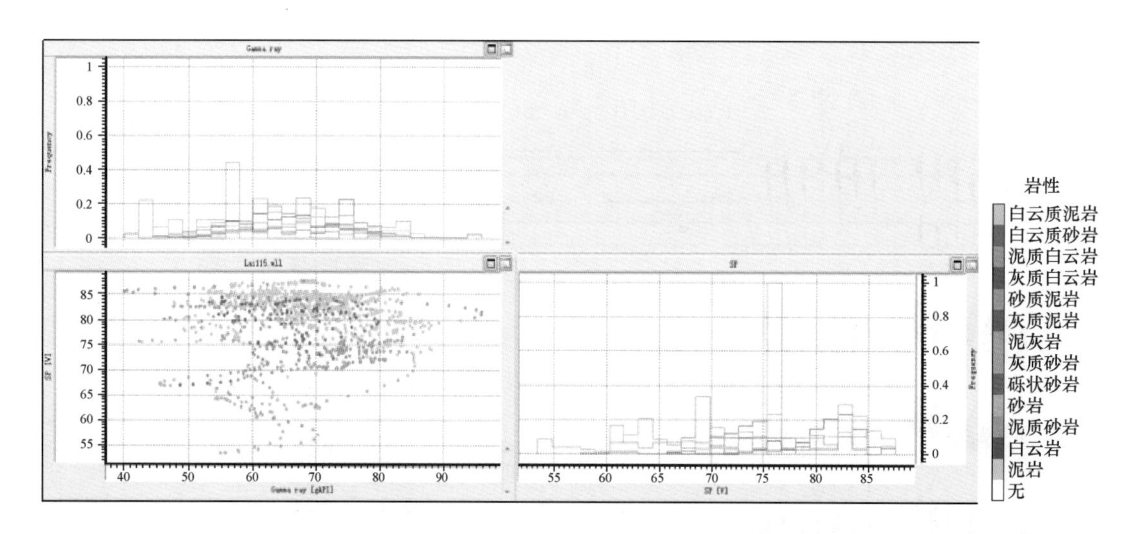


图6－44　伽马与自然电位曲线在纯上4、5砂组的交汇分析图

从广利地区叠前叠后资料在沙四上段的频谱对比分析图(图6－45)来看,叠后数据和近角叠加(5－15)数据体的主频最大,中角叠加(15－25)数据体和远角叠加(25－35)数据体的主频偏小;近角叠加(5－15)数据体的高频能量最多,中角叠加(15－25)数据体和远角叠加(25－35)数据体低频能量最多。

从广利地区叠前叠后资料在沙四上段的信噪比对比分析图(图6－46)来看,叠后信噪比是15dB,近角叠加(5－15)数据体的信噪比是13dB,中角叠加(15－25)数据体的信噪比是10dB,远角叠加(25－35)数据体的信噪比是7dB。可以看出,按照从小到大的顺序,叠前叠后资料的信噪比排序是:远角叠加＜中角叠加＜近角叠加＜叠后。

从广利地区叠前叠后资料在沙四上段的同相轴连续性对比分析图(图6－47)来看,对于目的层段,不论是近、中、远都有地震反射,只是路径不同,能量不同,总体来说,同相轴连续性方面,叠后数据最好。

从广利地区沙四上段在叠前部分角度叠加数据和叠后数据上的RMS平面属性图(图6－48至图6－51)来看,相比近角,中角和远角能量都有很大损失,其中远角损失最大。为什么不能直接用近角叠加的地震来做储层预测?因为为了保证信噪比,需要达到一定的覆盖次数,只有近角叠加的数据相对来说信噪比较低。与叠后数据相比,叠前数据包含更多的地质体信息,因为叠前道集经过叠加处理后,可能会将一些地质体的信息遮盖掉。

4. 测井资料处理分析

测井资料分析及预处理是进行储层预测的基础工作。通过曲线拼接、自然电位基线漂移和归一化、测井曲线标准化等一系列测井曲线预处理工作,消除了非地层因素对测井曲线的影响,保证了测井资料的精度。对收集到的所有测井资料进行预处理,并完成砂泥岩速度特征分析。

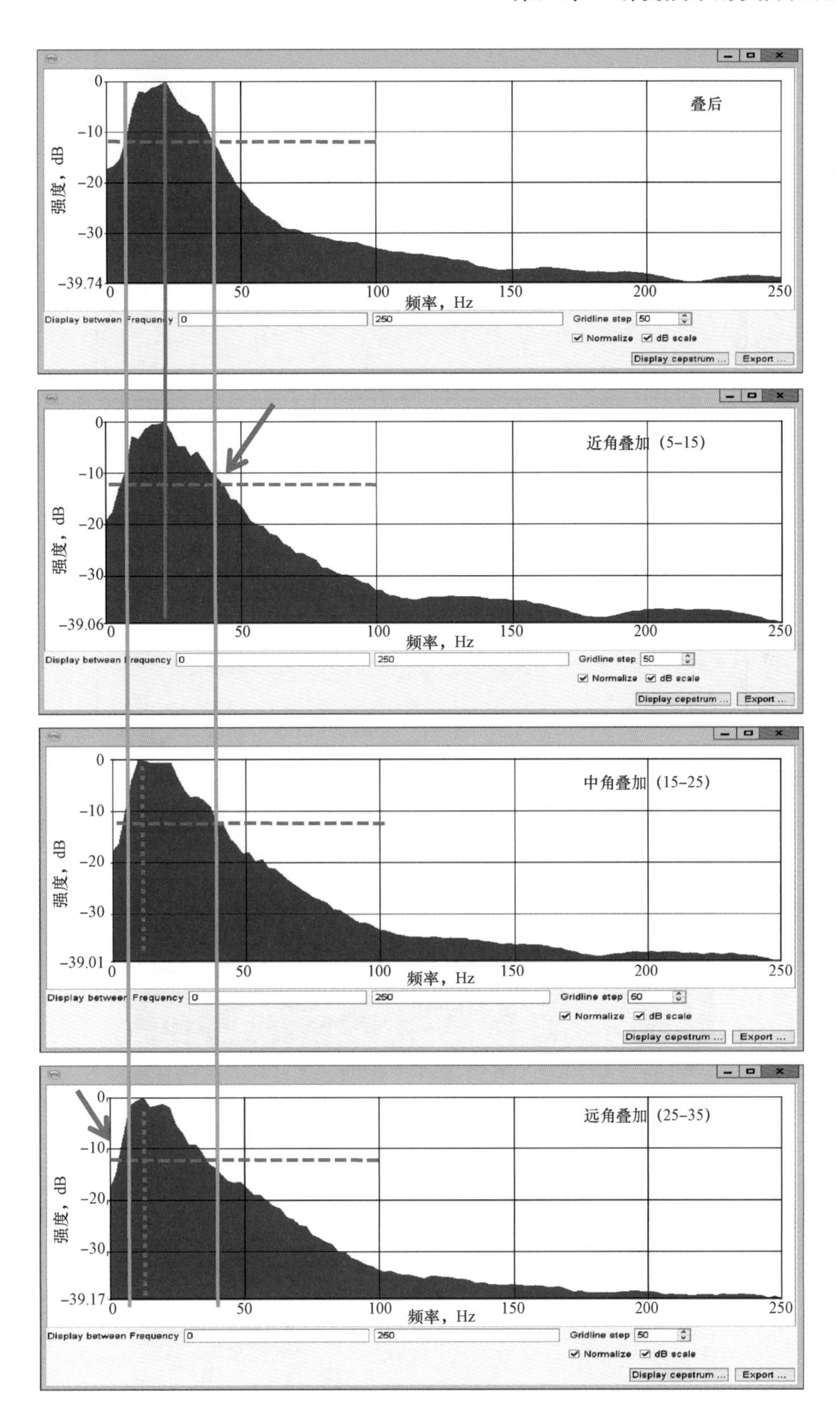


图 6 – 45　广利地区叠前叠后资料在沙四上段的频谱对比分析

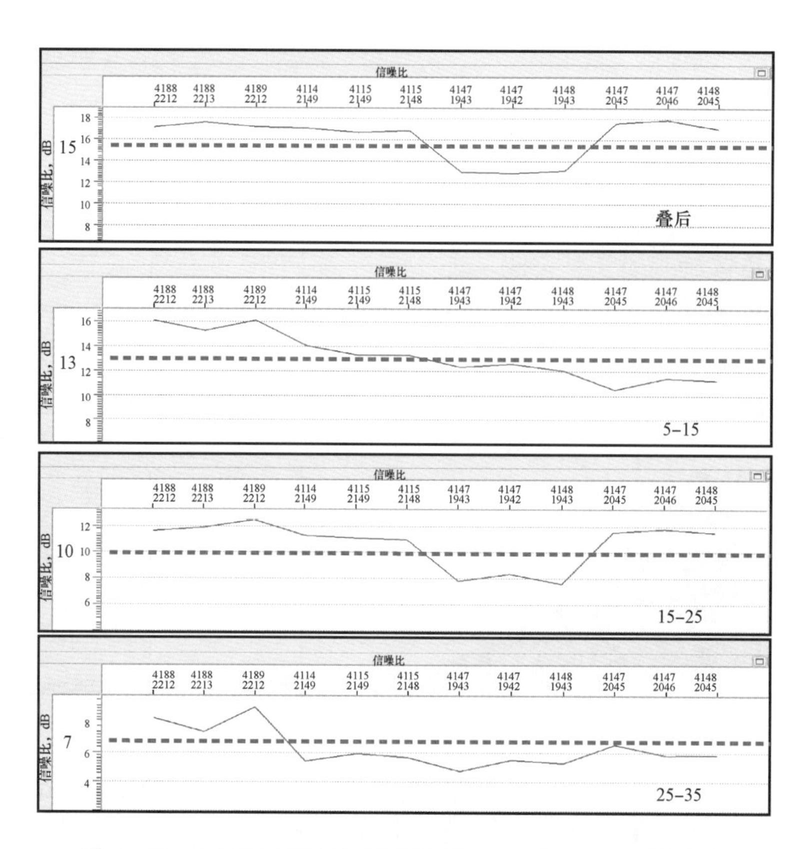


图6-46　广利地区叠前叠后资料在沙四上段的信噪比对比分析

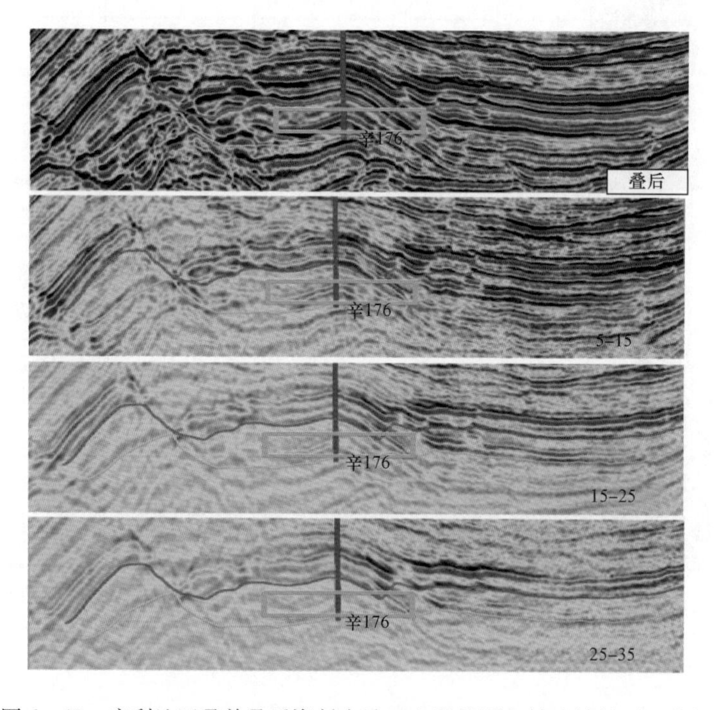


图6-47　广利地区叠前叠后资料在沙四上段的同相轴连续性对比分析

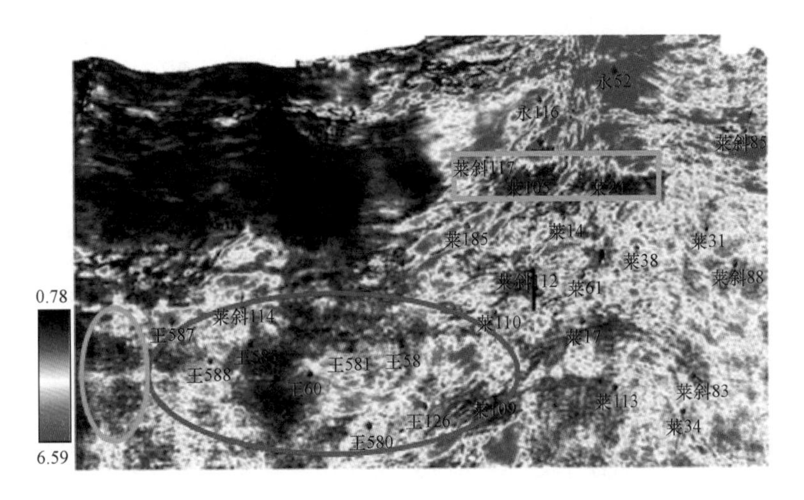

图6-48　广利地区沙四上段在远角叠加数据上的 RMS 属性

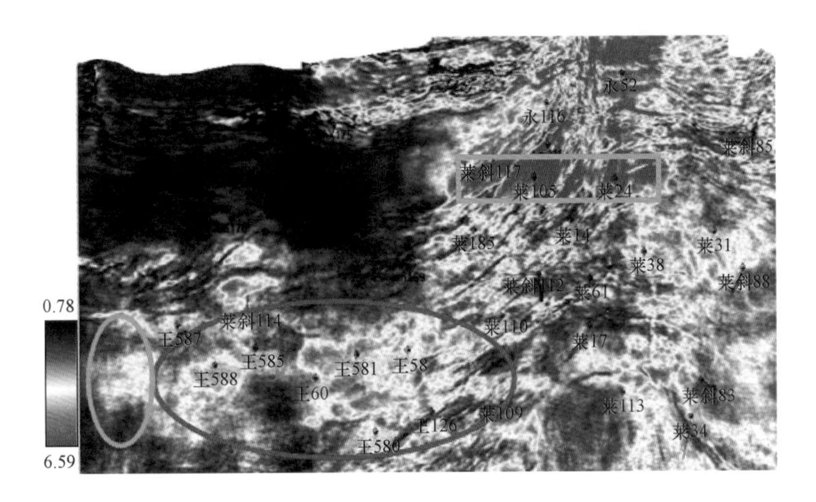

图6-49　广利地区沙四上段在中角叠加数据上的 RMS 属性

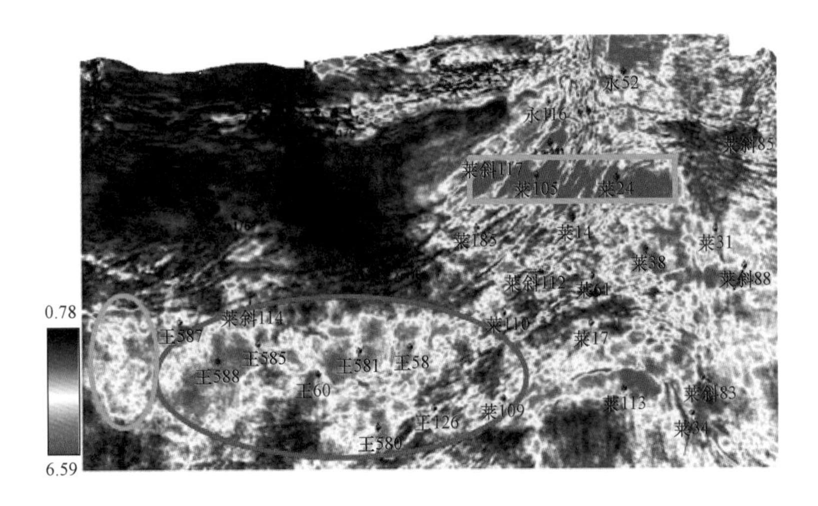

图6-50　广利地区沙四上段在近角叠加数据上的 RMS 属性

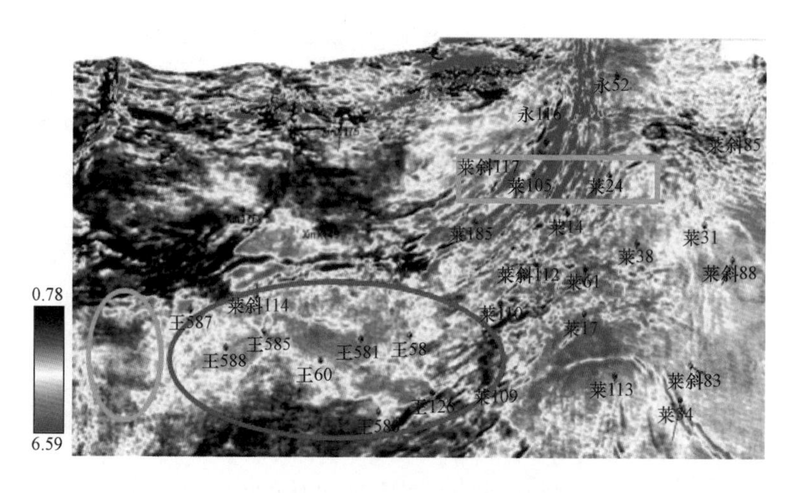


图 6－51　广利地区沙四上段在叠后数据上的 RMS 属性

测井曲线深度与幅度的准确性是保证综合地震解释及反演结果可靠性的前提。由于野外测井作业和测井环境的许多因素的影响，即使采用数控测井及严格的技术措施，同一井各测井曲线之间深度的一致性也往往难以实现，各测井曲线幅度也不可避免地要受到许多非地层测量因素的影响。因此，在利用测井资料进行解释及反演之前，有必要对其进行预处理。

（1）测井曲线拼接。

本区目的层较深，许多井的测井曲线都是分两次甚至三次测得，因此需对其作拼接处理。由于测井工艺的问题，两次测井的曲线重复段往往存在许多异常值，为了能准确地拼接曲线，拼接过程中结合录井或参考邻井资料，选取合适的拼接深度，使拼接尽量合理。

（2）自然电位基线校正和标准化处理。

泥岩的自然电位曲线比较平直，而且一个井段内相邻泥岩的自然电位曲线大体上构成一条竖直线或略有倾斜的直线，而储层的自然电位曲线则偏离这条直线。把一个井段内邻近的泥岩自然电位曲线构成的直线段，称为自然电位泥岩基线，简称泥岩基线。泥岩基线是认识和应用自然电位曲线的基础。

泥岩实际的自然电位曲线不可能都那么平直，相邻泥岩的曲线也并不都在一条直线上。一般来说，当储层曲线偏向低电位一方时，泥岩基线应尽可能处于高电位一方，使绝大部分泥岩曲线接近基线或在基线左侧；反之，当储层曲线偏向高电位一方时，泥岩基线应尽可能处于低电位一方。如果泥岩曲线有自然倾斜的趋势，泥岩基线也自然倾斜。

本区很多井自然电位曲线的泥岩基线较倾斜，其左右工程值也不统一，使相同层段的砂层在不同井中的自然电位测井响应值有的偏大而有的偏小，因此需对其进行曲线漂移和归一化处理，先将倾斜的泥岩基线校直，然后把所有井的自然电位曲线值都归一到－90 和 0 之间，为后面的储层统计工作打下基础。对研究区探井和评价井的自然电位测井曲线进行了归一化处理。

东辛广利地区沙四上亚段沉积类型复杂多样，同时滩坝砂岩厚度较薄。从测井曲线分析来看（图 6－52），自然电位曲线能够较好地区分岩性。从自然电位曲线分析来看，砂岩段呈现自然电位曲线负异常，能够很好地区分砂泥岩。但是，自然电位曲线需要进行基线校正（图 6－53）。

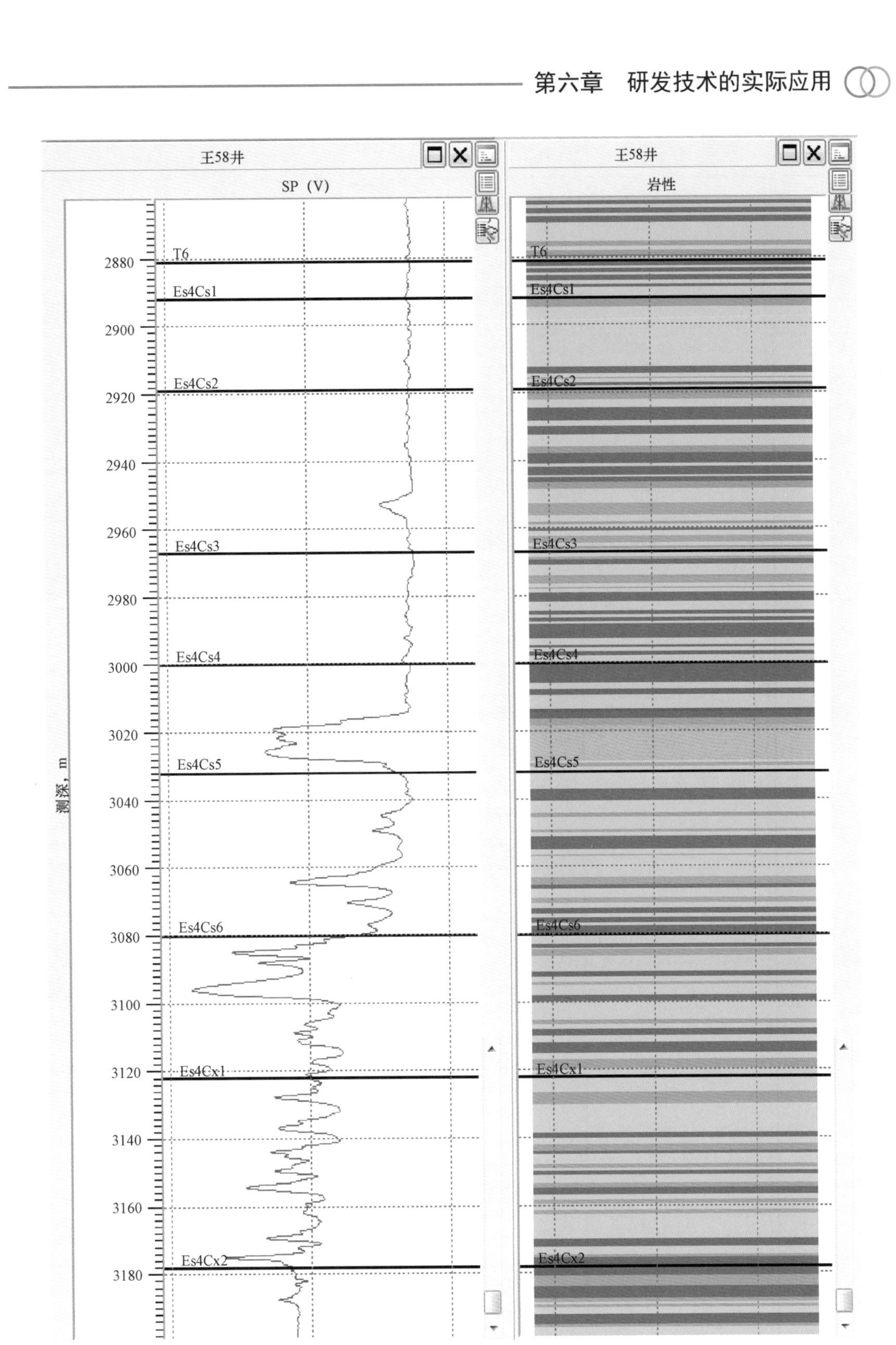


图6－52　岩性与测井曲线对应图

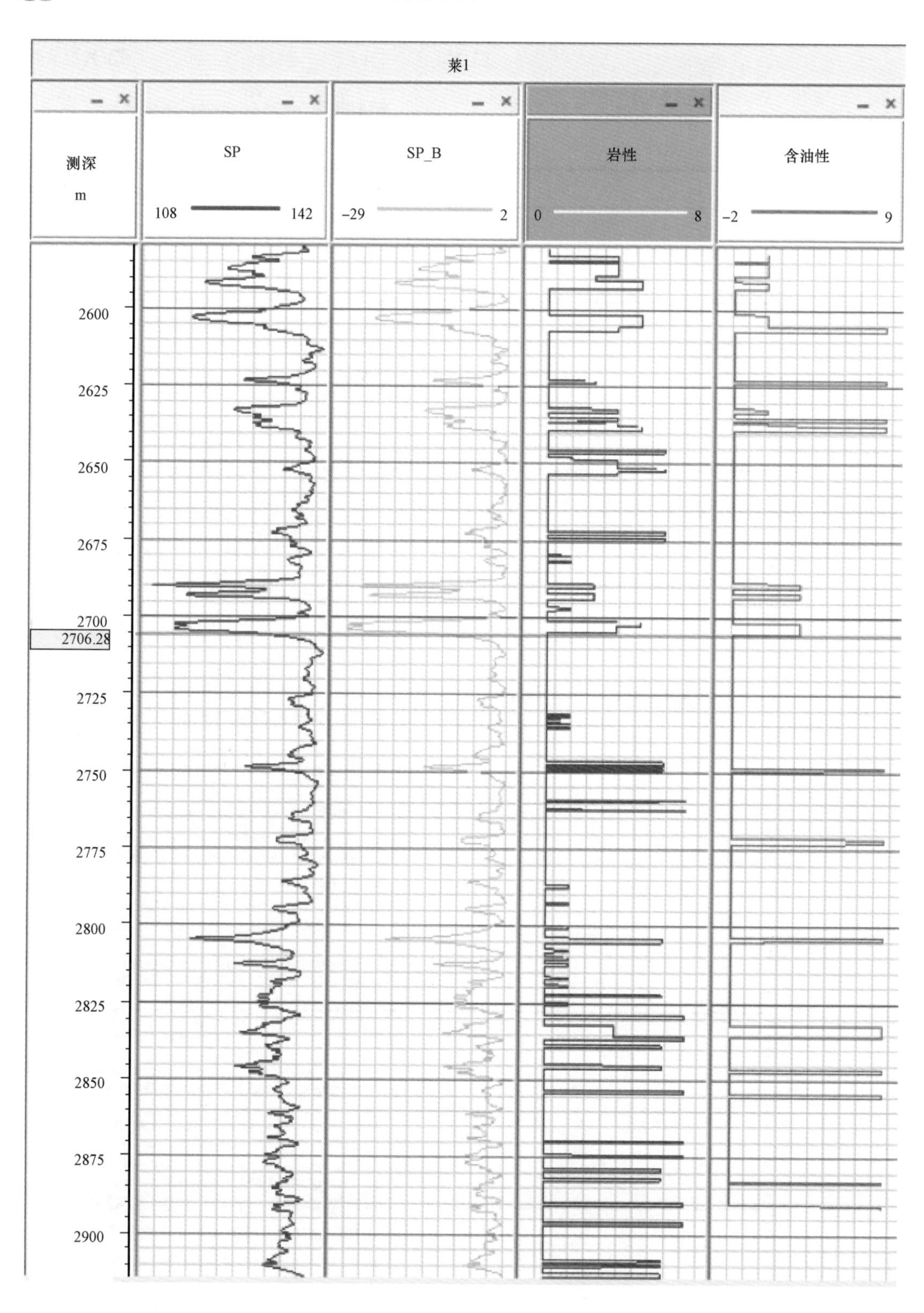


图 6－53　莱 1 井校正前(SP)和校正后(SP_B)的自然电位曲线对比分析图

校正前，自然电位曲线存在两大问题，一是自然电位曲线的基线是倾斜的，需要做基线校正；二是自然电位曲线的值域范围不统一，有的在 -50 ~ 30，有的在 80 ~ 150，需要做标准化处理。从校正前后的自然电位曲线对比来看（图 6 - 54），自然电位曲线经过基线校正和标准化处理之后（图 6 - 55），基线值都统一到 0 值，自然电位的值域范围都标准化到 -90 ~ 0 之间的范围。

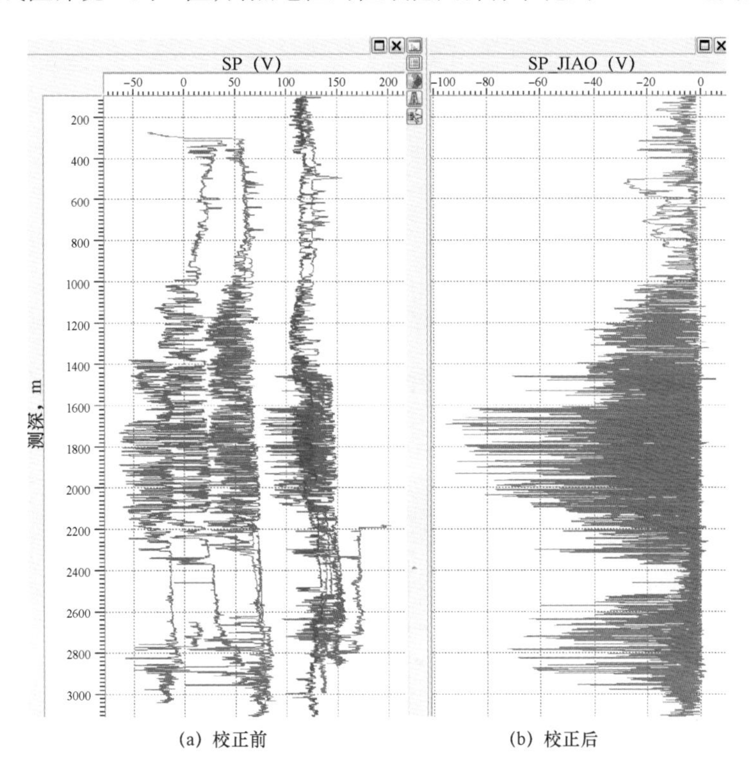


图 6 - 54　校正前和校正后的自然电位曲线对比分析图

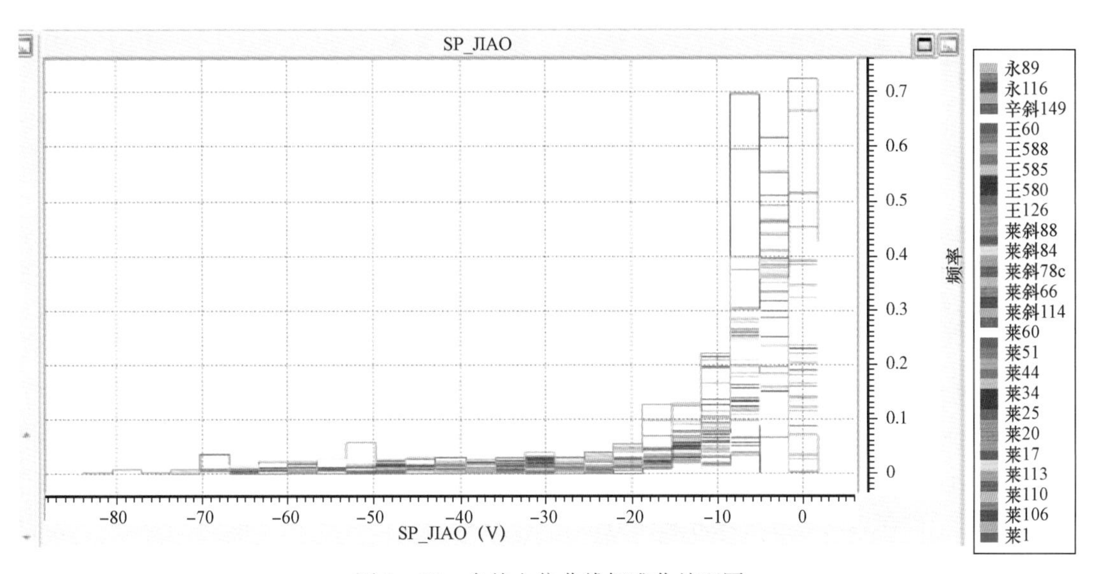


图 6 - 55　自然电位曲线标准化处理图

(3)波阻抗曲线标准化处理。

对阻抗进行了标准化处理(图6－56),使不同井上的峰值处于同一范围。

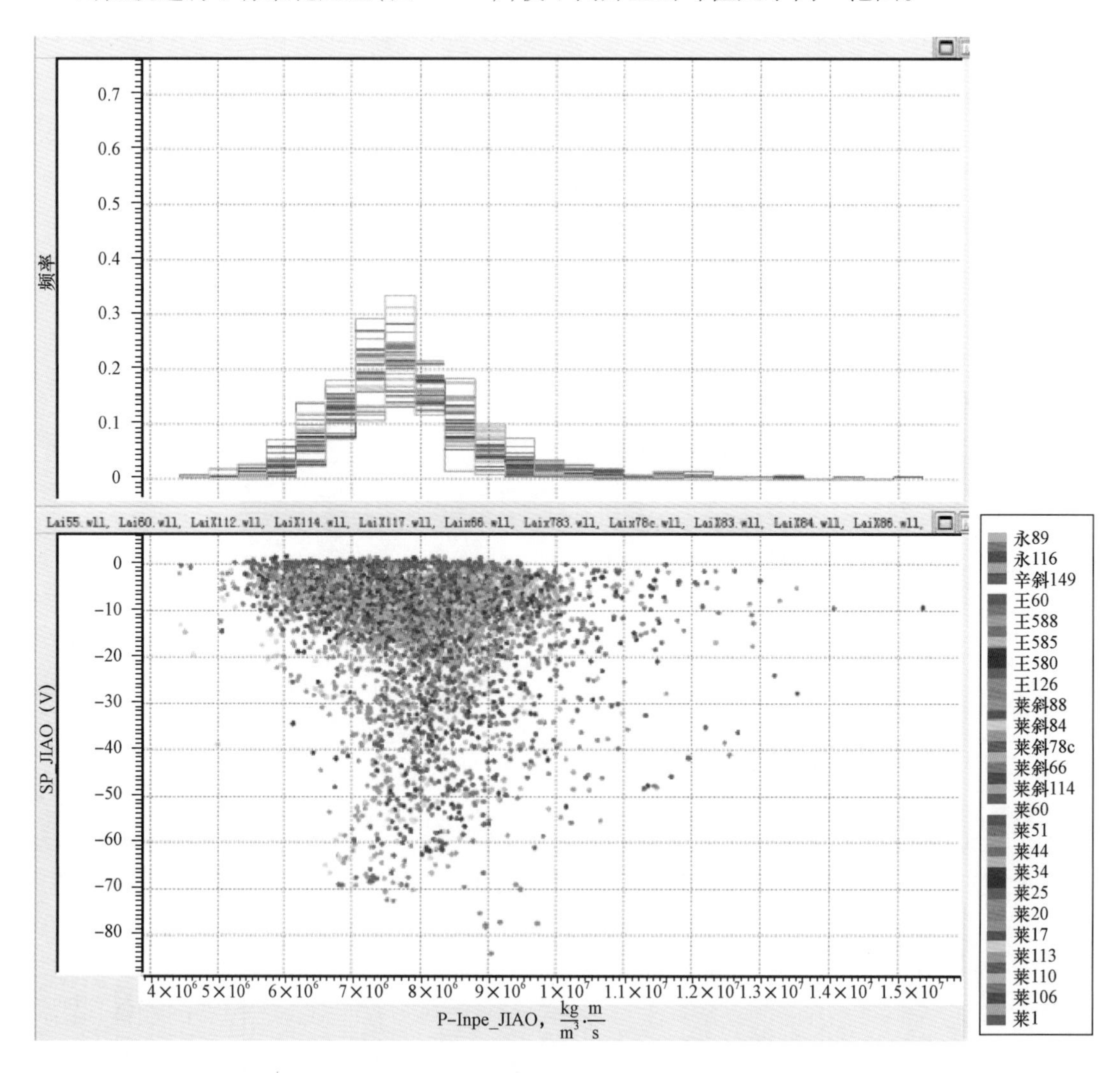


图6－56　多口井的波阻抗标准化处理分析图

无论是稀疏脉冲反演还是构形反演,需要的目标曲线都是阻抗曲线级别的。因此,当目标曲线是自然电位曲线时,我们需要将自然电位曲线做一下处理,使其曲线值域范围达到阻抗曲线级别。使用的方法是用阻抗曲线的低频和自然电位曲线的高频合成一条曲线,称为伪自然电位曲线。

伪自然电位曲线具有阻抗曲线的值域量纲,高频成分与自然电位曲线相仿(图6－57)。并且伪自然电位曲线对于砂泥岩的区分度一点不低于自然电位曲线。从校正后自然电位曲线(纵轴)与伪自然电位(横轴)的交汇分析图可以看出(图6－58),伪自然电位曲线保留了自然电位曲线对于砂泥岩的区分度较好的能力。

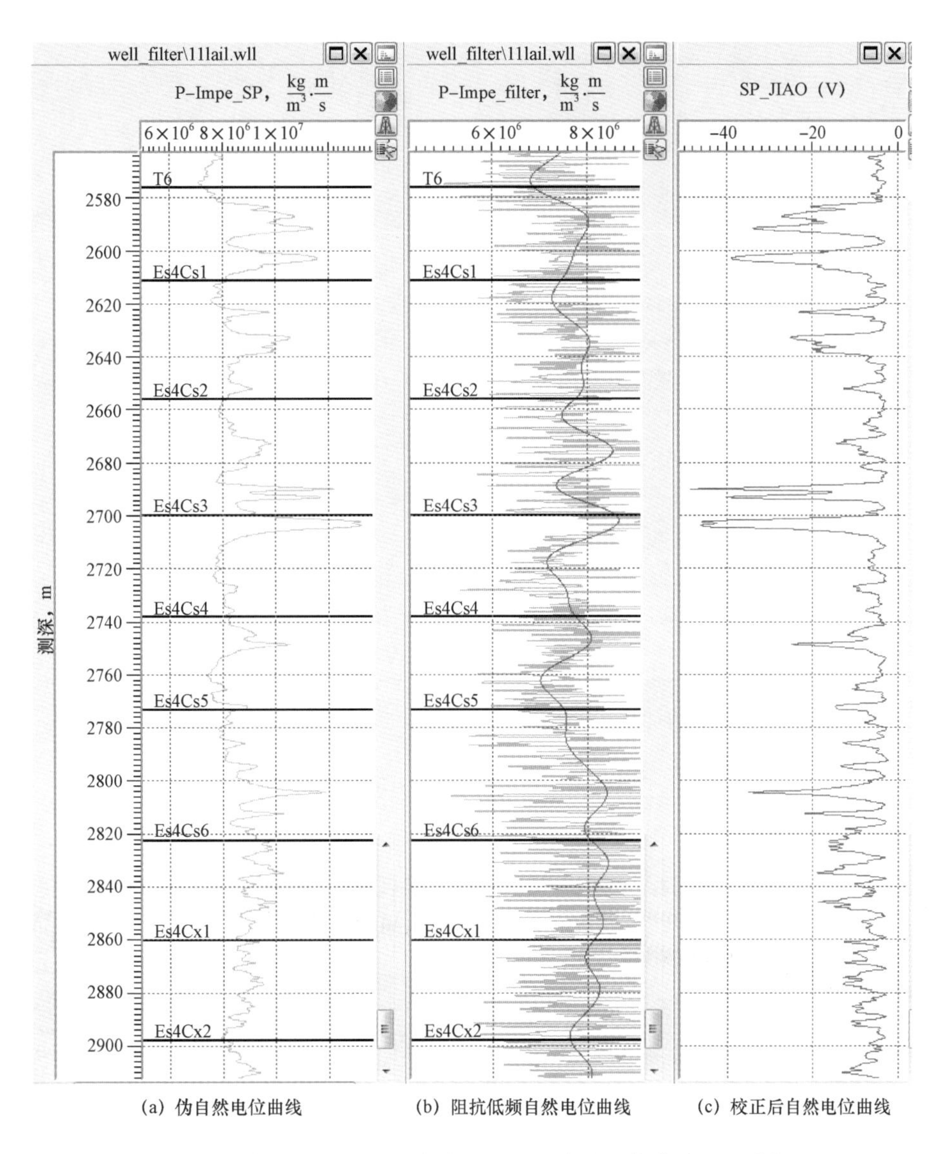


(a) 伪自然电位曲线　(b) 阻抗低频自然电位曲线　(c) 校正后自然电位曲线

图 6-57　伪自然电位、阻抗低频和校正后自然电位曲线对比分析图

## 三、确定砂层组顶底界面

将现有层位之间内插多个层间切片，通过井震标定结果，结合单井地质小层划分结果，提取出各个砂层组顶底面的解释结果，从而获得沙四上各砂层组地层界面的空间展布（图 6-59）。

以 xT6 和 T7 为例。xT6 往上开 50ms 的时窗，并生成 25 个层间切片；xT6 和 T7 之间生成 40 个层间切片；T7 往下开 100ms 时窗，并生成 50 个层间切片。将生成的层间切片与井分层对比，确定砂层组顶底界面位置。最终确定的砂层组的顶底界面位置如下：

沙四上的顶：xT6_xT6-50ms_12（从深往浅，第 12 个切片）

沙四纯上 2 砂组的底：xT6

沙四纯上 3 砂组的底：T7_xT6_30

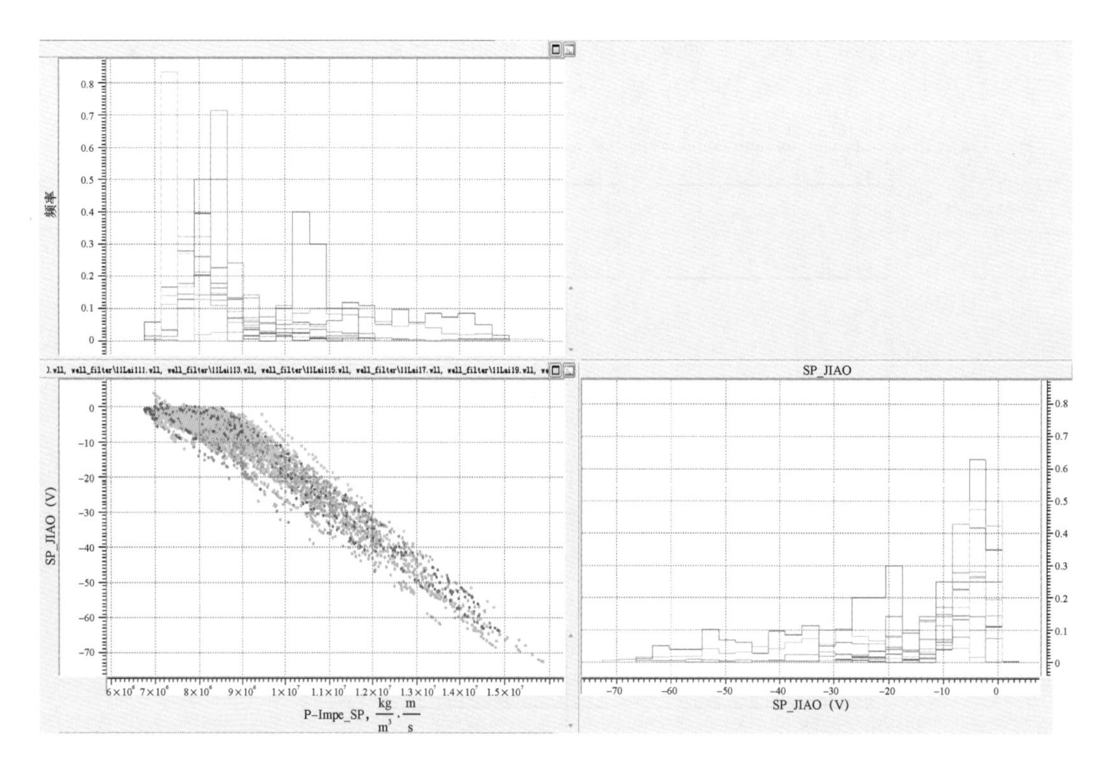

图6-58　校正后自然电位曲线(纵轴)与伪SP(横轴)的交汇分析图

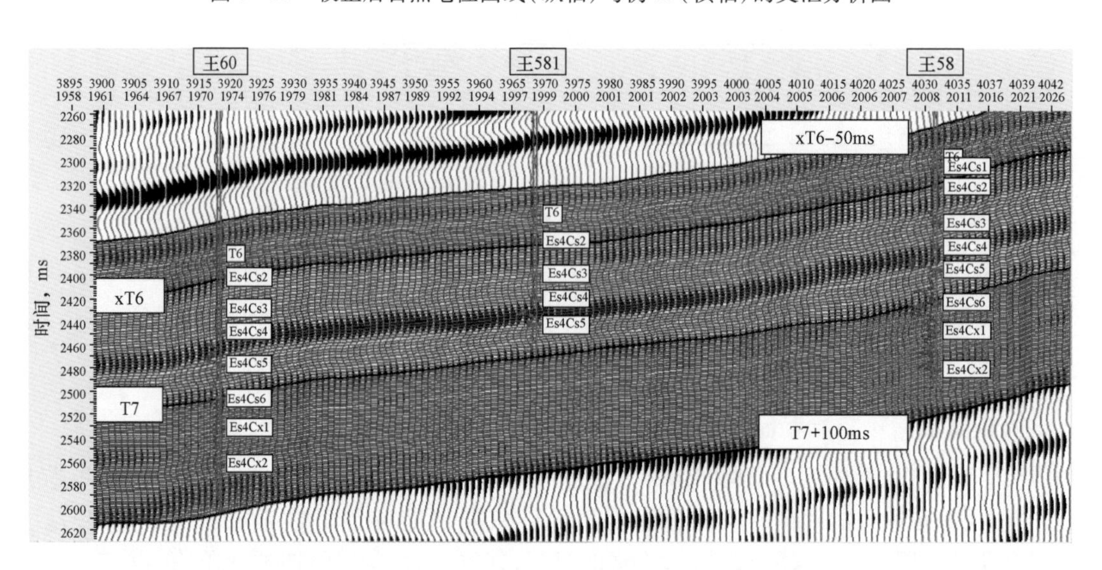


图6-59　过王60—王581—王58井的连井地震剖面图

沙四纯上4砂组的底:T7_xT6_21

沙四纯上5砂组的底:T7_xT6_12

沙四纯上的底:T7

沙四纯下1砂组的底:T7+100ms_T7_37

沙四纯下2砂组的底:T7+100ms_T7_22

包括现有的XT6和T7两个解释层,另外确定了6个砂层组顶底界面,并构造成图(图6-60)。

图6-60　纯上5砂组底面构造图

## 四、有利沉积相带分布预测

根据砂层组的顶底界面解释成果,在东辛广利周缘沙四上段,针对纯上6、5、3砂组展开有利沉积相带分布预测。

通过对研究区沙四纯上段不同砂组岩电震特征进行分析与比较,认为不同的储层发育情况对应不同的波形特征。以纯上6砂组为例(图6-61),莱110等井在6砂组储层较为发育,砂岩百分含量介于30%~33%之间,地震反射特征是中弱振幅、中高频率,两个波峰一个波谷的特征比较明显;莱113等井在纯上6砂组的砂岩百分含量介于12%~16%之间,地震反射特征是中强振幅、中等频率、复波形式;莱105等井在纯上6砂组储层相对不发育,砂岩百分含量介于7%~12.5%之间,地震反射特征是弱振幅、低频率、无波峰波谷的起伏。从以上分析可以看出,不同的储层发育情况对应不同的波形特征,因此从波形特征出发,进行有利相带的预测。

利用自组织人工神经网络的地震道波形分类方法进行地震相分析的流程分为以下4步。

(1)确定目的层,选择适合的时窗,提取地震道波形作为输入因子。

(2)创建模型子波,通过研究区标准井含油气层段合成标定优选特征子波。

(3)利用人工神经网络算法对所有地震道进行分类处理,生成地震相图。

(4)分析模型道,比较分类处理后的模型道与实际的模型道,如果模型道太多或太少,则重复步骤(2),减少或者增加模型道。

利用该方法首先展开东辛广利周缘沙四纯上6砂组的有利沉积相带分布预测。

| 井位 | 岩电性组合特征 | 岩性描述 | 井旁地震道 | 波形特征描述 |
| --- | --- | --- | --- | --- |
| 莱115<br>莱110<br>莱39<br>王9 | 40<br>50<br>60<br>70 | 砂岩百分含量介于30%～33% | | 中弱振幅<br>中高频率<br>两个波峰<br>一个波谷 |
| 莱113<br>王580<br>王58<br>王10 | 20<br>30<br>40<br>50<br>60 | 砂岩百分含量介于12%～16% | | 中强振幅<br>中等频率<br>复波形式 |
| 莱105<br>永89<br>莱斜88<br>莱斜781 | 3200<br>10<br>20<br>30 | 砂岩百分含量介于7%～12.5% | | 弱振幅<br>低频率<br>无波峰波谷的起伏 |

图 6－61　纯上 6 砂组滩坝砂岩、电、震特征分析比较图

从实钻井来看，东辛广利纯上 6 砂组受南部物源影响较大，其储层厚度中心主要在南部地区，东北角有两个小面积的厚度中心（图 6－62）。这些特点从东辛广利纯上 6 砂组波形聚类分析图也可以分析出（图 6－63）。东辛广利纯上 6 砂组波形聚类分析图中，红色和橘黄色区域表示的有利相带有两部分，分别受南部物源和东北部物源影响；但是南部物源形成的有利相带的分布范围向北部延伸时，由于断层较为发育的影响，波形比较杂乱，导致有利相带刻画不清晰。

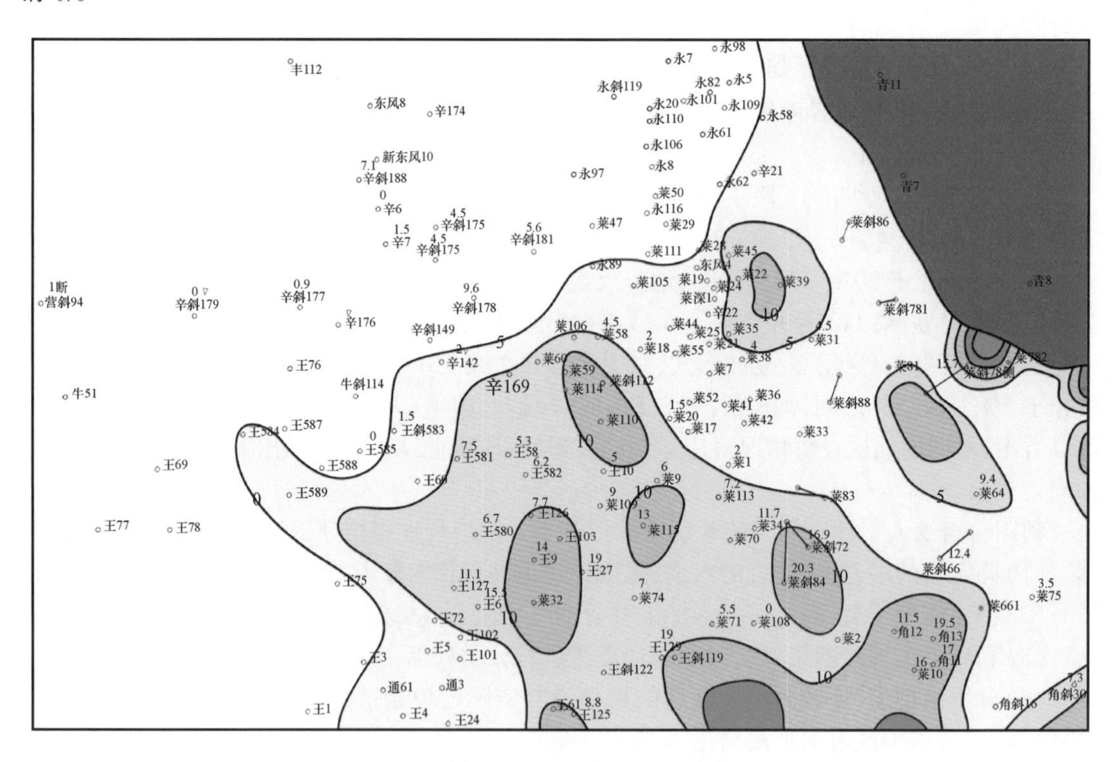


图 6－62　东辛广利纯上 6 砂组砂岩等厚图

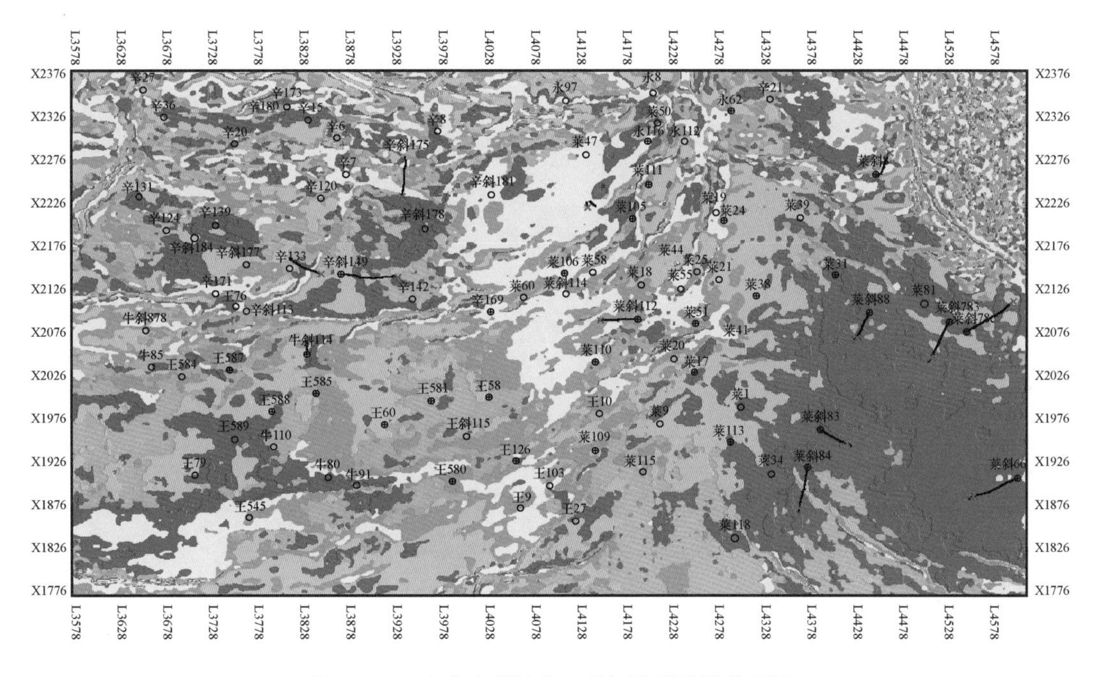


图 6 - 63　东辛广利纯上 6 砂组波形聚类分析图

与纯上 6 砂组相比，纯上 5 砂组主要受南部物源的影响（图 6 - 64），而且南部物源有往西迁移的现象。纯上 5 砂组的储层厚度中心位于辛 176—王斜 583—王 126—王 103 近于西北向的方向上。波形聚类分析图中（6 - 65）所展示的红色、黄色的有利相带区域与实钻情况比较吻合。

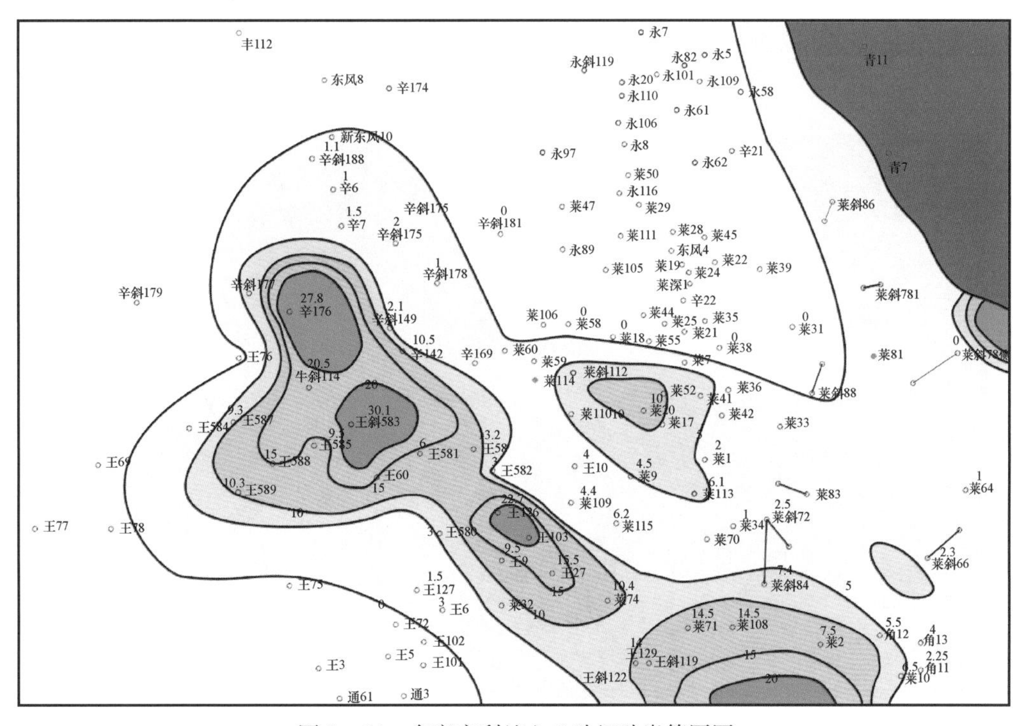


图 6 - 64　东辛广利纯上 5 砂组砂岩等厚图

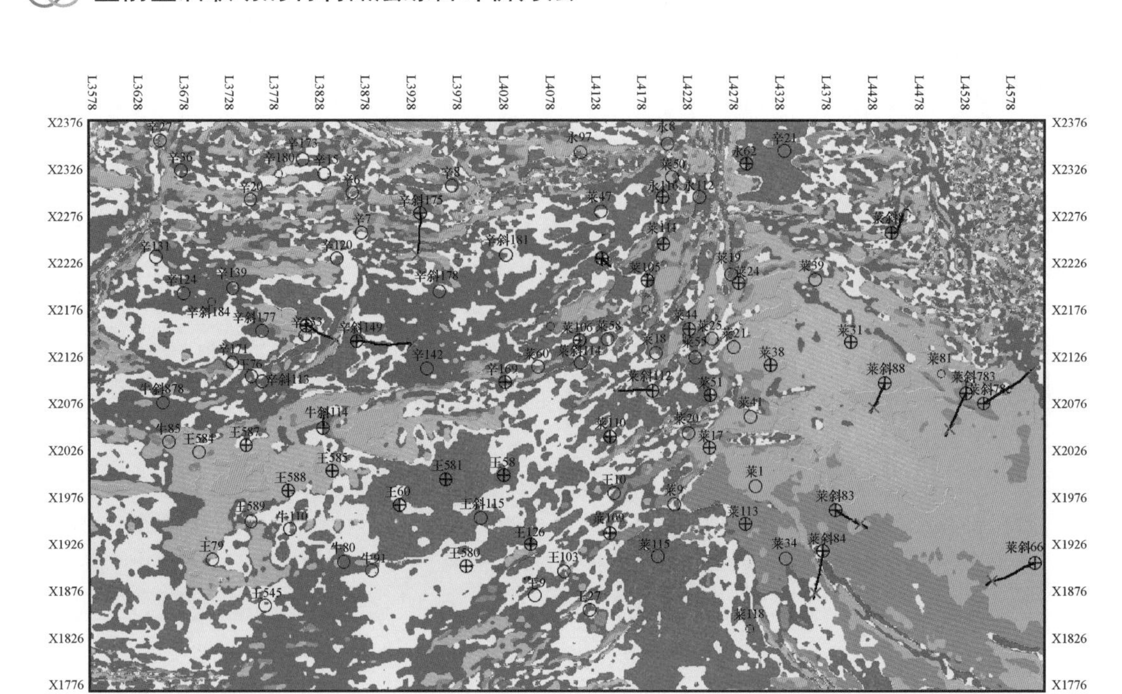


图 6－65　东辛广利纯上 5 砂组波形聚类分析图

在东辛广利周缘沙四纯上 5 砂组，通过提取切片振幅属性，能够清楚地看出物源的迁移。在切片 15、16、17（图 6－66 至图 6－68）（切片 15 最深，切片 17 最浅）上面分别提取 RMS 振幅属性，可以看出，由深入浅，随着时间的推移，物源不断往西迁移的一个细微过程。

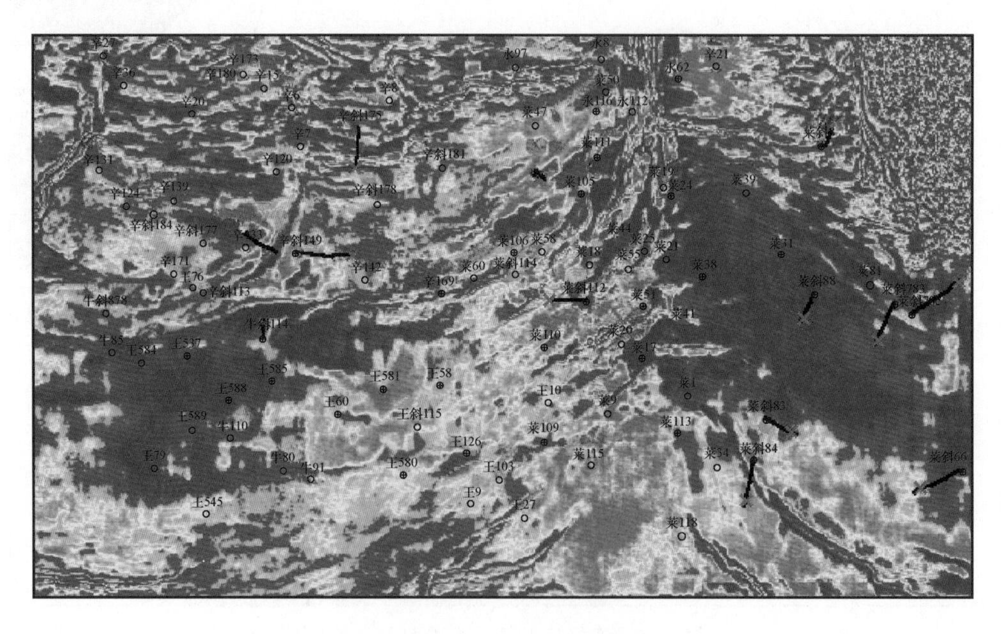

图 6－66　沿切片 15 的 RMS 属性图

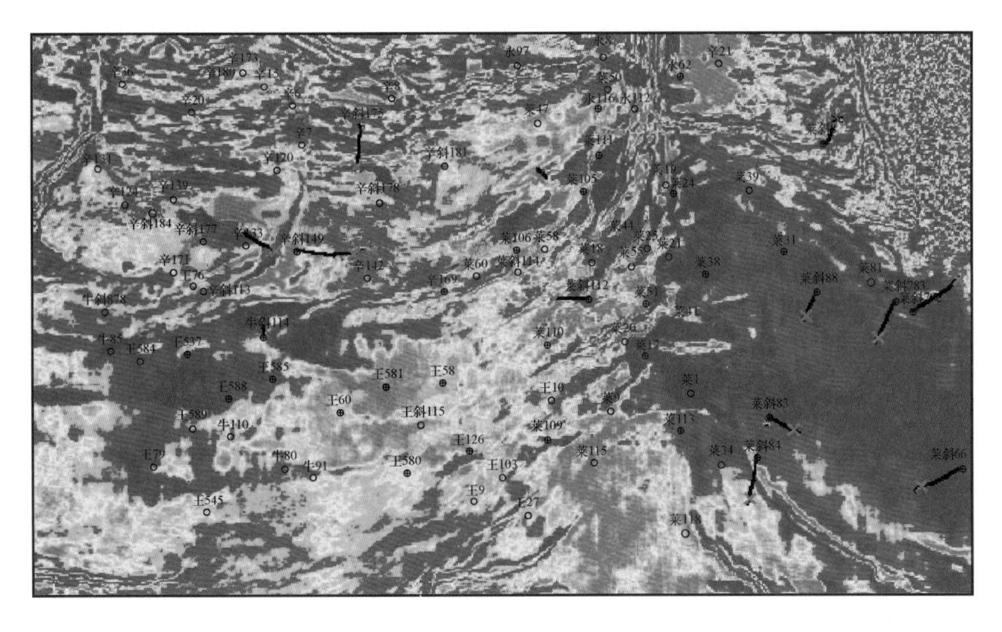


图 6－67　沿切片 16 的 RMS 属性图

图 6－68　沿切片 17 的 RMS 属性图

在东辛广利周缘，纯上 3 砂组受东北部物源的影响变大（图 6－69），南部物源的影响变得越来越小。受东北部物源的影响，储层厚度中心主要集中在中部和东北部。从 3 砂组波形聚类分析图上可以看出（图 6－70），受北部物源的影响，有利相带主要集中在东部，受断层影响，断层发育区的地震反射较为杂乱，波形聚类结果在刻画有利相带时受到影响。

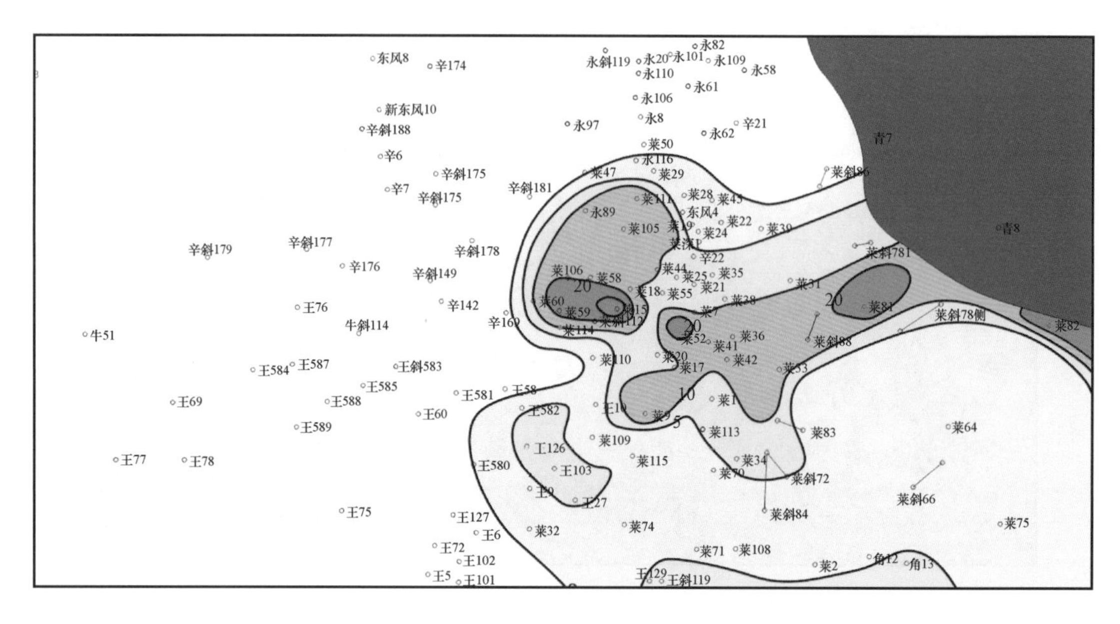


图 6-69　东辛广利纯上 6 砂组砂岩等厚图

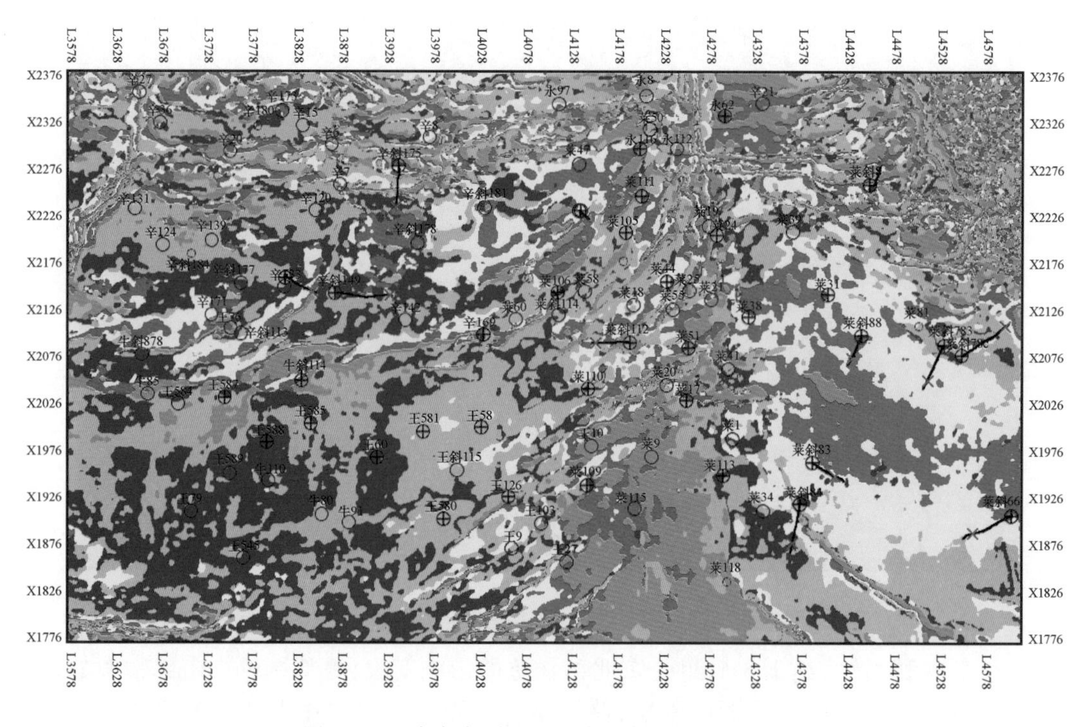


图 6-70　东辛广利纯上 3 砂组波形聚类分析图

从上面 6 张平面振幅属性图(图 6-71)上可以看出,从深到浅,王 58、王 581 和王 60 井钻遇的纯上 5 砂组的砂体平面范围不断扩大到逐渐消亡的过程。

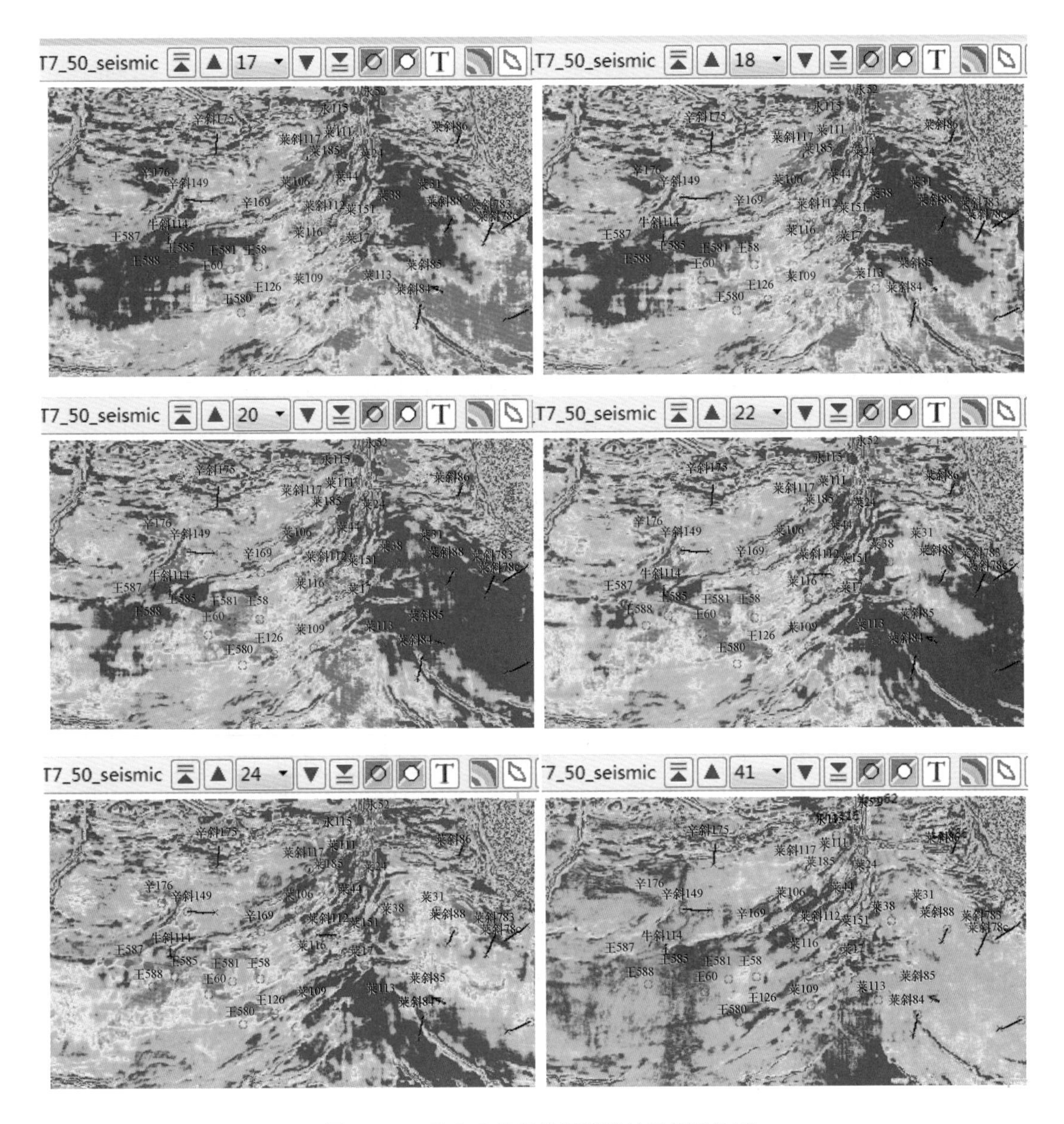


图 6－71　纯上 5 砂组从深到浅的振幅属性图

### 五、稀疏脉冲反演(波阻抗)

地震反演是利用地震常规资料,以地质规律和钻井、测井资料为约束条件,对地下岩层物理结构和物性进行成像的过程。地震测井联合反演技术是基于模型的地震反演技术,它以测井资料丰富的高频信息和完整的低频成分,补充地震有限带宽的不足,获得高分辨率的地层波阻抗资料,为储层预测提供条件。该技术通过建立包含低频成分的宽带的初始地质模型,采用模型优选迭代扰动算法,直接反演波阻抗。通过不断修改更新模型,使模型正演合成地震资料与实际地震数据达到最佳吻合,最终的模型数据便是反演结果。其技术实质就是从三维地质体中提取反映岩性变化或储层变化的数据,以便进行井点外的岩性解释或储层参数预测。

稀疏脉冲反演方法一是能够充分应用地质建模的优势，使反演更具有地质意义，同时能够充分利用地震、地质、测井等资料建立反映沉积体系特征的初始模型；二是该方法在反演过程有一套完整的质量监控系统，对每一步都要进行质量监控，能够保证反演的精度。

1. 地质模型建立

(1)框架模型建立。

地质模型的建立主要是应用地震解释层位建立地质框架模型后，在框架模型的控制下，将测井数据按照一定的算法进行横向插值，最终获得一个初始的地质模型。要使地质模型反映出地质沉积特征，在充分应用已知测井、地质、地震资料的基础上，合理地确定地质框架的接触关系和定义横向内插模式是技术关键。结合该区目的层段的沉积特征，控制层的接触关系从下至上定义了平行于顶底的接触关系，这样就确定了一个符合地质沉积特征，并且是边界平滑闭合的地层模型。该工区内的已知井较少，而工区范围较大，要选择合理的横向插值算法，使测井数据能够沿控制层横向分布，使地层具有实际的地质意义。通过不同算法的试验，确定了应用梯形加权算法，使建立的初始地质模型不但体现了该区目的层段的沉积特征，而且地层本身也具有了实际地质意义的测井数据，为最终合理地应用该地质模型(图6－72)打下了一个坚实的基础。

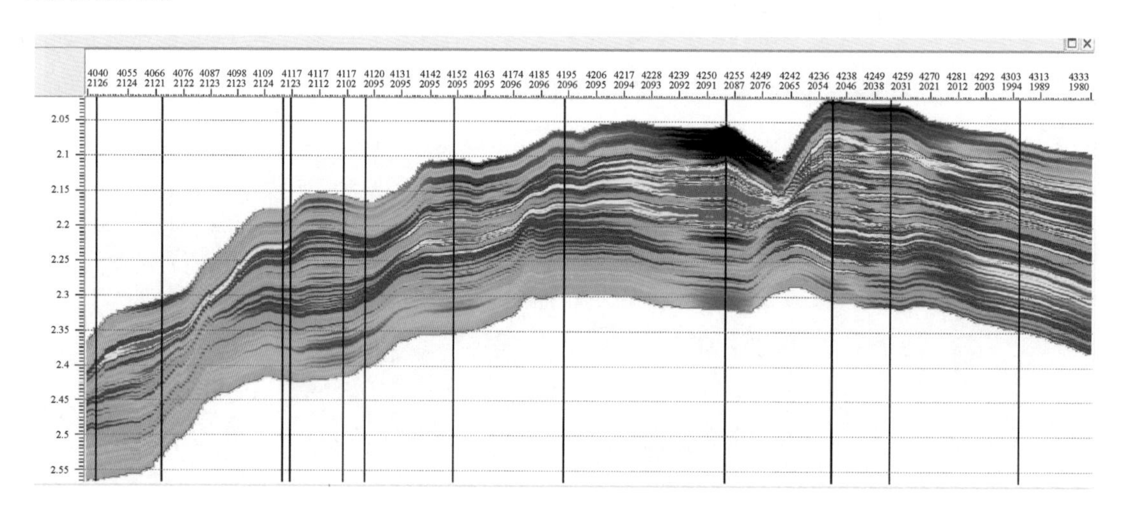


图6－72　初始波阻抗模型图

(2)生成井旁道子波。

测井、地质、钻井的信息是以深度计算的，而地震信息是以时间计算的，如何建立深度域测井、地质、钻井资料与时间域地震资料之间的关系是地震反演中的关键之处。层位标定及子波提取是联系地震和测井数据的桥梁，在地震反演中占有重要地位。本次反演首先通过多道地震记录自相关统计的方法由地震资料得到一个常相位初始子波，得到合成记录，将测井声波阻抗资料标定到井旁地震道上，然后再通过标定好的测井声波阻抗资料与井旁地震道提取地震子波(图6－73)。比较两次提取的子波，选用频谱宽、相关系数高的地震子波作为最终反演子波。

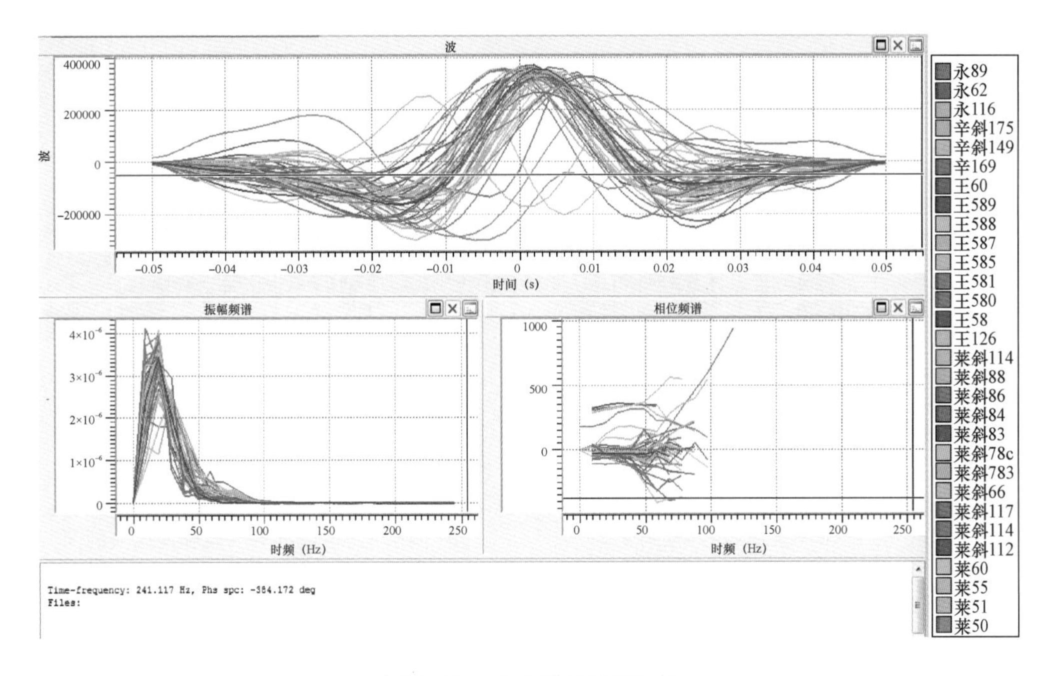


图 6 - 73 井旁道子波提取图

2. 反演参数优选

针对工区资料情况,共优选 48 口井参与反演。通过二维连井骨架剖面和小块三维试验,确定了适合本区资料特点的反演参数。各井子波的相位、振幅较一致。在此基础上提取的平均子波可以应用到全区的反演。

3. 反演效果分析

通过地震地质标定、地震层位解释、地质模型的建立、初始阻抗约束模型的建立、稀疏脉冲反演建立相对波阻抗体等一系列研究工作,最终实现波阻抗反演。

从过莱 60—莱斜 114—莱斜 112—莱 51—莱 20—莱 17 等井的连井稀疏脉冲反演结果上来看(图 6 - 74),反演出来的砂体与实测砂体的位置比较吻合,但是预测砂体与实测砂体在厚度上存在较大误差。并且受地震资料影响,许多不存在砂体的地方,稀疏脉冲反演也刻画出砂体,与实测不吻。

## 六、稀疏脉冲反演(拟合曲线)

将自然电位曲线和波阻抗拟合得到的新曲线作为目标曲线,做稀疏脉冲反演。从过莱 109—莱 20—莱 51 等井的反演剖面图(图 6 - 75)来看,纵向分辨率比波阻抗反演结果要高,但是仍然存在着预测砂体与实测砂体在厚度上不吻合的问题。

## 七、叠前叠后联动属性解释方法在广利周缘的应用效果分析

通过叠前叠后联动属性解释方法得到拟自然电位曲线的三维数据体,将过王 60—王 581—王 58 井的拟自然电位数据体剖面图(叠前叠后)(图 6 - 76)和过王 60—王 581—王 58 井的波阻抗反演剖面图(叠后)(图 6 - 77)对比来看,由叠前叠后联动属性解释方法得到拟自然电位剖面与井点处吻合度较好,砂体边界刻画更清晰。并且,预测砂体与实测砂体在厚度上也是预测较为准确。

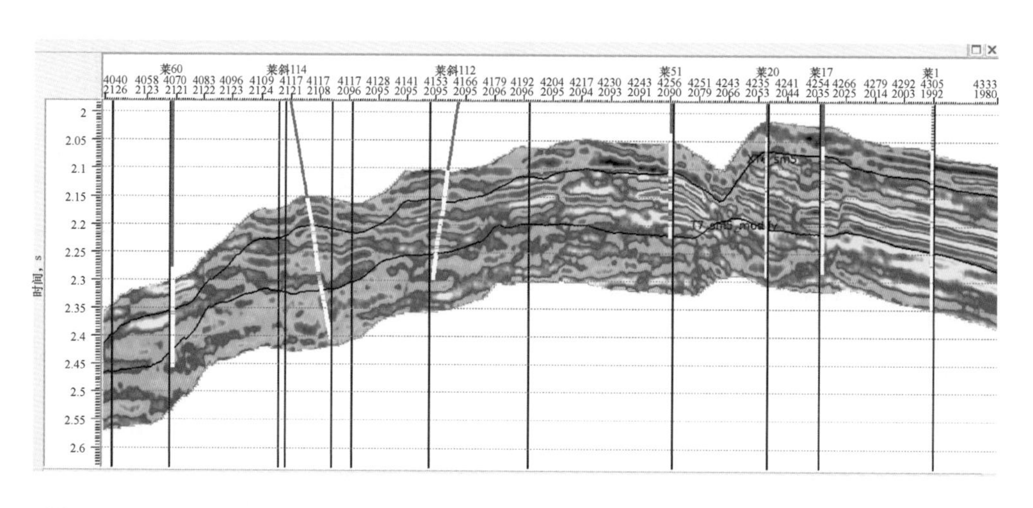

图 6－74　过莱 60—莱斜 114—莱斜 112—莱 51—莱 20—莱 17 等井的连井稀疏脉冲反演剖面

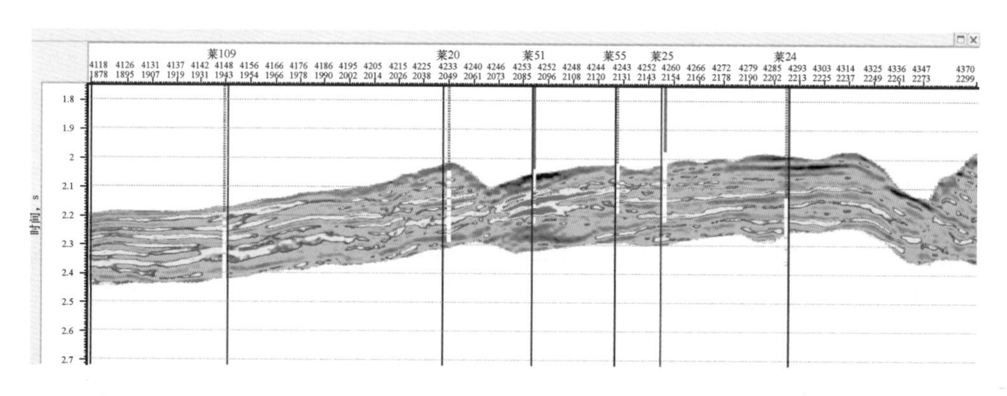

图 6－75　莱 109—莱 20—莱 51 井反演剖面图

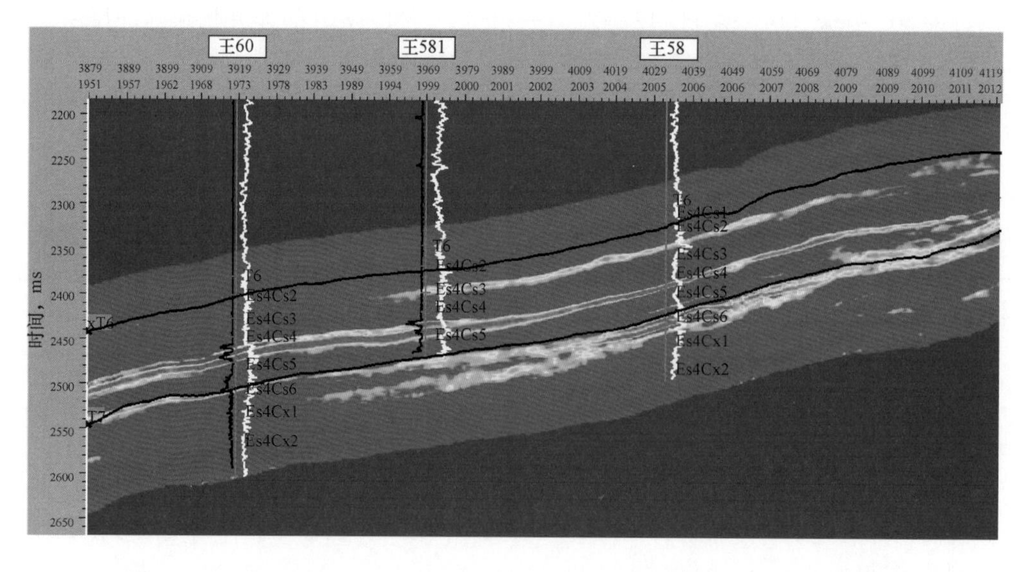

图 6－76　过王 60—王 581—王 58 井的拟自然电位数据体剖面图(叠前叠后)

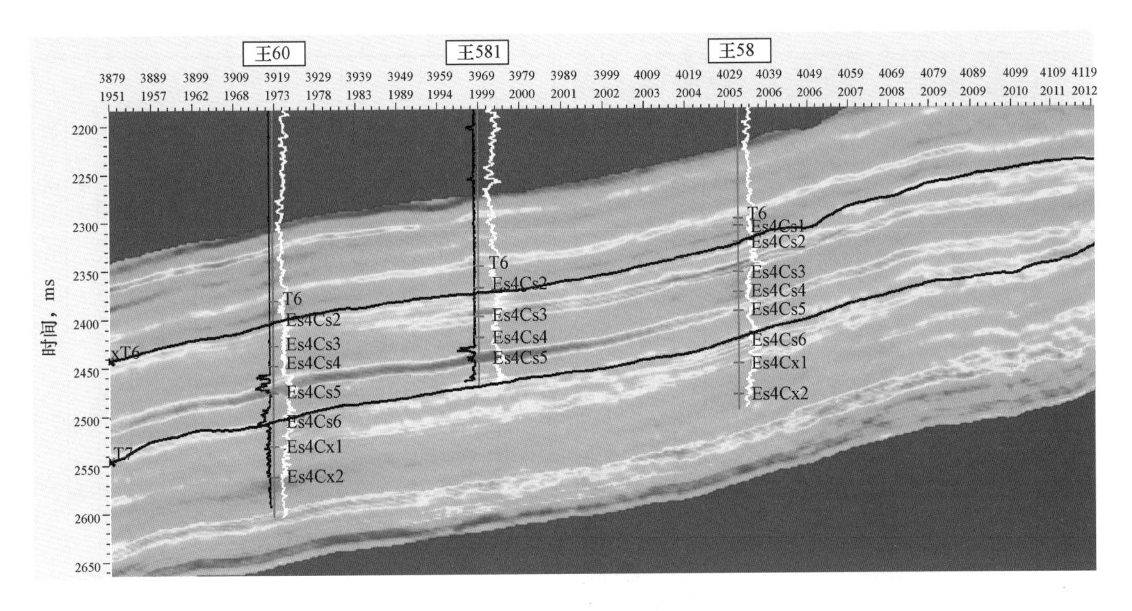


图 6－77　过王 60—王 581—王 58 井的波阻抗反演剖面图(叠后)

辛 176 在沙四纯上 5 砂组发育两套砂体，从过辛 176 井的北东向拟自然电位数据体剖面(叠前叠后)(图 6－78)来看，预测砂体与实测砂体的位置比较吻合，并且预测砂体与实测砂体在厚度上也是预测较为准确。

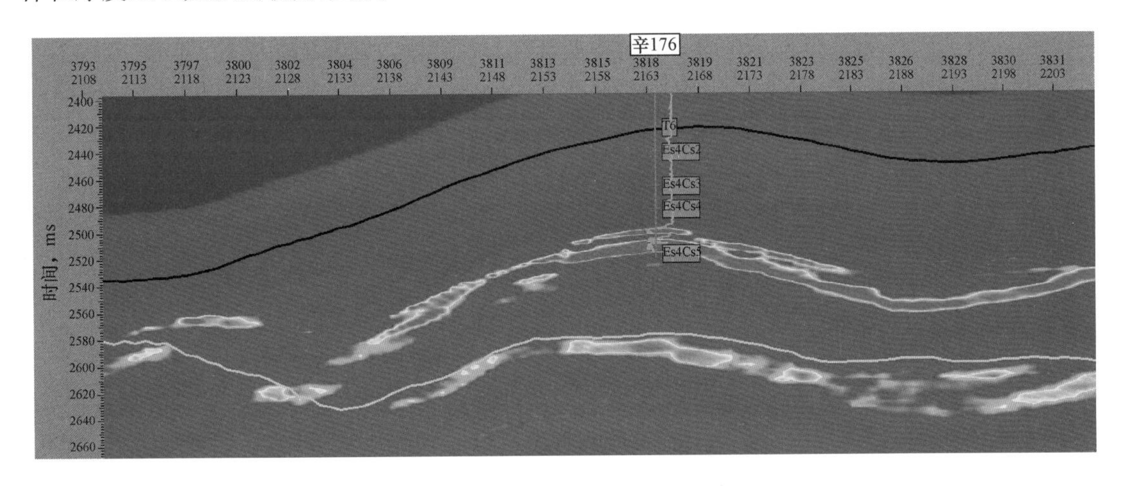


图 6－78　过辛 176 井的北东向拟自然电位数据体剖面(叠前叠后)

辛 176 井在沙四纯上 5 砂组钻遇油层，辛 176 斜 20 井在纯上 5 砂组钻遇油水同层，辛斜 149 在纯上 5 砂组的砂体不发育，薄砂条显示为干层(图 6－79)。从过辛 176—辛 176 斜 20—辛斜 149 井的拟自然电位数据体剖面(叠前叠后)来看 6－80，辛 176、辛 176 斜 20、辛斜 149 这三口井钻遇的是三套砂体，但是从 xT6－T7 之间构形反演最大值属性图(图 6－81)来看，辛 176 斜 20、辛斜 149 钻遇的是一套砂体。那么到底辛 176 斜 20 和辛斜 149 钻遇的是否是一套砂体?

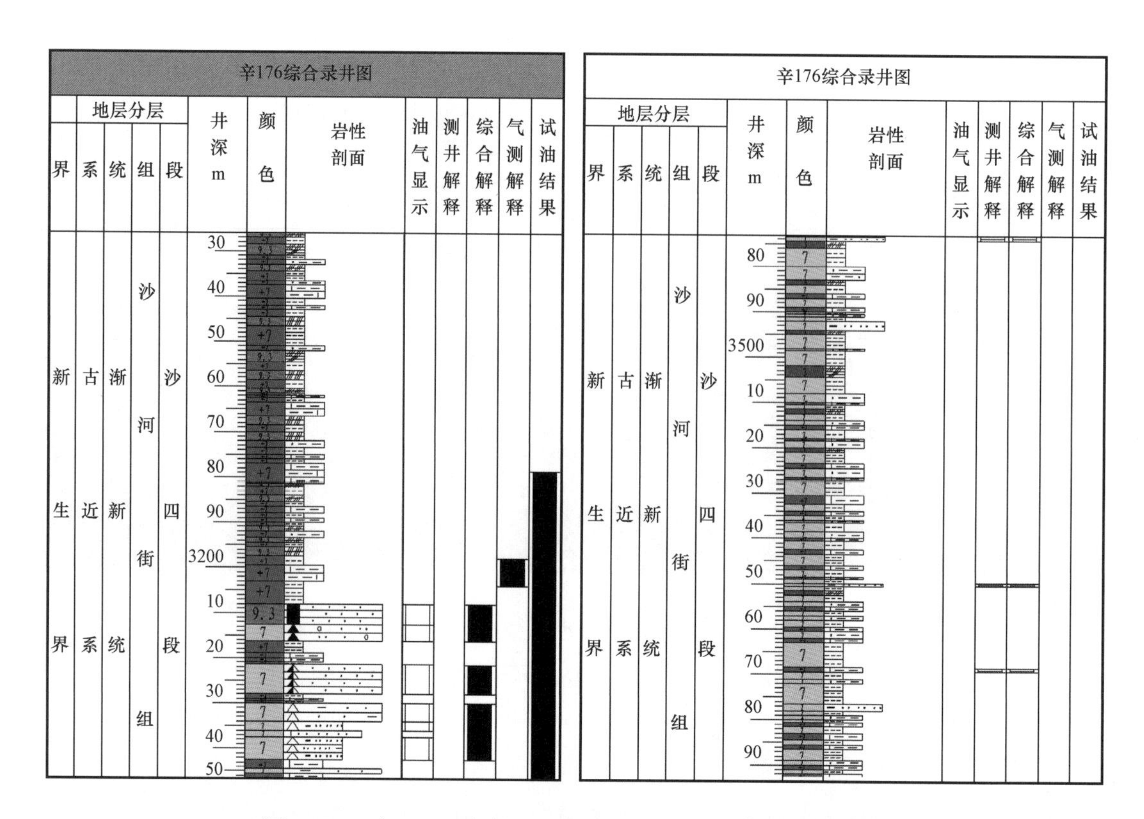


图 6－79　辛 176 和辛斜 149 井在沙四上段的综合录井柱状图

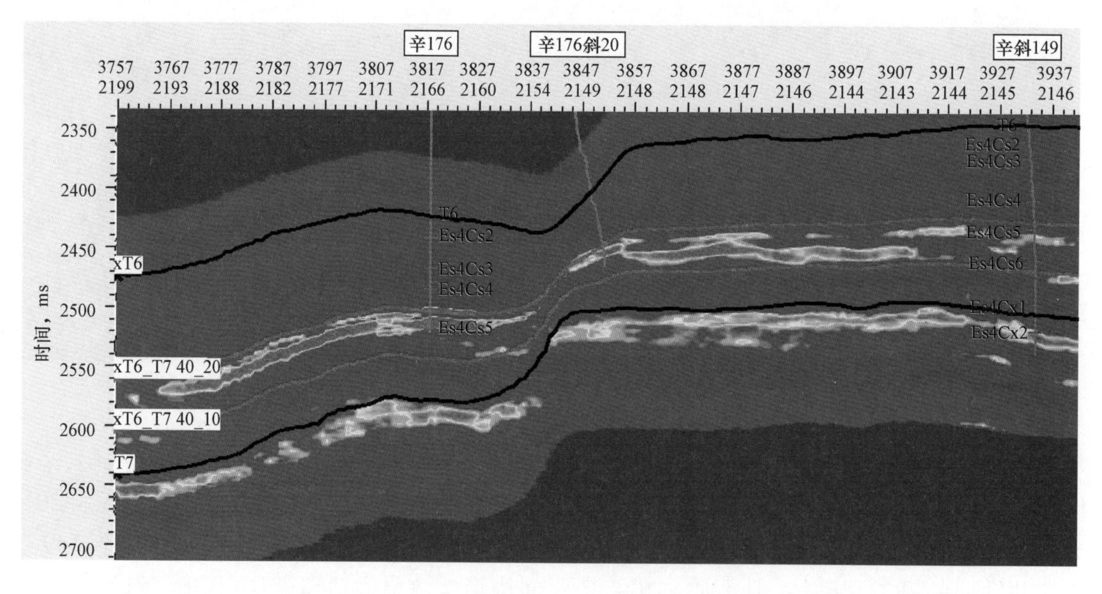


图 6－80　过辛 176—辛 176 斜 20—辛斜 149 井的拟自然电位数据体剖面(叠前叠后)

通过拉取不同方向的连井拟自然电位数据体剖面(叠前叠后)(图 6－82),确认辛斜 149 和辛 176 斜 20 钻遇的 5 砂组是连通的。另外,辛 176 斜 20 井打在这套砂体的高部位,钻遇油水同层，由于这套砂体是连通的，所以没必要在砂体的低部位部署井位。

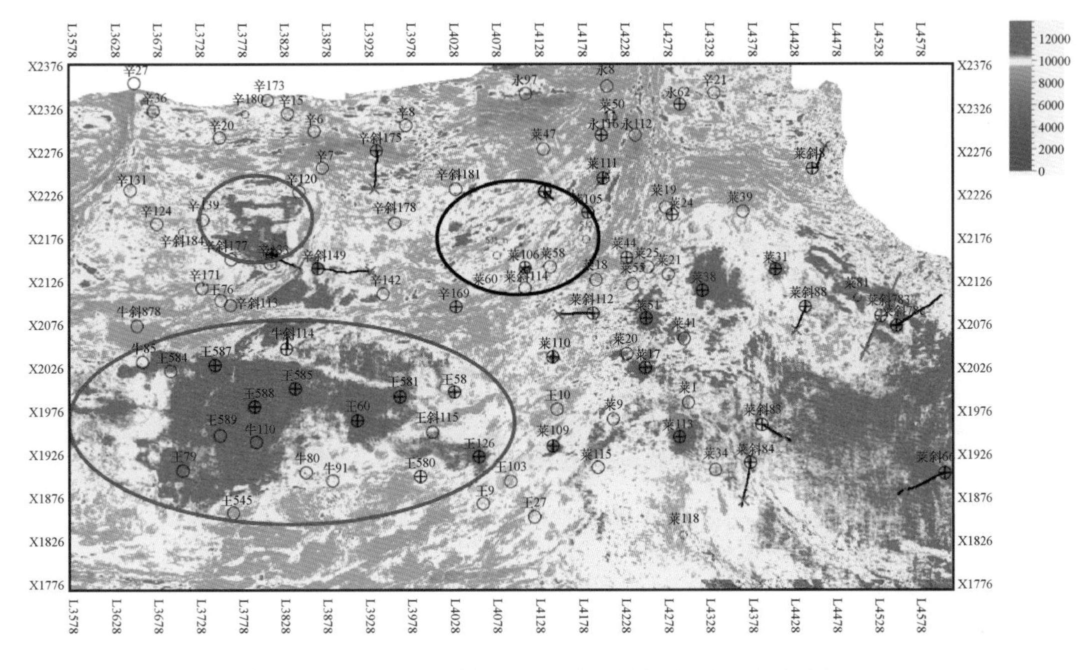


图 6－81　xT6－T7 之间拟自然电位数据体的最大值属性图

在拟自然电位数据体上，在 xT6－T7 之间提取最大值属性图（图 6－82），展示了 xT6 和 T7 之间通过拟自然电位数据体所能刻画的所有砂体存在的位置，从中可以寻找砂体发育区，部署井位。从实钻资料和图 6－82 来看，蓝色椭圆形标示的区域已上报探明储量，黑色椭圆形范围内还有待进一步勘探。

## 八、井位部署建议

通过精细地震描述及反演等地球物理手段刻画，在沙四上亚段部署了 2 口探井。针对储量空白区纯上 3 砂组扇三角洲断块构造油藏，优选储层较为落实，面积较大的圈闭建议部署井位 2 口 6－83。

莱 106 井在纯上 3 砂组钻遇 24m 储层，测井解释为水层，顶部荧光显示。莱斜 117 井在纯上 3 砂组钻遇 15.8m 储层，测井解释为油层（图 6－84）。莱 111 纯上 3 砂组：储层 19.3m，2714.8～2716m，1.2m/1 层，日产油 0.61t，日产水 32.6$m^3$，累计产油 4.65t，产水 197$m^3$，结论为油水同层。莱 59 纯上 3 砂组：储层 27m，2745～2748m，3m/1 层，日产油 0.002t，日产水 13.6$m^3$，累计产油 0.46t，产水 87.5$m^3$，结论为油水同层（图 6－85）。

从这 4 口井来看，附近油源不成问题。因此，在附近分别部署 2 口设计井，如图 6－83 所示。

在构形反演数据体上，拉取过 2 口设计井的东西向和南北向构形反演剖面（图 6－86 至图 6－89），可以看出，在纯上 3 砂组，储层都比较发育，而且还可以兼探其他的砂层组，具有很大的勘探意义。

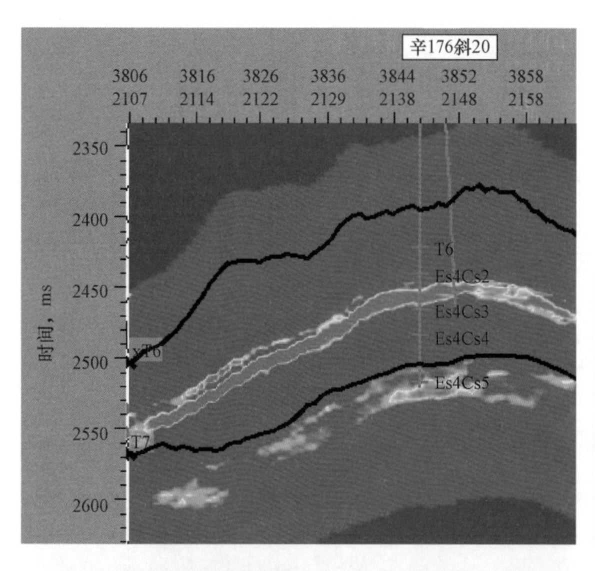


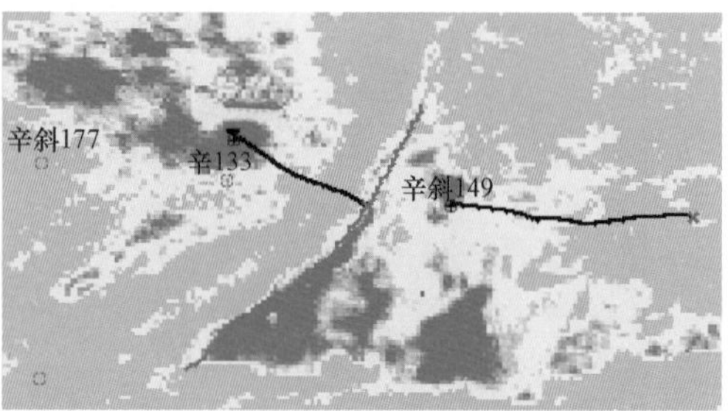


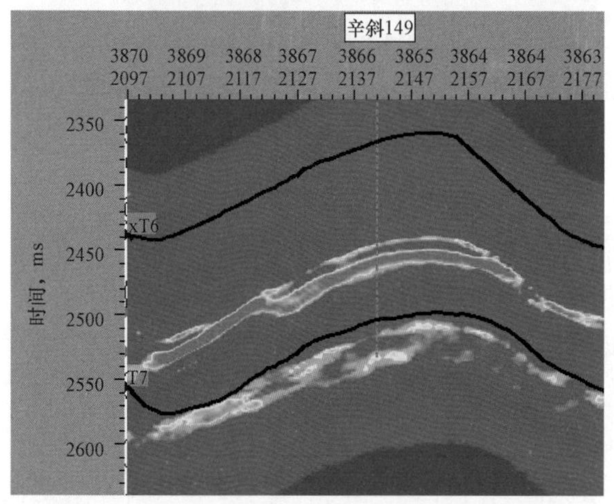


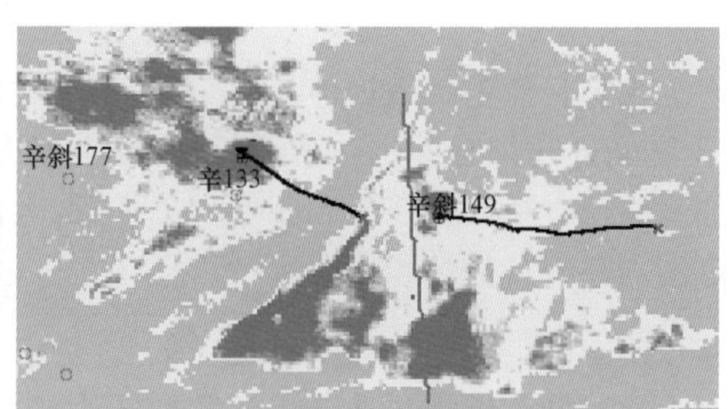


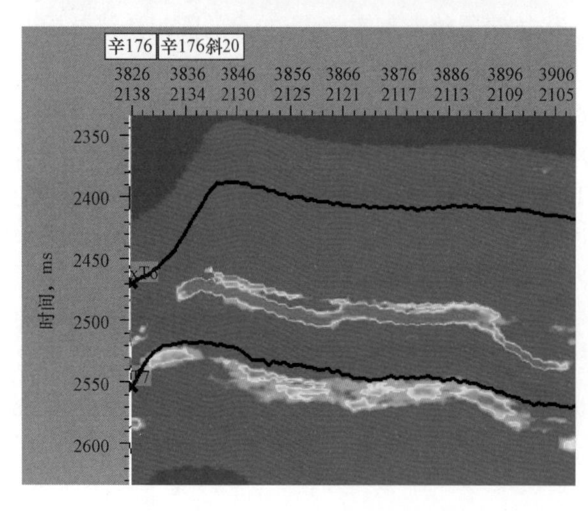


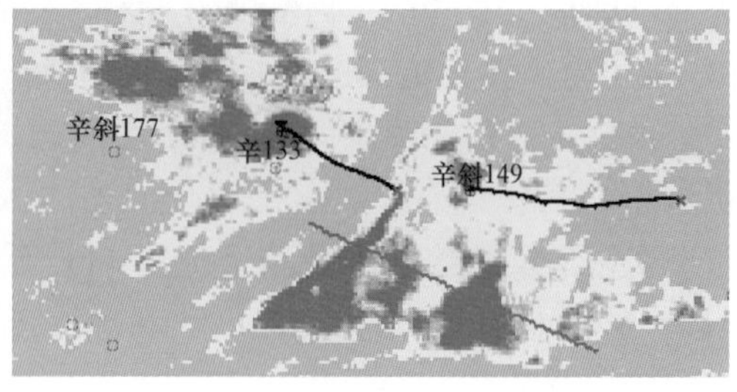


图 6－82　拉取不同方向的拟自然电位数据体剖面（叠前叠后）

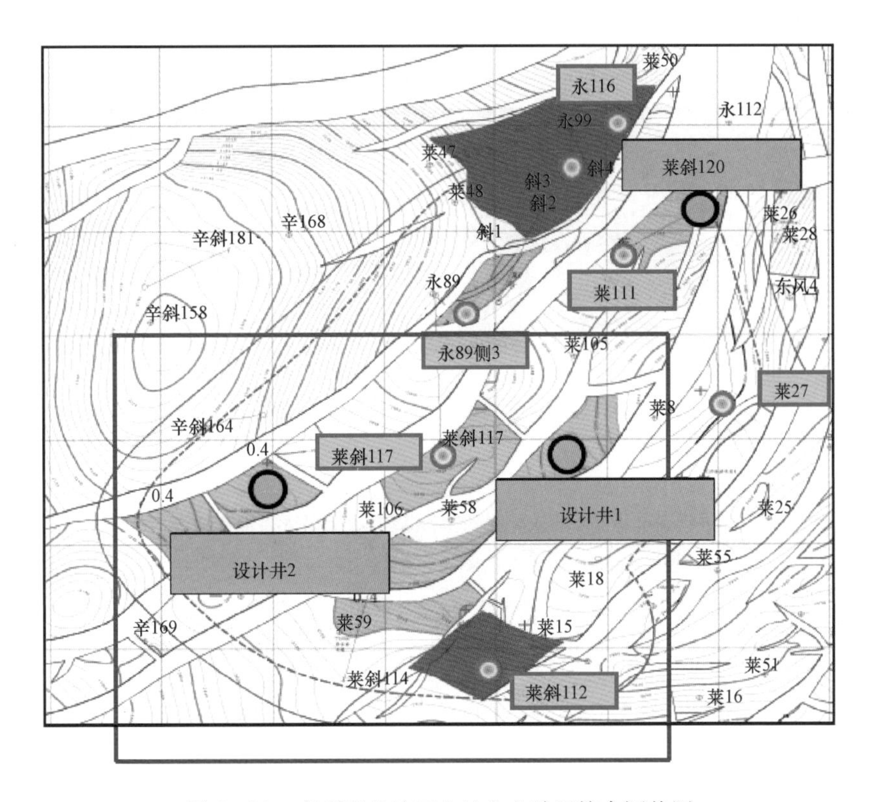


图 6－83　广利西北沙四上纯上 3 砂组综合评价图

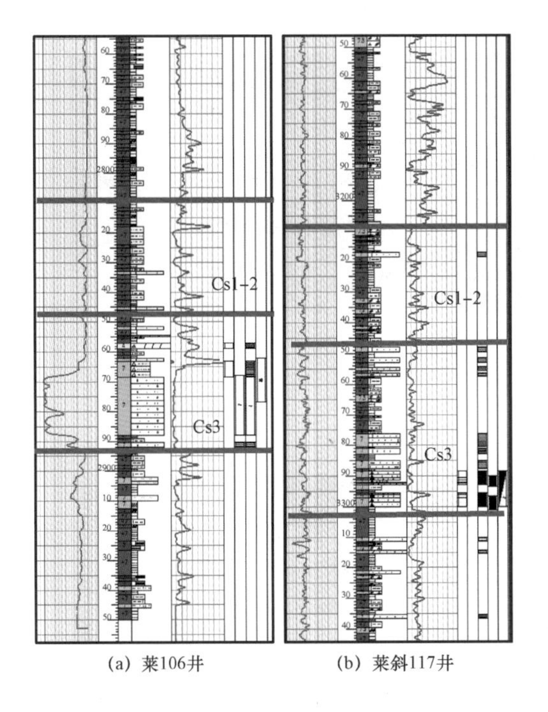


图 6－84　莱 106 和莱斜 117 井的综合录井柱状图

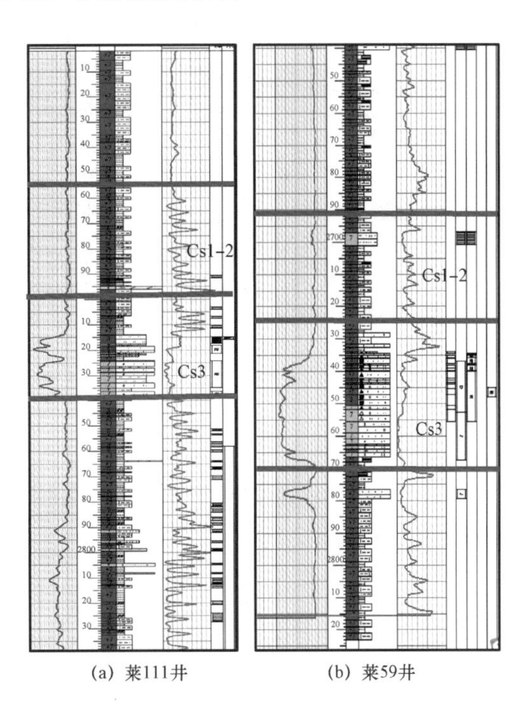


图 6－85　莱 111 和莱 59 井的综合录井柱状图

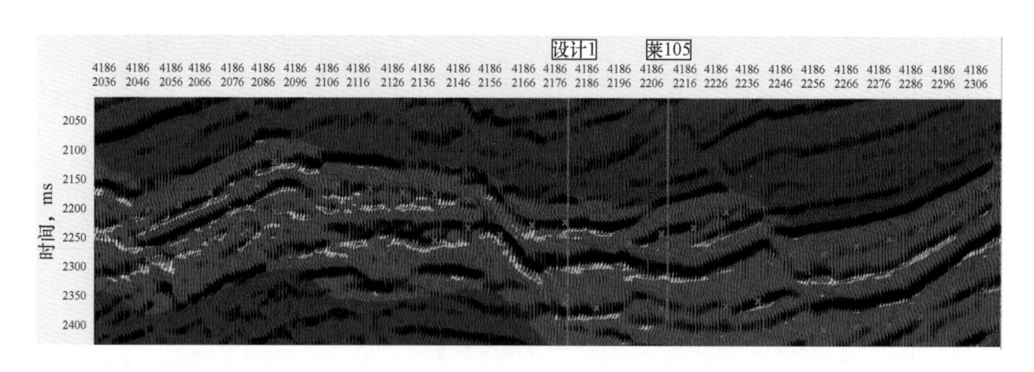


图 6－86　过设计 1 井的南北向拟自然电位数据体剖面（叠前叠后）

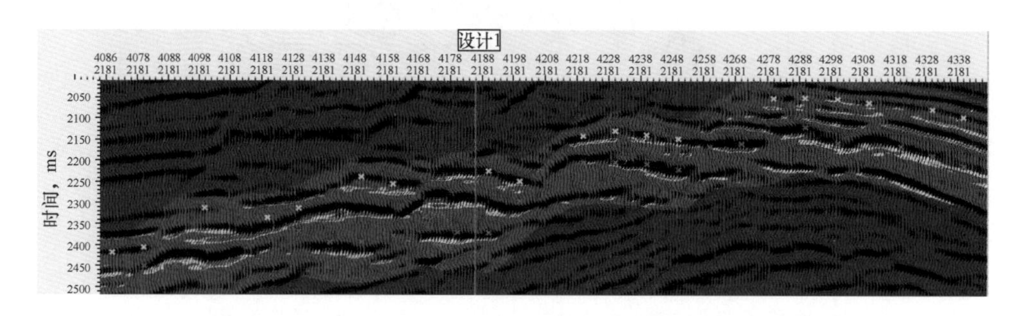


图 6－87　过设计 1 井的东西向拟自然电位数据体剖面（叠前叠后）

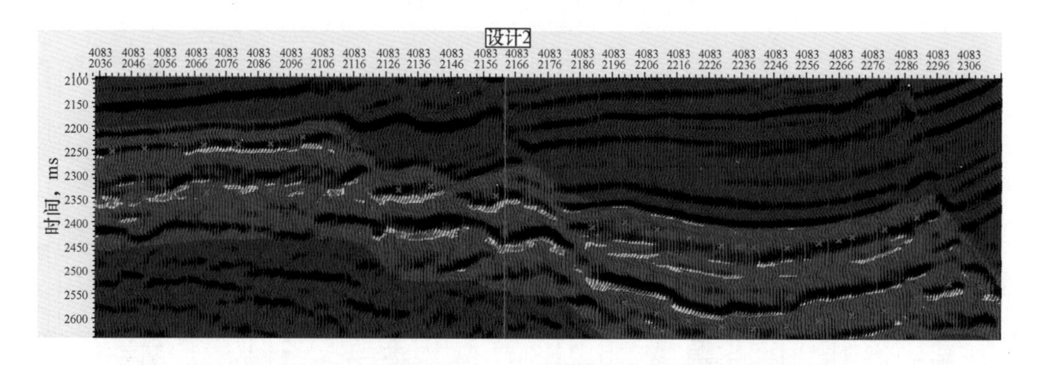


图 6－88　过设计 2 井的南北向拟自然电位数据体剖面（叠前叠后）

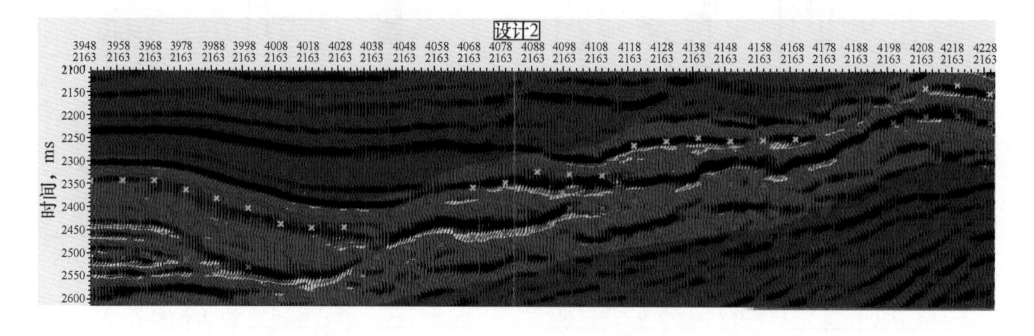


图 6－89　过设计 2 井的东西向拟自然电位数据体剖面（叠前叠后）

针对2口设计井,展开砂体顶底面(图6-90、图6-91)的追踪和砂体厚度的计算(图6-92、图6-93)。按照速度3200m/s计算,设计1井钻遇的3砂组的砂体厚度介于0~30m之间,设计2井钻遇的3砂组的砂体厚度介于0~43m之间。

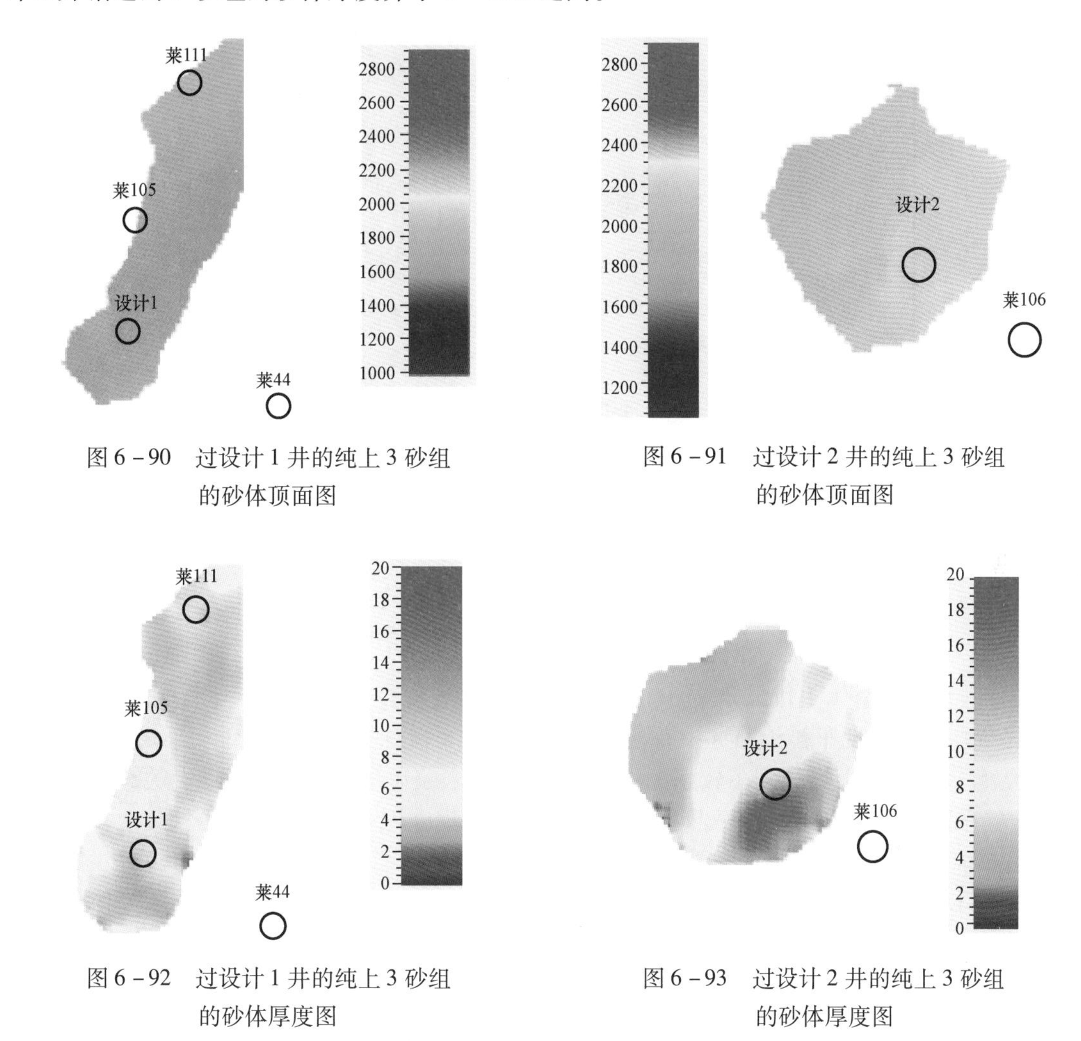


图6-90 过设计1井的纯上3砂组的砂体顶面图

图6-91 过设计2井的纯上3砂组的砂体顶面图

图6-92 过设计1井的纯上3砂组的砂体厚度图

图6-93 过设计2井的纯上3砂组的砂体厚度图

# 第五节 苏13地区石炭系裂缝性储层识别

## 一、概况

### 1. 地理位置及勘探现状

研究工区范围如图6-94中蓝框所示,位于苏13井区,构造上北高南低,研究区范围内发育两条南北向断层,储层是以凝灰岩和凝灰质细砂岩为主的裂缝型储层。苏13井,中途测试,6mm油嘴自喷,日油峰值25.12$m^3$,累计产油84.89$m^3$。20℃原油密度0.8255g/$cm^3$,50℃原油黏度为4.08mPa·s。

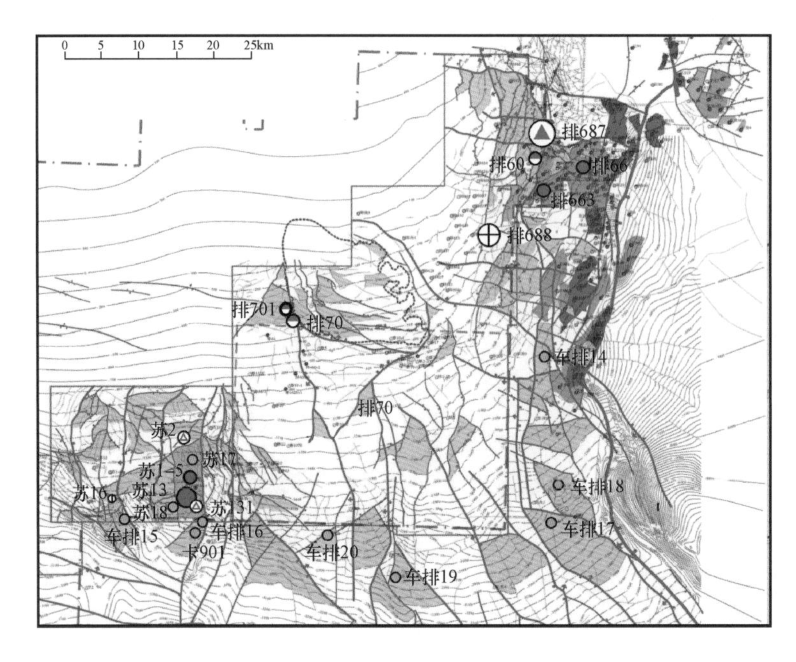


图 6－94　车排子地区石炭系顶面构造图

2. 勘探开发简况

车排子地区的油气勘探始于 20 世纪 50 年代,20 世纪 60 年代发现了红山嘴油田,80 年代发现了车排子油田,90 年代发现了小拐油田。这些油田主要分布在红—车断裂带。20 世纪 80 年代新疆油田在现车排子凸起中石化工区内钻探了 8 口探井,虽然车浅 5、车浅 15、车 8 和车 13 等 5 口井在中生界见到了较好的稠油显示,但均未获得成功,因此,早期有关研究人员认为处于红车断裂带上盘的车排子凸起“油气成藏早,富集度低,油质稠,采出困难,没有勘探价值”,凸起主体研究及勘探工作长期处于停滞状态。

2000 年 6 月份中石化依法在准噶尔盆地有关区块登记后,针对车排子地区的勘探迅速展开。2005 年 3 月在车排子凸起部署的排 2 井在新近系沙湾组(N1s)喜获 $62.79m^3/d$ 的高产工业油流,发现了春光油田,从此揭开了该区油气勘探的新局面。排 2 井突破以来,排 8、排 206 等探井以及排 2－80、2－86 和 2－88 等滚动井也相继获得工业油气流。目前春光油田已经累计上报探明石油地质储量 $3587.7\times10^4t$,控制石油地质储量 $3847.8\times10^4t$,勘探开发成果十分显著。

排 2 井突破以后,根据地震资料及其他相关资料综合分析,认为排 2 井以北沙湾组超覆尖灭带可形成大型的地层—岩性圈闭,部署了排 6 井,该井沙湾组测井解释油层 2.1m/1 层,注气试油获低产油流,证实了北部具有较好的油气成藏条件。为扩大排 6 井油层的含油范围,分别在排 6 井周边部署了排 601、排 602 等井,均钻遇油层。2010 年在排 601 井区上报探明储量 $1038.03\times10^4t$,发现春风油田,这是中石化在车排子地区发现的第二个油田。2010—2017 年,按照“整体评价主体含油区,积极向周边扩展”的部署思路,共部署 100 余口探井,130 余口滚动井,先后发现了排 601、排 602、排 612、排 609、排 629、排 691、排 61、排 66 等油气富集区带,共新增探明石油地质储量 $9304.46\times10^4t$,控制石油地质储量 $8896.58\times10^4t$。

在沙湾组一段油藏含油面积不断扩大的同时，加强了对春风油田石炭系（C）油气成藏条件的研究。2010 年针对石炭系断块圈闭部署排 60 井，并在石炭系钻遇荧光—油斑级别显示 18m/7 层，对 695 ~ 800m 井段注汽试油累计产油 0.46t，累计产水 482.79$m^3$，结论为稠油层。排 60 井石炭系见油流，说明石炭系具有较大勘探潜力，为扩大石炭系含油规模打下了基础。2011—2014 年，排 60 井区石炭系勘探进入了快速增储阶段，共部署探井 25 口，测井解释油层井 19 口，截至 2014 年底，春风油田石炭系共上报控制含油面积 35.68$km^2$，控制石油地质储量 6101.44 × $10^4$t，预测含油面积 6.78$km^2$，预测石油地质储量 1124.18 × $10^4$t。

在车排子凸起东翼勘探取得丰硕成果的同时，车排子凸起西翼的勘探也稳步推进，回顾其勘探历程，可分为以下三个阶段：

第一阶段：2001—2009 年，区域勘探、战略侦察阶段

2001—2006 年，中石化在车排子凸起西翼地区开展了二维地震勘探，共实施了二维地震 5140.1km/119 条，测网密度 2km × 2km ~ 4km × 4km。为了提高地震资料品质，2009 年针对其中 48 条测线进行了目标处理，通过解释落实了一批构造、地层和复合圈闭，并优选侏罗系构造—地层圈闭部署了排 4 井，同时兼探沙湾组和古近系。排 4 井 2009 年 11 月 7 日开钻，2009 年 12 月 8 日完井，完钻井深 2550m，完钻层位石炭系，全井未见油气显示。分析失利原因后认为，该井侏罗系之上的古近系岩性以含砾砂岩为主，盖层条件差。

第二阶段：2010—2013 年，圈闭预探、重点突破阶段

为了推动车排子凸起西翼胜利探区的勘探，2012 年在春光油田以西至排 4 井区部署了排 10 井西三维 481.4$km^2$。通过精细地震解释，落实了该区新近系沙湾组、古近系、白垩系、侏罗系等多个含油层系的圈闭分布。2013 年优选古近系和白垩系作为主攻层系，分别部署了苏 1 和苏 3 井，其中苏 1 井于古近系钻遇 3.6m 油斑含砾砂岩，测井解释油水同层，试油获日油峰值 0.34$m^3$ 的低产油流，20℃原油密度为 0.8409g/$cm^3$，50℃黏度为 4.26mPa · s；苏 3 井于白垩系钻遇 2.2m 油斑含砾砂岩，测井解释油层，试油获日油峰值 4.56$m^3$，20℃ 原油密度为 0.8099g/$cm^3$，50℃黏度为 26.1mPa · s；此外，苏 2 井、苏 3 井在石炭系分别钻遇 8m 和 4m 的荧光级别油气显示；苏 1、苏 2、苏 3 井的钻探成功证实了车排子凸起西翼胜利探区为多层系含油的油气聚集区，是下步增储上产的重点地区。

第三阶段：2014 至今，快速评价，上报储量阶段

2014 年，对排 10 井西三维各个层系的圈闭进行了精细描述，在沙湾组发现多个“油亮点”目标，春光油田多年的勘探已经证实，该类目标具有油性好、产量高、建产快的特点，具有良好的经济效益。通过多种地震描述手段的应用，在排 10 井西三维共刻画“油亮点”目标 10 余个，优选面积最大的“油亮点”部署苏 1 -2 井，该井于沙湾组钻遇油层 3.8m，针对 1652.5 ~ 1655.5m 井段投产，2.5mm 油嘴自喷，平均日产油 38.16t，含水 0.6%，累计产油 6950.85t，20℃原油密度为 0.8274t/$m^3$，50℃黏度为 3.29mPa · s，证实了前期认识，取得了沙湾组的勘探突破。之后相继部署的苏 1 -4、苏 1 -6、苏 13、苏 1 -7、苏 1 -21 等井均钻遇油层，试油试采均获得日产油 20t 左右的高产工业油流，并累计上报探明储量 89.38 × $10^4$t，上报控制储量 81.97 × $10^4$t。

2015—2016 年，春风油田加大了对新区带的勘探力度。研究后认为，车排子凸起西翼排 10 井西三维区石炭系与排 60 井区石炭系成藏条件类似，具备较大勘探潜力，针对这一地区部

署了苏13、苏1-5和苏1-13井，均在石炭系钻遇良好油气显示，取得了新区勘探的重要突破。苏13井对1920.11~2300m(379.89m/1层)井段进行中途测试，峰值日油25.12$m^3$，累计产油70.1$m^3$，不含水，试油结论油层。苏1-5井对1777.0~1856.0m(79.0m/1层)进行试油，酸化后峰值日油33.72$m^3$，累计产油247.4$m^3$，试油结论油层。2016年上报苏13块、苏1-5块、苏1-5北块预测含油面积41.26$km^2$，石油地质储量4331.98×$10^4$t。为了进一步落实该区储量规模，先后部署了苏1-18、苏1-22井，均在石炭系见到丰富油气显示，苏1-18井试油日油峰值12.3t，累计产油538t，目前该井正进行试采准备。苏1-22井试油日油峰值5.53t，累计产油33t；同时，针对苏13井进行了试采，日油峰值13.2t，生产198d，累计产油1824.0t，平均日产油9.2t。

3. 储量来源及升级核减情况

截至2016年底，春风油田石炭系共上报控制含油面积35.68$km^2$，控制石油地质储量6101.44×$10^4$t，石油技术可采储量793.19×$10^4$t。

本次申报的春风油田苏13井区石炭系新增控制储量为新区块控制储量，原苏13块预测储量升级核销，核销预测含油面积13.58$km^2$，核销预测储量1354.52×$10^4$t。

本年度申报春风油田苏13井区石炭系新增控制储量面积4.89$km^2$，石油地质储量506.48×$10^4$t(613.18×$10^4m^3$)，石油技术可采储量65.84×$10^4$t(79.71×$10^4m^3$)。

## 二、油田地质特征

### 1. 区域地质简况

(1)区域构造特征。

春风油田所在的车排子凸起属于准噶尔盆地西部隆起的次一级构造单元，其东面以红—车断裂带为界与沙湾凹陷及中拐凸起相接，南面以艾—卡断裂为界与四棵树凹陷相接，西北侧为扎伊尔山，北面与克—夏断褶带相接。从平面形态上看，车排子凸起呈三角形，其主体走向为北西—南东向。该凸起具有不均衡隆升特点，在西北部扎伊尔山前隆起最高，向东部、南部隆起幅度逐渐降低，其东南至奎屯—安集海一带逐渐隐伏消失。

(2)地层特征。

苏13井区位于车排子凸起西翼，该区自下而上发育石炭系、三叠系、侏罗系、白垩系、古近系、新近系和第四系(表6-1)。

石炭系为本区钻井揭示的最古老地层，全区广泛分布，与上覆地层呈角度不整合接触。钻井揭示最大厚度745m(未钻穿)，据地震资料推测厚度大于5000m，为本次申报储量的目的层系。综合分析区内磁力资料、地震资料和钻井资料，该区石炭系岩性主要为凝灰岩、沉凝灰岩、凝灰质砂岩、凝灰质泥岩和泥岩类。钻遇凝灰岩、凝灰质砂岩厚度较大的井为苏13、苏1-18、苏1-13井。以苏13井为例，该井岩性以凝灰岩为主，局部夹薄层凝灰质砂岩、凝灰质泥岩和泥岩，凝灰岩厚度为302m/51层，凝灰质砂岩厚度为37m/8层。钻遇凝灰质泥岩和泥岩类厚度较大的井为苏16井，该井岩性以凝灰质泥岩为主，夹薄层沉凝灰岩和凝灰岩，凝灰质泥岩厚度为670m/26层。

三叠系岩性为灰色、棕红色泥岩夹中厚层的灰色含砾细砂岩、砂砾岩，局部见薄煤层。主要分布于车排子凸起西翼的南部。

侏罗系主要分布于车排子凸起西翼的南部，为剥蚀残留地层，岩性主要为厚层的砾岩、含砾砂岩、中细砂岩及泥岩的组合，可见黑色炭质泥岩与黑色煤层。

白垩系在凸起西翼仅残留于苏1及苏3两个古沟谷内，岩性组合为灰色、灰绿色、棕红色泥岩与灰色、灰黄色含砾细砂岩、细砂岩、泥质粉砂岩和粉砂岩互层，局部可见灰黄色砂砾岩。

古近系为一套剥蚀残留地层，主要分布于凸起东南部，具有底超、顶剥的特征。岩性组合为一套紫红、灰色、灰绿色泥岩、砂质泥岩、砂砾岩、细砾岩、砾状砂岩、细砂岩、粉砂岩及含砾泥岩的不等厚组合。

新近系自下而上发育沙湾组、塔西河组和独山子组，分布范围较广。

新近系沙湾组平面分布范围广。受新近纪北天山快速隆起的影响，车排子凸起向南掀斜，呈现北高南低的古地貌特征，使得沙湾组呈现南厚北薄的地层分布特征。南部苏6井钻遇沙湾组地层最厚，为543m左右，向北东方向逐渐减薄。

新近系塔西河组和独山子组全区都有分布。塔西河组在南部为泥岩、泥膏岩不等厚互层，在北部为棕红色泥岩、粉砂质泥岩夹薄层灰色泥质粉砂岩为主。独山子组下部以棕红色泥岩、粉砂质泥岩为主夹薄层棕红色泥质粉砂岩，中部和顶部为中厚层灰色泥岩夹薄层浅灰色泥质粉砂岩。

第四系为灰色细砂岩、砂质砾岩夹灰色薄层泥岩、粉砂岩。

**表6－1　车排子凸起西翼地层简表**

| 层位 | | | | 层位代号 | 厚度 m | 岩性岩相 |
|---|---|---|---|---|---|---|
| 系 | 统 | 组 | 段 | | | |
| 新近系 | 上新统 | 独山子组 | | $N_2d$ | | 灰色泥岩、棕红色泥岩夹浅灰色及棕红色泥质粉砂岩 |
| | 中新统 | 塔西河组 | | $N_1t$ | 380～1100 | 棕红色、灰色的泥岩、粉砂质泥岩夹薄层灰色泥质粉砂岩 |
| | | 沙湾组 | 三段 | $N_1s_3$ | 60～120 | 灰色泥膏岩、泥岩夹少量棕红色泥岩、砂质泥岩灰色泥质粉砂岩 |
| | | | 二段 | $N_1s_2$ | 70～150 | 棕黄色、灰色泥岩夹薄层细砂岩、含砾细砂岩及砂质泥岩 |
| | | | 一段 | $N_1s_1$ | 45～130 | 含砾粗砂岩、砂砾岩，灰质砂岩、细砂岩、泥质粉砂岩与泥岩的不等厚互层 |
| 古近系 | | | | E | 17～50 | 紫红、紫、灰色、灰绿色泥岩、砂质泥岩、砂砾岩、细砾岩、砾状砂岩、细砂岩、粉砂岩及含砾泥岩的不等厚组合 |
| 白垩系 | 下统 | 吐谷鲁群 | | $K_1tg$ | 30～148 | 灰、灰绿、棕红色泥岩与灰、灰黄色含砾细砂岩、细砂岩、泥质粉砂岩和粉砂岩互层 |
| 侏罗系 | | | | J | 60～300 | 灰褐色砂质砾岩、灰色砾状砂岩为主，夹薄层灰黑色中砾岩。局部分布 |
| 三叠系 | | | | T | 113～260 | 灰色、棕红色泥岩夹中厚层的灰色含砾砂岩、砂砾岩，局部见薄煤层 |
| 石炭系 | | | | C | 745（未穿） | 凝灰岩、沉凝灰岩、凝灰质砂岩、凝灰质泥岩和泥岩类 |

（3）苏13井区石炭系地层分布。

在前人研究基础之上，结合准西地区石炭系野外地质调查，明确了准西地区石炭系自下而上可以分为太勒古拉组（C1t）、包古图组（C1－2b）和希贝库拉斯组（C2x），野外可见太勒古拉组主要为火山岩地层，发育典型的深海相玄武岩与碧玉岩互层岩石组合，见苔藓虫化石，锆石测年分析，年龄在358Ma左右，分析为早石炭世；包古图组主要为沉积岩地层，野外见大面积分布的灰色粉砂质泥岩，底部角砾状灰岩古生物分析为中晚石炭世；希贝库拉斯组则主要是一套火山岩地层，大量的测年分析年龄在320Ma左右，古生物见大量晚石炭世裸子类孢粉。在石炭系露头区，由于受到近东西向挤压应力作用影响，石炭系发生褶皱变形，背斜轴面为北西走向，后期遭受剥蚀，平面上地层呈北西走向重复出现。在石炭系覆盖区也应具有类似的特征，通过大量钻井的测年、岩性组合，结合露头区地层分布，落实了准西地区石炭系平面分布特征。

申报储量层系为太勒古拉组，是一套以火山岩为主的地层。从苏131—苏2井南北向石炭系对比图中可以看出，苏13井、苏1－13等井钻遇太勒古拉组，岩性以火山岩为主，主要为凝灰岩，夹少量凝灰质砂岩和凝灰质泥岩；北部苏17、苏2井以及南部苏131井在石炭系顶部钻遇包古图组，岩性以沉积岩为主，主要为凝灰质泥岩和泥岩。根据录井及测井资料，钻井油气显示及测井解释储层主要分布于太勒古拉组。

2. 储层特征

(1)岩性特征。

车排子凸起西翼多口井钻遇石炭系，根据岩屑录井、岩心观察和薄片鉴定资料，区内石炭系发育的主要岩石类型可分为两大类：火山岩类和沉积岩类。其中，火山岩类包括凝灰岩和沉凝灰岩；沉积岩类包括凝灰质砂岩、凝灰质泥岩和泥岩类。

根据对多口井的岩心观察及岩石薄片镜下鉴定，明确各类岩性主要特征如下：① 凝灰岩：钻遇凝灰岩的代表井为苏13和苏1－13井，主要由岩屑、晶屑及火山灰等组成；岩屑成分以流纹质和安山质为主，晶屑成分主要为石英，局部见长石；火山灰物质具脱玻绿泥石化；② 沉凝灰岩：钻遇沉凝灰岩的代表井为苏15井，主要由晶屑、少量岩屑和泥质胶结物组成，具沉凝灰结构；晶屑成分以石英为主，少量长石、黑云母；石英多为次棱角状；胶结物为黄褐色泥质矿物和少量钙质矿物；③ 凝灰质砂岩：钻遇凝灰质砂岩的代表井为苏1－18井，具砂质结构，颗粒占75%，主要为石英、长石和少量岩屑，分选中等—差，次棱角状；填隙物为泥质，混有火山灰；颗粒支撑，接触式胶结；④ 凝灰质泥岩：具泥质结构，主要由浅褐色黏土矿物组成，混有少量火山灰；泥质间散布少量石英晶屑；⑤ 泥岩类：泥质结构，见少量硅质、铁质或炭质不均匀分布；微裂缝发育，缝宽约0.01～0.03mm，后期见硅质和钙质充填裂缝，穿插岩石分布。

申报储量区根据苏13井岩性统计、油气显示以及测井解释储层情况分析，储层发育的岩性主要为凝灰岩，夹少量凝灰质砂岩。目前，车排子地区春风油田、新疆油田石炭系储量区发现的含油性较好的岩性主要有安山岩、凝灰岩、火山角砾岩、凝灰质砂岩，苏13井区具有与其相似的特征。

(2)储集空间类型。

根据岩心、薄片和测井资料等综合分析，该区储集空间主要包括溶蚀孔隙和裂缝。

溶蚀孔隙：由成岩和成岩后的各类溶蚀作用形成，包括晶屑溶孔、基质溶孔、颗粒内溶蚀孔等。晶屑溶孔主要发育在凝灰岩中，石英、长石等晶屑矿物受到溶蚀而产生大小不一的次生孔隙，其形态多种多样，常见蜂窝状和筛孔状；基质溶孔主要发育在凝灰岩中，表现为基质内的玻璃质脱玻化或泥质溶蚀形成的孔隙，多成不规则港湾状或团块状；颗粒内溶蚀孔主要发育在凝灰质砂岩中，表现为石英、长石和岩屑颗粒边部或内部溶蚀作用形成。

裂缝：主要为次生裂缝，包括构造缝、风化缝、溶蚀缝等。构造缝多发育于构造应力释放带，与断裂有较好的相关性，规律性好；风化缝发育于风化壳，多为不规则的网状裂缝；溶蚀缝是在原有裂缝基础上发生溶蚀而形成的裂缝，一般较宽，但分布较少。

从岩心以及薄片资料可以看到，溶蚀孔洞以及裂缝特征清楚且较为发育，通过荧光薄片观察，油气主要分布在裂缝沟通的溶蚀孔隙以及裂缝面内，说明该区石炭系发育裂缝—孔隙型双重介质储层。该类储层的孔隙以溶蚀孔隙为主，孔隙之间主要由裂缝沟通，也有部分孔隙喉道，形成孔隙储集、裂缝渗透的储渗配置关系。该类储层的孔隙度较高，根据岩心分析，部分高达 12% ~15%，大部分孔隙度多在 7% ~12% 之间。

(3) 储层发育控制因素。

苏 13 井区石炭系储层发育的控制因素有 3 个：有利岩性、断层和风化淋滤作用。

① 有利岩性对储层的控制。

对已钻井石炭系储层和油气显示进行统计，凝灰岩和凝灰质砂岩是储层发育的有利岩性，沉凝灰岩、凝灰质泥岩和泥岩类不发育储层。进一步通过岩心观察和铸体薄片发现，不同岩性的储集空间类型、组合样式和发育程度有明显差异，决定了储集性能的不同。

凝灰岩储层分布于苏 13 和苏 1 -13 井，发育晶屑溶孔、基质溶孔和裂缝，孔隙连通性好，有效裂缝发育，孔隙和裂缝配置关系优越，形成裂缝—孔隙型储层；凝灰质砂岩储层分布于苏 1 -18 井、苏 1 -22 井，储集空间类型有颗粒内溶蚀孔和裂缝，形成孔隙和裂缝有效配置的裂缝—孔隙型储层。沉凝灰岩、凝灰质泥岩和泥岩类由于颗粒较细，溶蚀作用难以促进次生孔隙的形成，仅发育受风化作用和构造作用形成的裂缝，后期硅质和钙质矿物的沉淀使得部分裂缝被充填为无效裂缝，因此这些岩性基本不发育储层。

② 断层对储层的控制。

车排子凸起地区受多期构造运动影响，区内发育多个走向的断层，使得石炭系具有网格状的断裂格局。断层附近形成了构造裂缝的发育区，这些裂缝具有开启宽度大、延伸远、倾角变化大等特点。断层及其周缘的构造裂缝还为大气水的下渗提供了渗流通道，使得断层附近地层发生溶蚀作用，形成了大量溶蚀孔隙，有效改善了储层物性。

③ 风化淋滤作用对储层的控制。

储层的发育还受到风化淋滤作用的控制。石炭系长期持续抬升，遭受了强烈的风化淋滤作用，使得该区石炭系顶部有利岩性的物性普遍得到改善。一方面，长时间气温的频繁变化和季节性流水的作用形成了大量风化裂缝，在空间上彼此相互切割、无方向性，裂缝密度由地表至地下逐渐变小；另一方面，暴露在地表的凝灰岩、凝灰质砂岩等岩性受到大气水的作用也可形成大量次生孔隙，研究及钻探表明，风化淋滤影响深度深度可达 400m；此外，长期的风化作用会在石炭系顶面形成一层风化黏土层和充填程度较高的致密水解带，厚度为 2 ~50m，可作为盖层。

申报储量区石炭系含油层段位于顶部 400m 以内。石炭系顶部以凝灰岩和凝灰质砂岩为主，是储层发育的有利岩性；石炭系断层纵横交错，形成了大量构造缝和溶蚀孔隙；石炭系顶部缺失二叠系、三叠系、侏罗系、白垩系和古近系，遭受了长时间的风化淋滤作用，形成了大量次生孔隙和裂缝，储层得到较好改善。因此，在有利岩性、断层和风化淋滤作用的共同作用下，石炭系顶部形成了大面积优质储层,为石炭系顶部油气的大规模聚集提供了良好条件。

(4)有利储层分布。

根据实际钻井钻遇储层情况,在地层宏观控制下,综合利用吸收系数对该区有利储层平面分布进行预测。首先,根据申报储量区及其周边钻井钻遇石炭系储层统计,该区储层厚度较大,苏13井解释储层厚度40.8m,苏1-18井解释储层厚度32.7m,苏1-13井解释储层厚度21.9m,苏131井解释储层厚度23.6m;其次,申报区位于太勒古拉组,是一套火山岩为主的地层,目前石炭系油气主要分布于火山岩地层中,宏观上储层较为发育;此外,物性较好的有利储层相对非储层,在地震频率域会出现明显低频增加和高频衰减,在吸收系数上,好储层表现为中—强吸收系数,在吸收系数平面图呈黄绿色—亮黄色,如苏13等井位于该区;储层不发育、物性不好的地区,在吸收系数上表现为低吸收系数,吸收系数平面图呈浅绿色—蓝色,如苏2、苏17井,苏2井钻进石炭系312m,测井解释干层57.5m/20层,苏17井钻进石炭系300m,测井解释干层28.6m/14层。因此,综合地质条件分析、地球物理预测,结合实际钻井储层厚度,勾绘了申报储量区周边储层厚度等值图,可以看出,申报区储层厚度为20~40m,储层较为发育。

(5)储层物性特征。

根据申报储量区石炭系储层物性的研究成果,孔隙度优势分布区间为7%~12%,平均值为9.8%,渗透率分布于0.3~6mD,平均渗透率为2.75mD,属于中孔特低渗透储层。

3. 构造特征

(1)资料及编图情况。

苏13井区覆盖高精度三维地震资料,其地震面元为10m×20m。

利用合成地震记录资料进行了地震地质层位的综合标定。在地震剖面上,从下至上有6套明显的反射标志层,分别为:石炭系顶界反射($T_{C顶}$),强振幅、强连续,全区易于识别与追踪;侏罗系底界反射($T_J$),较强振幅、强连续,全区易于识别与追踪;白垩系底界反射($T_K$),较强振幅、中等连续性,全区可以连续追踪;古近系底界反射($T_E$),为强振幅、中等连续性;新近系底界反射($T_{N1s}$),强振幅,中等连续性;新近系塔西河组底界反射($T_{N1t}$),强振幅,区域上可连续追踪。合成地震记录与实际地震剖面波组对应关系良好,相关图上呈正态分布。

应用叠前时间偏移剖面,对地震反射标准层进行精细追踪解释。通过多方向断点闭合,结合平面上水平时间切片和相干体属性落实了断层在空间上的展布范围,确保断层解释和平面组合的准确与合理。应用变速成图技术进行构造成图,编制了车排子地区苏13井区石炭系顶面构造图,构造落实可靠。

(2)构造特征。

车排子凸起西翼石炭系受东西向主应力作用的影响,发育多条南北走向平行状分布的三级断层,这类断层是石炭系沟—梁转换的边界断层,地震剖面上断层断距较大、断面波反射特征较为清晰,平面上断层延伸长度较长,为19.3~20.8km,这类断层控制了石炭系宏观构造格局,又称为控带断层;同时,南北向的应力场使构造格局复杂化,形成了一系列近东西向、北西向以及北东向的四级断层,这类断层在地震剖面上特征也较为明显,石炭系顶面表现为明显的扭动,石炭系内部表现为典型断面波的特征,平面上断层延伸长度为3.4~16.7km,这类断层相互组合或者与三级断层组合,形成大量构造圈闭,因此又称为控块断层;此外还发育一些五级及五级以下的小型断层，这类断层规模较小，地震剖面上可见石炭系顶面轻微的扭动，内部存在一定断面波，平面上延伸长度较短，一般小于3.4km，平面上无法组合形成圈闭，但对储层有一定的改善，称为控储断层。

通过断层的精细解释，共描述三级断层5条，四级断层44条，五级及五级以下断层133条。这些断层相互交叉，形成了石炭系“东西分带、南北分块”的断裂格局。其中，三级断层控制区内6个南北向条带；每个条带中的四级断层相互组合，形成了多个断块圈闭；每个断块圈闭内部还发育少量五级及五级以下断层，对油气分布不起控制作用，对储层有一定改善作用（表6－2）。

**表6－2 车排子凸起西翼石炭系主要断层要素表**

| 序号 | 断层名称 | 断层产状 | | | 断层性质 | 区内延伸长度 km | 断开层位 | 断层级别 |
|---|---|---|---|---|---|---|---|---|
| | | 走向 | 倾向 | 倾角，(°) | | | | |
| 1 | F1断层 | 近南北 | 西 | 58～69 | 逆 | 20.6 | K－C | 3级 |
| 2 | F2断层 | 近南北 | 西 | 60～65 | 逆 | 19.3 | K－C | 3级 |
| 3 | F3断层 | 近南北 | 西 | 57～63 | 逆 | 20.6 | K－C | 3级 |
| 4 | F4断层 | 近南北 | 西 | 52～63 | 逆 | 19.5 | K－C | 3级 |
| 5 | F5断层 | 近南北 | 西 | 55～65 | 逆 | 20.8 | K－C | 3级 |
| 6 | 苏8北断层 | 北西—南东 | 南西 | 59～66 | 逆 | 4.6 | C | 4级 |
| 7 | 苏8南断层 | 近东西 | 北 | 51～58 | 逆 | 5.9 | C | 4级 |
| 8 | 苏2西断层 | 近南北 | 西 | 60～66 | 逆 | 14.2 | C | 4级 |
| 9 | 苏2南断层 | 北东—南西 | 北西 | 50～60 | 逆 | 16.7 | C | 4级 |
| 10 | 苏1－5北断层 | 北西—南东 | 南西 | 57～63 | 逆 | 15.0 | C | 4级 |
| 11 | 苏1－20南断层 | 近东西 | 北 | 55～63 | 逆 | 5.6 | C | 4级 |
| 12 | 苏1－20西断层 | 近南北 | 东 | 55～60 | 逆 | 3.4 | K－C | 4级 |
| 13 | 苏13北断层 | 近东西 | 南 | 61～67 | 逆 | 6.9 | C | 4级 |

本次申报储量区处于F2和F3断层夹持的南北向条带中，条带内部发育一系列近东西向、北西向和近南北向的四级断裂，共形成11个断块圈闭。其中，本次申报储量区位于苏13圈闭。苏13圈闭是由三级断层F2与近东西向苏13北断层、近南北向苏2西断层组合形成的断块圈闭，构造形态为南倾的单斜。从过苏13井区东西向地震剖面可以看出F2断层断距非常大，苏2西断层在石炭系顶面有明显的扭动，内部存在断面波，这两条断层特征清楚；从过苏13井区南北向剖面可看出，苏13北断层在石炭系顶面具有明显的错动，内部断面波清晰；从相干切片可以看出，这三条断层特征清楚，断块圈闭落实。圈闭面积13.58$km^2$，闭合幅度580m，高点海拔－1600m。

4. 油气聚集条件

（1）油源特征。

车排子凸起西翼南邻四棵树凹陷，四棵树凹陷主要发育中下侏罗统烃源岩，近期研究认为，其油气资源量为$4.7\times10^8$t，具备较好的资源基础。车排子凸起自海西期形成以来长期保持隆起形态，是油气运移的有利指向区。

对苏13井区石炭系的油源进行了研究。苏13井石炭系原油地球化学指标具有以下几个特征：正构烷烃分布完整，呈单峰态，$nC_{21-}/nC_{22+}$为1.66，CPI为1.15，OEP为1.00，Pr/Ph较高为3.48。伽马蜡烷含量较低，三环萜烷含量相对较低，其中$C_{20}$、$C_{21}$、$C_{23}$三环萜烷相对丰度呈下降型分布，Ts相对于Tm丰度较低，孕甾烷含量较高，$\alpha\alpha\alpha$20R$C_{27}$、$C_{28}$、$C_{29}$甾烷相对丰度呈“√”型分布（图6-95）。这些特征与四棵树凹陷侏罗系烃源岩地化特征十分接近，证实苏13井区石炭系原油来自四棵树凹陷侏罗系烃源岩。

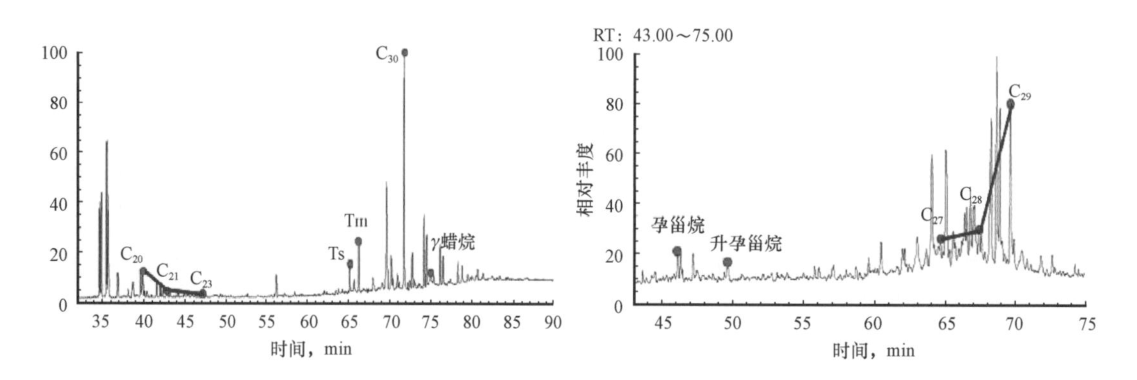


图6-95　苏13井石炭系原油生标指纹谱图

（2）油气输导条件。

车排子凸起西翼位于四棵树凹陷生烃区以外，因此高效的输导体系便成为油气运移至车排子凸起西翼石炭系的关键。研究后发现，艾卡断裂带是重要的油源断层，侏罗系毯砂是重要的横向输导层（图6-96）。

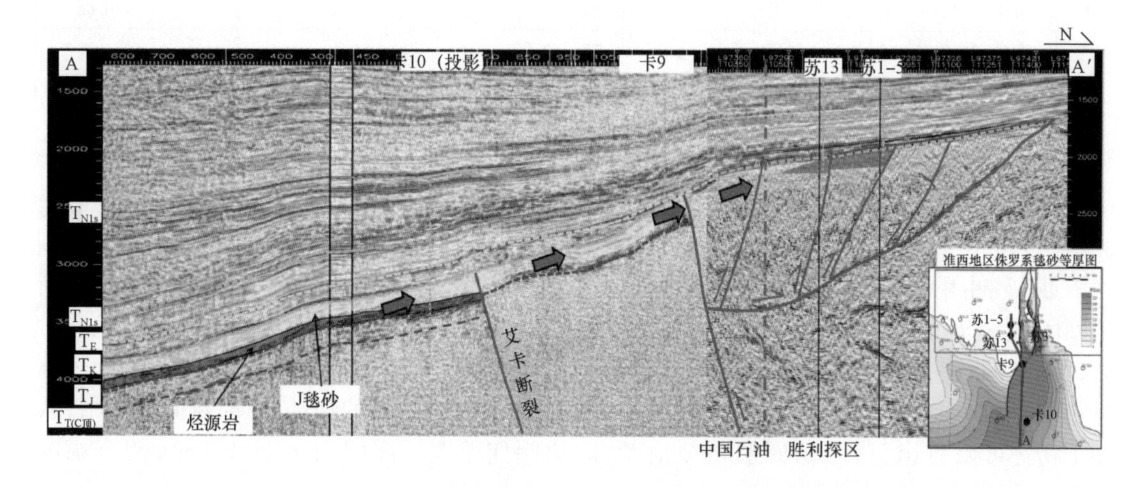


图6-96　卡10（投影）—苏1-5井南北向地震剖面图

侏罗系毯状砂岩主要分布于四棵树凹陷中北部—车排子凸起西翼，形成于辫状河三角洲沉积体系，具有“厚度大、物性好、分布广”的特点。区内钻揭侏罗系的井均钻遇这套毯砂，砂体厚度介于10～300m之间，平均厚度大于150m。砂岩孔隙度为14%～25%，平均为19.5%；渗透率为40～777mD，平均为408.5mD。例如，卡9井钻遇侏罗系毯砂199m，岩性为砂岩、含砾砂岩，孔隙度为15%～21%，渗透率为30～640mD；春46井钻遇侏罗系毯砂260m，岩性为含砾砂岩和砂质砾岩，孔隙度为18%～20%，渗透率为28～777mD。平面上，侏罗系毯砂呈南北向席状分布，横向连续性好，砂体广泛连通（图6－97）。春29井侏罗系见油气显示，试油日产油1.5t，苏103井侏罗系定量荧光指示曾发生油气运移，均表明侏罗系毯砂对石炭系的油气聚集起到了关键作用。

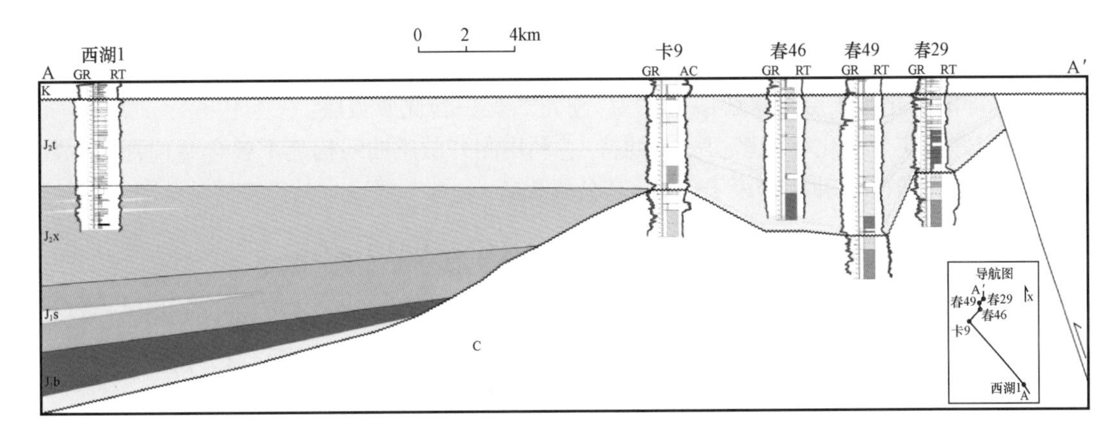


图6－97　西湖1—春29井侏罗系毯砂对比图

侏罗系毯砂分布于石炭系顶面沟谷中，与石炭系储层形成良好的对接，其对接方式有两种：一种是断面对接，主要位于构造梁东面与南面；另一种是不整合面对接，位于构造梁西面。其中，断面对接使得侏罗系毯砂和石炭系形成厚度较大的垂向接触，对油气输导最为有利。因此，断面对接区成为油气最为富集的区带。

申报储量区位于苏3沟以西。区内石炭系储层经三级断层F2与沟谷内的侏罗系毯砂形成断面对接，对接厚度在100～260m之间。平面对接范围包括苏13井区、苏1－5井区和苏2井区，呈南北向条带状展布。其中，苏13断块与侏罗系毯砂对接厚度在175～260m之间，平均厚度超过200m，因此，申报储量区具备良好的输导条件。

（3）圈闭条件。

车排子凸起西翼石炭系受到多期构造运动的影响，形成了特有的“东西分带、南北分块”的断裂格局。不同级别、不同走向的断层相互交叉，形成了大量的断块圈闭。利用地震资料共描述断块圈闭58个，圈闭面积202.6$km^2$。本次申报储量区为苏13断块圈闭。

（4）盖层条件。

申报储量区石炭系上覆地层为新近系沙湾组高孔高渗透砂岩，不具备作为盖层的条件。因此，盖层的形成与分布成为油气大面积成藏的关键。

石炭系在地质历史时期经历了长时间的风化作用，形成厚度较大的风化壳，自上而下可进一步划分为风化黏土层、水解层、淋滤层、母岩4层。风化黏土层是风化壳的顶面，以风化碎裂作用和构造碎裂作用为主，在地表条件下温度的变化、物理作用使岩石产生了机械破坏，当风化作用强烈时，矿物黏土化，最终分解形成了一些黏土矿物和碳酸盐矿物，较为致密，不能作为储层；水解层以遭受蚀变作用为主，矿物发生蚀变后一部分转化成黏土矿物，一部分形成氧化铁，最后混合成水铝矿和硅质与氧化铁的混合物，发生泥化、绿泥石化、碳酸盐化、钠黝帘石化等,而且矿物本身也发生蚀变,包括橄榄石蛇纹石化、伊丁石化、斜长石高岭土化、辉石蚀变绿泥石化、黑云母化等,所有的这些蚀变作用最终使得水解层的储集性能降低,不具备作为储层的性能;淋滤层以风化淋滤作用、构造碎裂作用和热液蚀变作用为主,这三种成岩作用有效地提高了储层的储集性能,使该带成为风化壳中最好的储层段。母岩受到风化作用影响小,物性相对较差。

据井资料统计,车排子地区火山岩风化壳中淋滤层物性最好,最大孔隙度为15%。风化黏土层和水解层物性较差,只能作为盖层。因此,石炭系顶部风化壳形成了一套特有的储盖组合,其中顶部的风化黏土层和水解层被称为“硬壳”,是一套优质盖层。

根据测井响应与风化程度密切相关的特点,利用测井敏感曲线构建不整合结构判别参数,分别为黏土化因子($F_1$)和孔缝因子($F_2$),其公式为:

$$F_1 = (CNL - DEN)/CAL + (CNL/CAL) \times GR$$

$$F_2 = 0.5 \times (AC + DEN)/CAL$$

将$F_1$、$F_2$与地质分析确定的风化壳结构进行了对比研究,建立了不同风化壳结构的测井判别标准(表6-3)。

**表6-3 车排子地区石炭系风化壳结构划分标准**

| 风化壳结构 | 黏土化因子($F_1$) | 孔缝因子($F_2$) |
|---|---|---|
| 风化黏土层 | >0.6 | >0.6 |
| 水解层 | 0.3~0.6 | 0.3~0.6 |
| 淋滤层 | 0.15~0.3 | 0.15~0.3 |
| 母岩 | 0~0.15 | 0~0.15 |

利用这一标准对研究区内石炭系风化壳结构进行了划分,然后对储量上报区石炭系顶部“硬壳”发育厚度进行了统计,认为“硬壳”厚度介于6~30m之间。因此,申报储量区的石炭系顶部存在一套厚度稳定、分布广泛、岩性致密的“硬壳”,可以作为区域性盖层。

(5)成藏模式。

通过石炭系油气成藏条件及油藏特征的分析,建立了车排子凸起西翼石炭系的油气成藏模式:四棵树凹陷侏罗系烃源岩供烃,艾卡断裂为油源断层,侏罗系毯砂横向输导,断面对接区充注,石炭系顶面“硬壳”封盖的断块油藏(图6-98)。

5. 油藏特征

(1)油藏类型与要素。

目前车排子凸起东翼排61—排66井区石炭系已发现多个油藏,共上报控制石油地质储量$6101.44\times10^4$t,预测石油地质储量$1124.18\times10^4$t,部分油藏已进行了开发井的试采,从油藏特征分析和试采效果看,油藏类型为断块油藏,不同油藏具有独立的油水系统。本次申报储量区油藏类型与排61—排66储量区类似。

苏13断块油藏受3条断层控制,油藏东界为F2断层,西界为苏2西断层,北界为苏13北

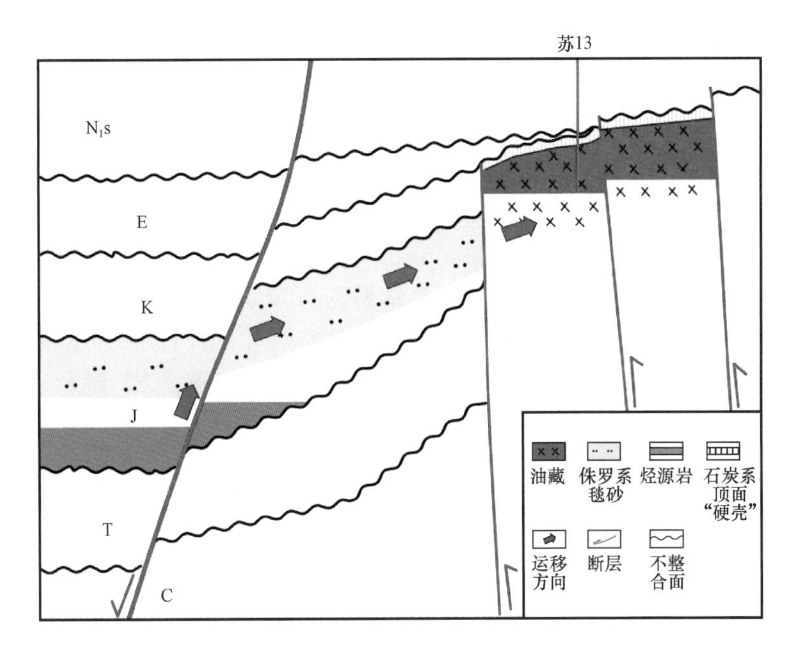


图6-98 车排子凸起西翼石炭系成藏模式图

断层。含油面积内有1口井(苏13),苏13井对1920.11~2300m(379.89m/1层)井段中途测试,峰值日油25.12$m^3$,累计产油70.1$m^3$,不含水,试油结论油层。据油气显示、测井解释和试油资料,该油藏以苏13井油层集中段底作为含油底界(2128m),海拔-1807m,油藏含油高度为217m。构造低部位苏131井在石炭系钻遇油斑3m/1层,荧光6m/2层,针对2067.33~2757.0m井段常规试油,2mm油嘴日产水10.8$m^3$,总矿61872mg/L,水型$CaCl_2$,为地层水,该井钻遇该油藏低部位。

(2)地层压力和温度。

苏13井区石炭系有1口井(苏13)获得了静压资料,地层压力20.85MPa,压力系数为1.01,地层温度为68℃,地温梯度2.72℃/100m,为低温常压系统。

(3)流体性质。

苏13井区有1个原油分析数据,20℃原油密度为0.8255t/$m^3$,50℃黏度为4.08mPa·s,含硫0.06%,属于低含硫轻质常规油。

苏13井区含油面积外苏131井有1个地层水样分析,地层水矿化度为61872mg/L,氯根为37251mg/L,水型为$CaCl_2$。

(4)油藏产能。

申报储量区苏13井进行了中途测试和试采。苏13井对1920.11-2300m(379.89m/1层)井段进行中途测试,峰值日油25.12$m^3$,累油70.1$m^3$,不含水,试油结论油层。2017年3月17日开始该井对1918.61-2299.8m(381.2m/1层)井段进行了试采,初期日产油峰值13.2t,试采198天,累计产液1851.8t,平均日产液9.49t/d,累计产油1824.0t,平均日产油9.35t/d。试油、试采结果证实,苏13油藏具有较好产能。

三、基础资料分析

1. 岩性、含油性资料分析

苏2井钻遇的石炭系岩性类型有两种:凝灰岩和凝灰质泥岩;苏1－5井钻遇的石炭系岩性类型有四种:凝灰质砂岩、凝灰质泥岩、凝灰岩和泥岩;苏15井钻遇的石炭系岩性类型有四种:沉凝灰岩、凝灰质泥岩、凝灰岩和泥岩;苏132井和苏1－22井钻遇的石炭系岩性类型有三种:凝灰质砂岩、凝灰质泥岩和泥岩;苏131井钻遇的石炭系岩性类型有两种:沉凝灰岩和凝灰质泥岩;苏13井和苏1－13井钻遇的石炭系岩性类型有三种:沉凝灰岩、凝灰岩和凝灰质泥岩;苏1－18井钻遇的石炭系岩性类型有三种:凝灰质砂岩、泥岩和沉凝灰岩。综上所述,9口井在石炭系主要钻遇5种岩性类型:沉凝灰岩、凝灰质泥岩、凝灰质砂岩、泥岩、凝灰岩(图6－99)。

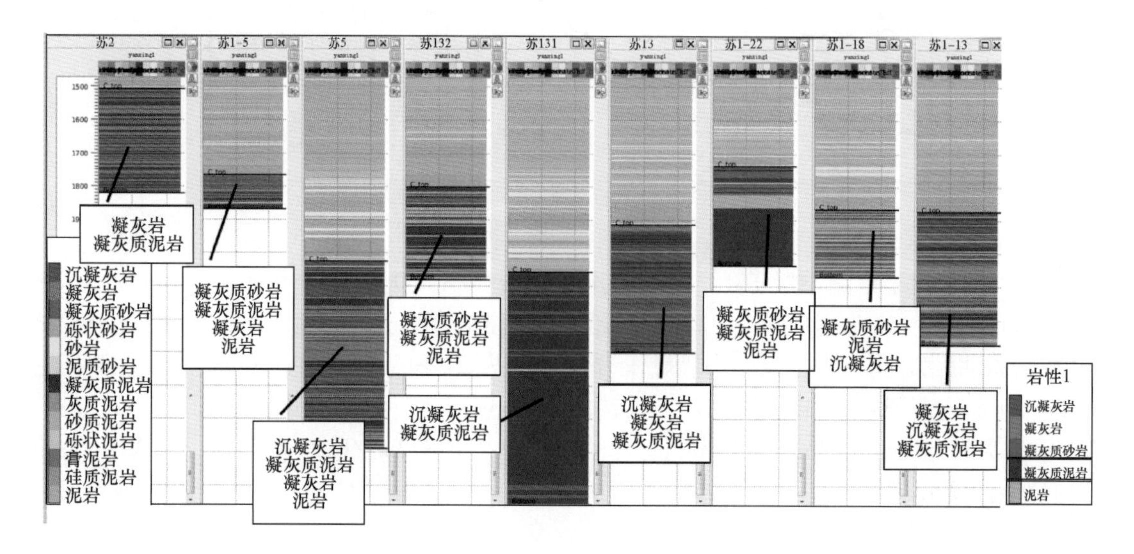


图6－99　苏13地区9口井的岩性发育情况

按照物性好坏划分的Ⅰ、Ⅱ、Ⅲ类储层,分别用玫红、橘色和蓝色来表示,苏2井在石炭系钻遇储层皆为Ⅲ类储层;苏15和苏131在石炭系钻遇的储层极少数为Ⅱ类储层,其余皆为Ⅲ类储层;相对来说,苏1－5、苏132、苏13、苏1－22、苏1－18、苏1－13总共6口井在石炭系钻遇较多的Ⅰ类储层和Ⅱ类储层,出油情况最好的井是苏13,其次是苏1－5和苏1－18,苏1－13显示很好,但是出水(图6－100)。图6－100中,井分层C－top表示石炭系的顶部。

将岩性和物性做交汇分析,如图6－101所示。图中横轴表示岩性,纵轴表示物性,从交汇分析来看,泥岩、凝灰质泥岩、凝灰质砂岩、凝灰岩和沉凝灰岩这5种岩性都对应着ⅠⅡ类储层的分布,即这5种岩性都有ⅠⅡ类储层发育。因此,不能从岩性出发来对储层进行划分,只能从物性上进行区分。

从苏1－5、苏13、苏132、苏1－22、苏1－18和苏1－13这6口井的ⅠⅡ类储层的单层厚度统计散点图(图6－102)来看,ⅠⅡ类储层的单层厚度大部分在4m以下。所以,单从地震资料上面预测储层,分辨率明显不够,还需要加入测井信息。

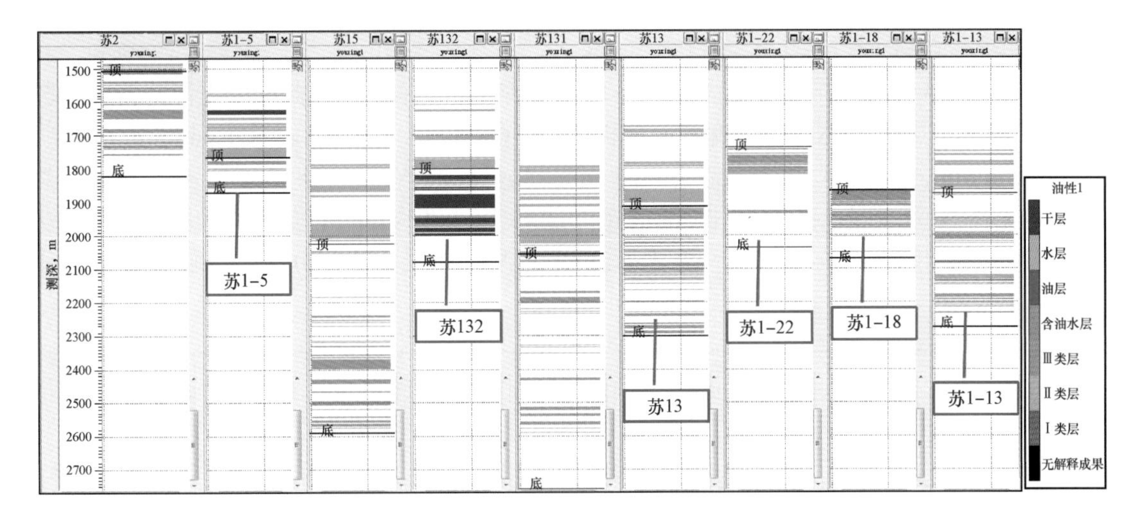


图 6－100　苏 13 地区 9 口井的出油情况

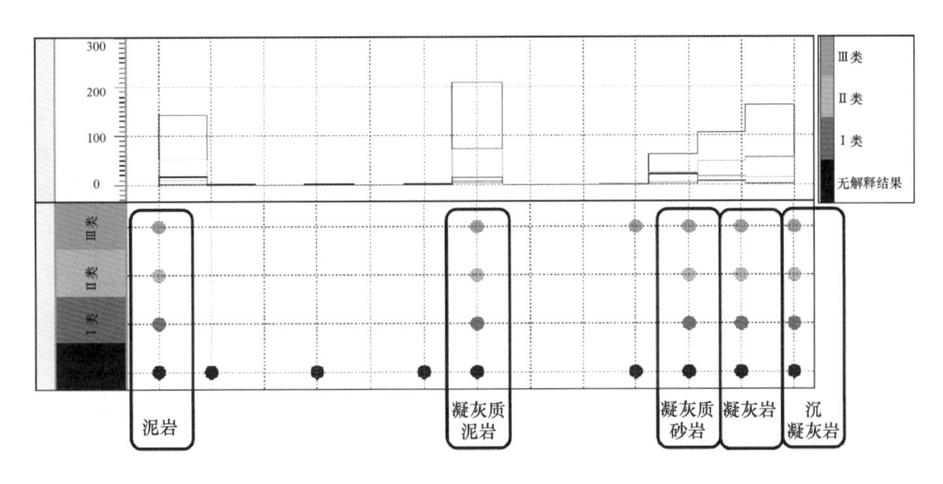


图 6－101　苏 13 地区的岩性和物性交汇分析和直方图

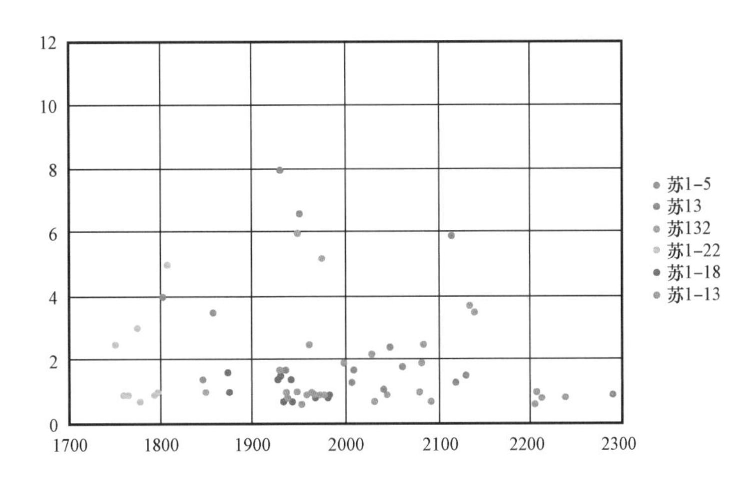


图 6－102　6 口井的Ⅰ Ⅱ类储层的单层厚度统计散点图

2. 测井交汇分析

从现有测井和录井资料出发，以苏 1－18 井为例，开展不同测井曲线的交汇分析。在苏 1－18井的速度、密度、CNL 三曲线交汇分析图（图 6－103）上，颜色表示不同的岩性类型，可以看出，速度、密度和 CNL 都无法把泥岩同其他岩性进行有效区分；在苏 1－18 井的自然电位、电阻率、CNL 三曲线交汇分析图（图 6－104）上，可以看出，自然电位、电阻率也无法将泥岩同其他岩性进行有效区分。总体来说，现有测井曲线无法区分泥岩、凝灰岩、凝灰质砂岩等岩性。

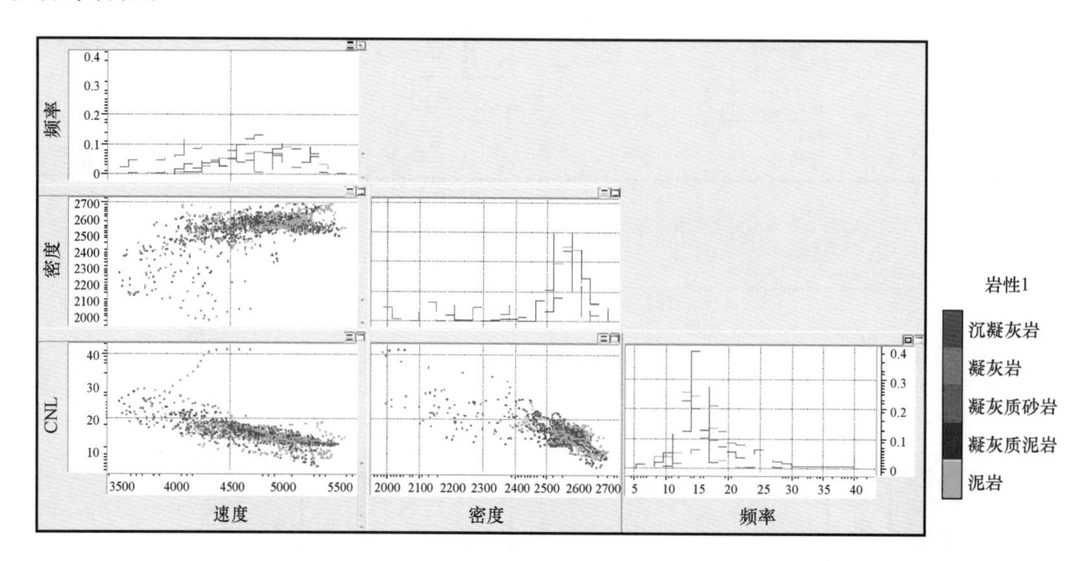


图 6－103　苏 1－18 井的速度、密度、CNL 三曲线交汇分析图

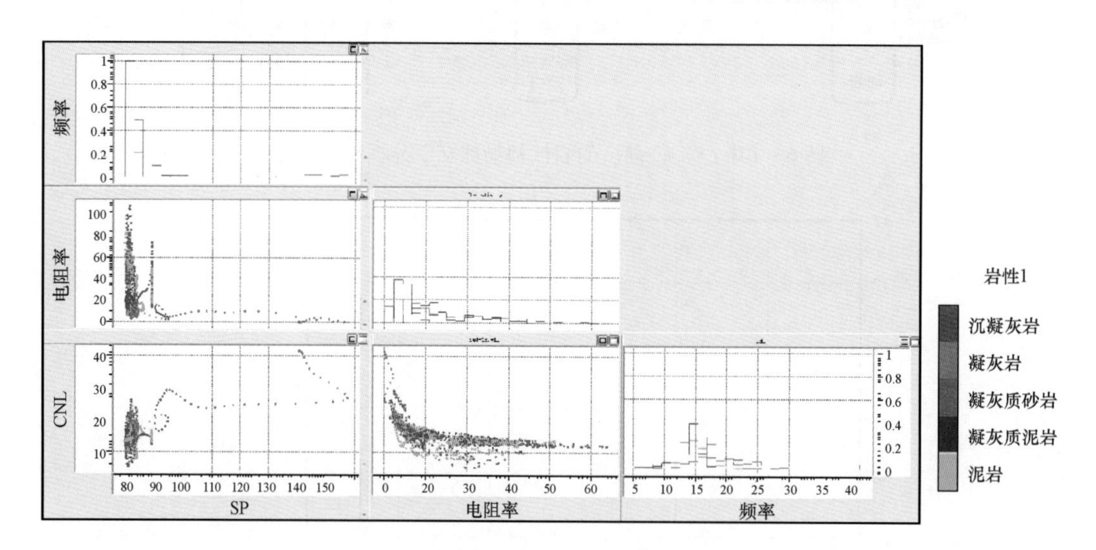


图 6－104　苏 1－18 井的自然电位、电阻率、CNL 三曲线交汇分析

从苏 1－13 井的 CNL、密度和声波时差的交汇分析图（图 6－105）来看，图中色标表示 Ⅰ Ⅱ Ⅲ类储层和非储层，CNL 可以在一定程度上将 Ⅰ Ⅱ 类储层和Ⅲ类储层、非储层做有效区分，

界值在22.7左右；密度也可以在一定程度上将Ⅰ Ⅱ类储层和Ⅲ类储层、非储层做有效区分，界值在2456kg/m³ 左右；声波时差也可以在一定程度上将Ⅰ Ⅱ类储层和Ⅲ类储层、非储层做有效区分，界值在0.000214052s/m左右。从图6－105中可以看出，CNL、密度和声波时差都可以在一定程度上区分Ⅰ Ⅱ类储层和Ⅲ类储层、非储层，但是区分度都不是很高。

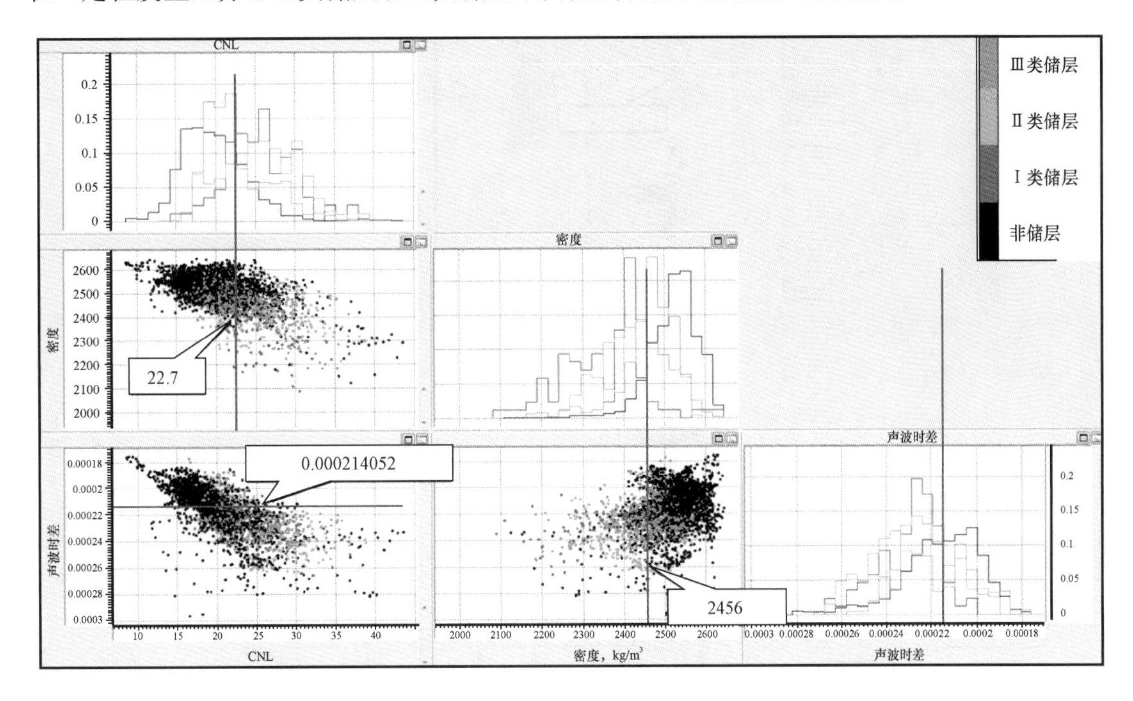


图6－105　苏1－13的CNL、密度和声波时差的交汇分析图

从不同井的测井与物性、岩性的对比分析图（图6－106、图6－107）来看，$v_p$≤4374m/s 和DEN≤2504kg/m³ 时，表示Ⅰ Ⅱ类储层发育，但是仍然混杂着一些Ⅲ类储层和非储层（泥岩），如图中红色箭头所示，这些红色箭头所示范围都是Gr≥92的地方。因此，对于某一区分物性较好的测井曲线（速度、密度），可以用伽马曲线进行修正，进一步将Ⅲ类储层和非储层从Ⅰ Ⅱ类储层中区分开来。

3. 叠前叠后地震资料分析

根据目的层段的覆盖次数，将苏13地区叠前道集数据分近、中角两个角度段叠加，得到近角叠加（5－15）数据体、中角叠加（15－30）数据体。

从苏13地区叠前叠后资料在石炭系的频谱对比分析图（图6－108）来看，叠后数据和近角叠加（5－15）数据体的主频最大，中角叠加（15－30）数据体的主频偏小；近角叠加（5－15）数据体的高频能量最多，中角叠加（15－30）数据体低频能量最多。

从苏13地区叠前叠后资料在石炭系的信噪比对比分析图（图6－109）来看，叠后信噪比是14dB，近角叠加（5－15）数据体的信噪比是8dB，中角叠加（15－30）数据体的信噪比是8dB。可以看出，按照从小到大的顺序，叠前叠后资料的信噪比排序是：中角叠加＜近角叠加＜叠后。

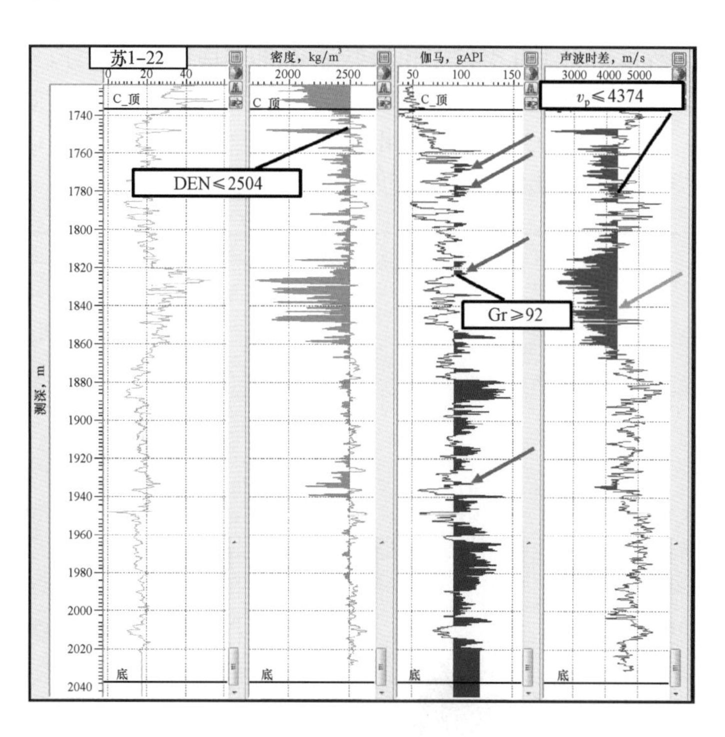


图 6－106 苏 1－22 井的测井与物性、岩性的对比分析图

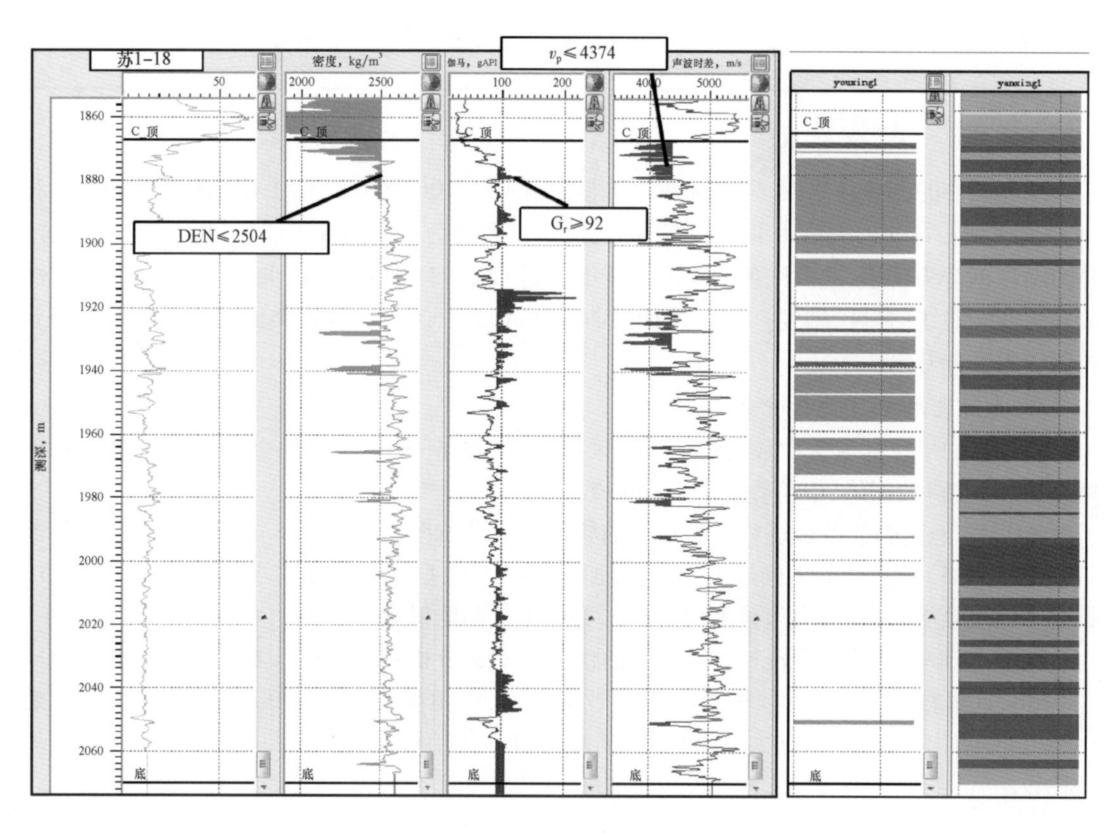


图 6－107 苏 1－18 井的测井与物性、岩性的对比分析图

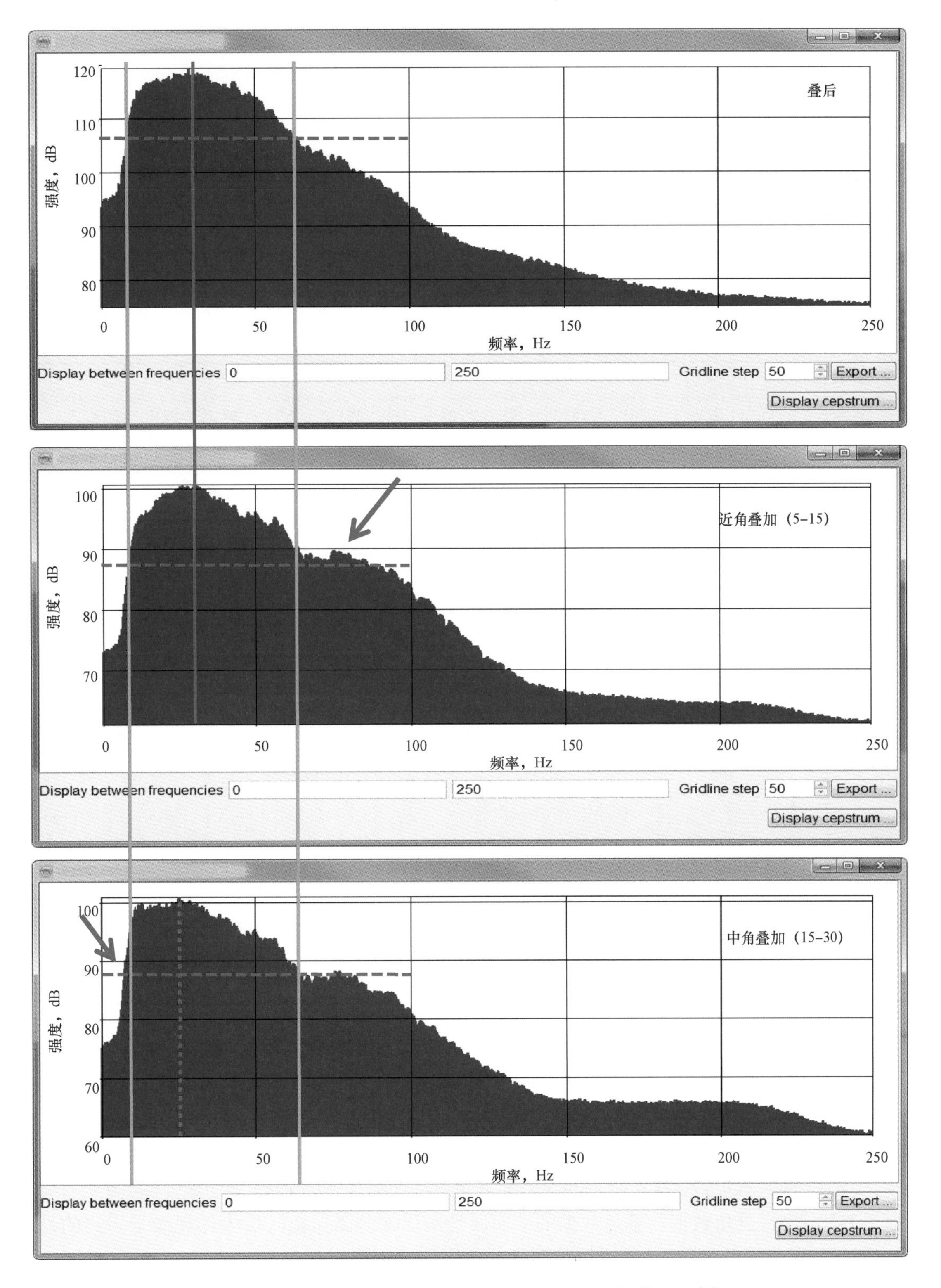


图 6－108　苏 13 地区叠前叠后资料在石炭系的频谱对比分析

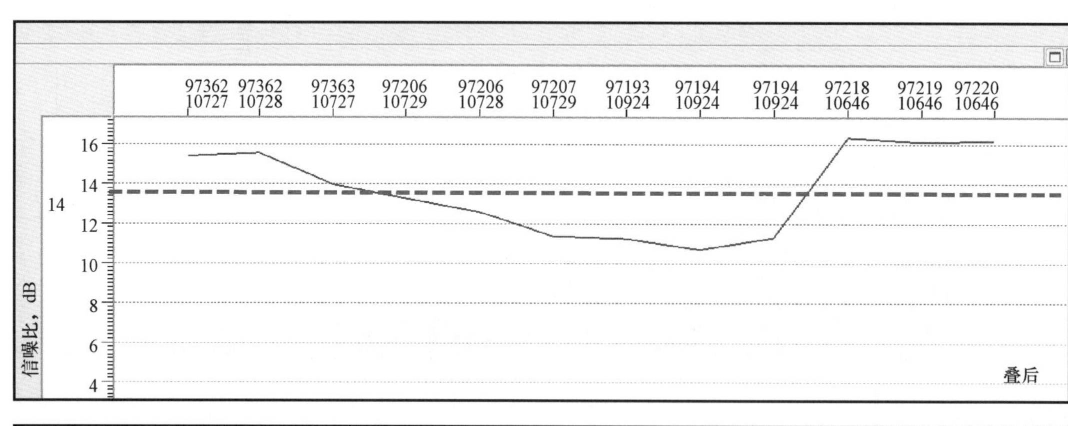


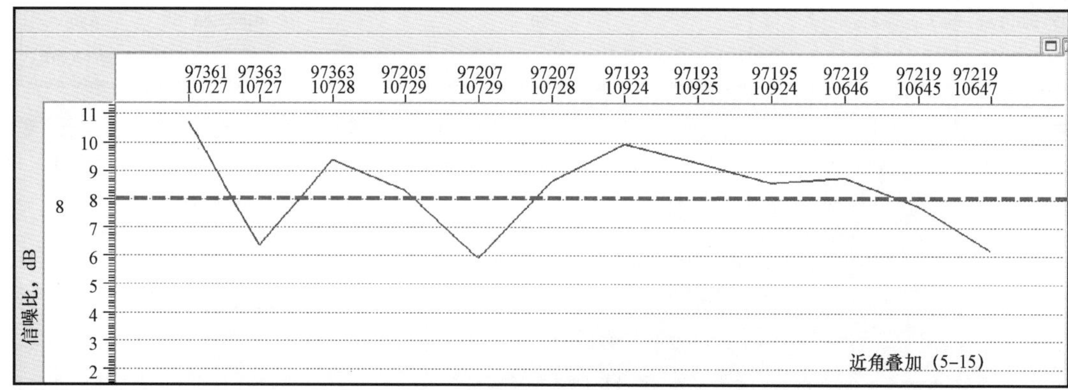


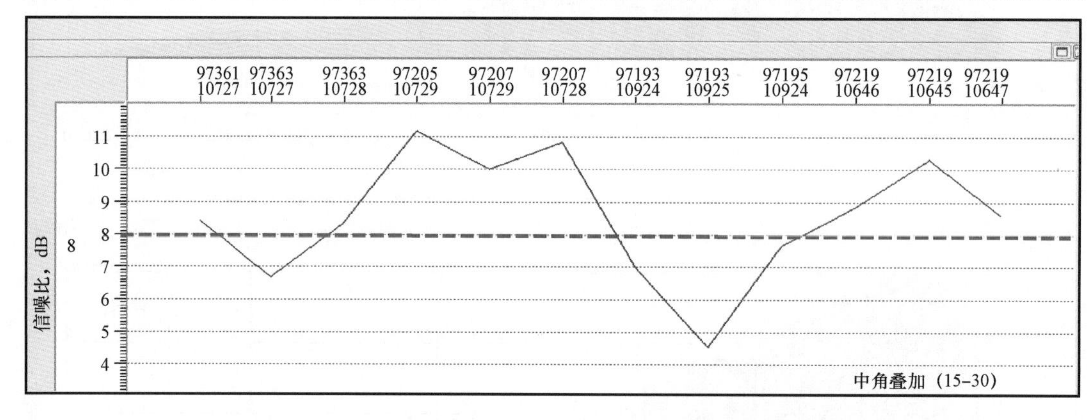


图 6－109　广利地区叠前叠后资料在沙四上段的信噪比对比分析

从苏 13 地区叠前叠后资料在石炭系的同相轴连续性对比分析图(图 6－110)来看,对于目的层段,不论是近中远都有地震反射,只是路径不同,能量不同,总体来说,同相轴连续性方面,叠后数据最好。

从苏 13 地区石炭系在叠后数据和叠前部分角度叠加数据上的 RMS 平面属性图(图 6－111、图 6－112)来看,近角数据与叠后数据的平面属性所反映的高振幅区域大体规律是一致的,但是在能量强弱方面差异较大,这应该可以反映地质体的不同信息。

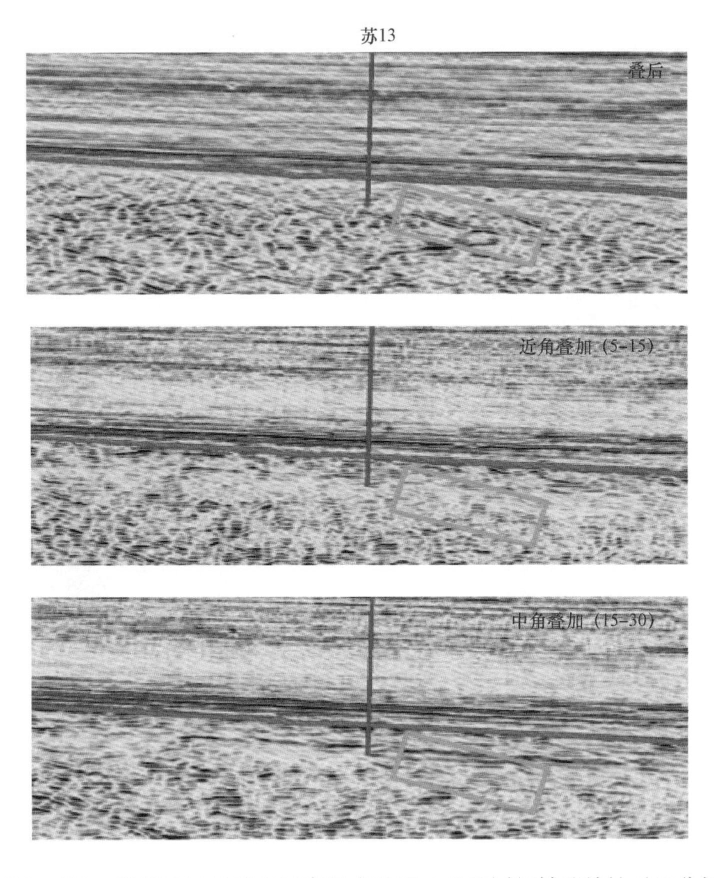


图 6-110　广利地区叠前叠后资料在沙四上段的同相轴连续性对比分析

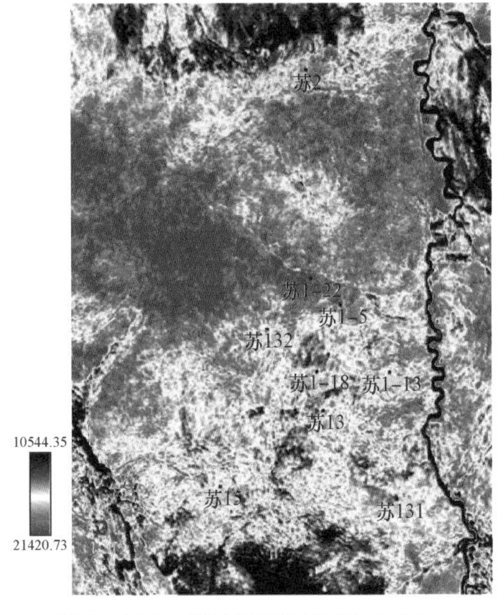


图 6-111　沿石炭系顶面往上 30ms 往下 40ms 的 RMS 属性图(叠后)

图 6-112　沿石炭系顶面往上 30ms 往下 40ms 的 RMS 属性图(5°～15°)

4. 叠后地震资料反射特征分析

通过井震精细标定，明确储层段在地震上的准确对应位置，进而分析其地震反射特征(图6－113)。苏1－18井的ⅠⅡⅢ类储层段地震反射特征是弱振幅、低频；苏131井的Ⅲ类储层段地震反射特征是强振幅、高频；苏13井的Ⅱ类和Ⅲ类储层段的地震反射特征是中弱振幅、中低频；苏2井的Ⅲ类储层的地震反射特征是中弱振幅、中低频；苏1－13井的ⅠⅡⅢ类储层段的地震反射特征是中弱振幅、中低频；苏132井的Ⅱ类储层段的地震反射特征是弱振幅、低频。综上所述，ⅠⅡⅢ类储层在叠后地震资料的反射特征方面并没有明显的差别，需要使用叠前叠后资料同时预测。

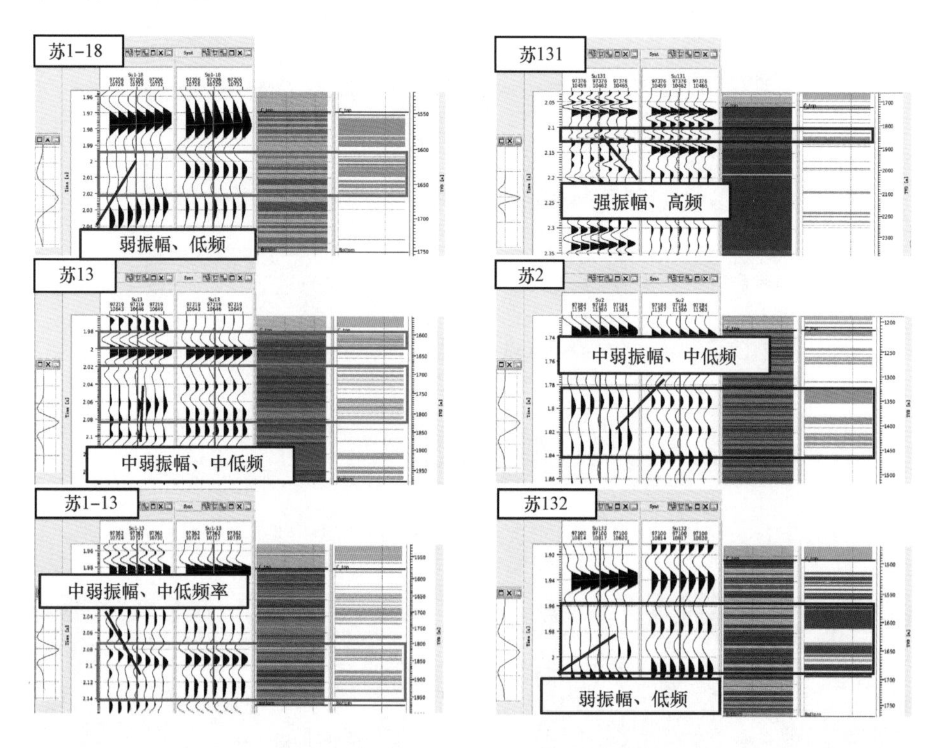


图6－113　不同井的井震精细标定结果

## 四、测井资料处理

从以上分析可以看出，单纯依靠叠后地震资料是无法很好地预测石炭系储层空间展布的，需要将叠前资料和测井资料考虑进来。速度和密度都可以在一定程度上识别物性较好的ⅠⅡ类储层，但是混杂着一些非储层和Ⅲ类储层，因此需要将测井资料做进一步处理，使其区分物性的准确度更高。

邓少贵等(2006)将双侧向测井响应近似表示为岩石基岩电阻率、裂缝孔隙度、裂缝流体电导率的函数，用于裂缝孔隙度的快速计算；刘兴刚等(2003)则利用双侧向电阻的差异计算裂缝张开度，根据简化的双侧向解释公式计算裂缝孔隙度，根据裂缝宽度与裂缝渗透率实验关系求解裂缝渗透率，对某地区奥陶系碳酸盐岩储层计算裂缝参数，取得较好效果；其他如闫晓芳等(2006)、王拥军等(2002)也对应用常规测井研究裂缝产状、裂缝储层参数进行过一些有重要意义的工作；2008年刘晓东等使用常规测井曲线的交汇分析技术和多元统计建模方法研

究了碳酸盐岩储层的裂缝发育情况;2012 年,范存辉等使用基于测井参数的遗传 BP 神经网络算法来识别准噶尔盆地西北缘的火山岩;2014 年,苗钱友等以测井资料为基础,对滨里海盆地东缘中区块的碳酸盐岩储层进行测井评价。

从以上分析来看,使用测井资料预测致密地层(包括)储层物性是一项非常重要的工作,多曲线的交汇分析方法以及多种曲线联合判识方法都在以前的工作中得到反复应用。但是学者们从来未考虑过,在较为致密的地层,岩性多样,测井曲线在刻画储层物性方面是否具有更强的多解性,是否需要校正,怎么去校正。

为此我们研发了一种基于多曲线联合校正的储层物性分析方法,解决了以上问题。针对地层,通过对多种物性敏感曲线进行校正,并且将校正后的曲线联合应用,从而获得更加准确的储层物性分析方法。

本方法的目的可通过如下技术措施来实现。基于多曲线联合校正的储层物性分析方法,该包括:步骤 1,通过曲线交汇明确储层物性敏感曲线;步骤 2,确定伽马曲线表征的放射性物质对于储层物性的影响;步骤 3,使用伽马曲线对物性敏感曲线进行校正形成一种新的敏感曲线;步骤 4,将所有校正后物性敏感曲线联合应用分析物性发育区。图 6－114 为基于多曲线联合校正的储层物性分析方法的实施流程图。

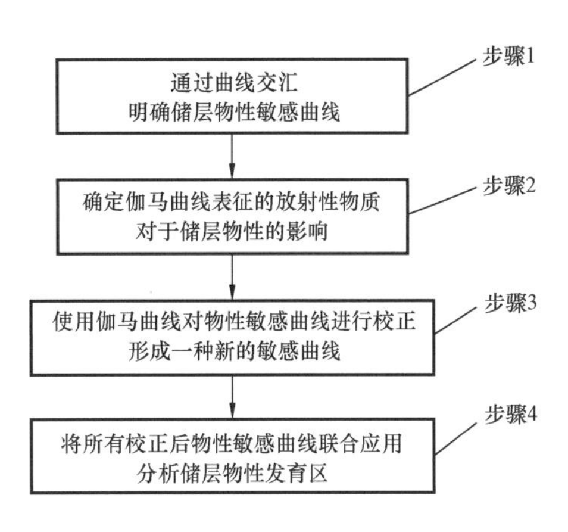

图 6－114 流程图

在步骤 1,通过对多种测井曲线做交汇分析,得到研究区最能刻画储层物性的两种敏感曲线是速度和密度(图 6－115)。图 6－115 是苏 1－22 井在石炭系的速度与密度交汇图,横坐标是密度,纵坐标是速度,色标是表示储层类型,玫红色表示Ⅰ类储层,黄色表示Ⅱ类储层,蓝色表示Ⅲ类储层,白色表示非储层;对于研究区来说,从实钻井分析,Ⅰ Ⅱ类储层出油情况较好,Ⅲ类储层和非储层可以忽略不计;从交汇图来看,Ⅰ Ⅱ类储层都是低密度和低速度,但是在低密度和低速度的范围内,混杂着在一些Ⅲ类储层和非储层;通过交汇,确定划分Ⅰ Ⅱ类储层与Ⅲ类储层和非储层的界值分别是:速度界值 4374m/s,密度界值 2504kg/m$^3$。对于该研究区储层来说,速度和密度是最好的物性敏感曲线。流程进入到步骤 2。

在步骤 2,通过将速度、密度与伽马曲线并排展示,并且与实钻井钻遇的Ⅰ Ⅱ类储层进行对比(图 6－116),发现速度和密度这两种敏感曲线能够判识储层物性较为发育的地区,但是将泥质含量较多(伽马值很大)的泥岩等成分也都包裹进来,因此可以用表征放射性物质的伽马曲线将敏感曲线所表征物性较好范围内的泥岩等成分去掉。在此,将速度和密度表征物性好坏的界值确定一下。图 6－116 是苏 1－22 井的速度、密度和自然伽马曲线与Ⅰ Ⅱ Ⅲ类储层的对比图,图中速度和密度都是原始曲线,填充颜色的部分数值都小于界值;图 6－116 中黑色箭头所示伽马值均大于 92,对应的速度和密度都小于界值,但是从实钻情况来看,都是Ⅲ类储层或者非储层,物性都不好。通过对比分析,当伽马值大于界值 92 时,可以将一些泥质含量较多的成分从低密度、低速度区域区分出来。流程进入到步骤 3。

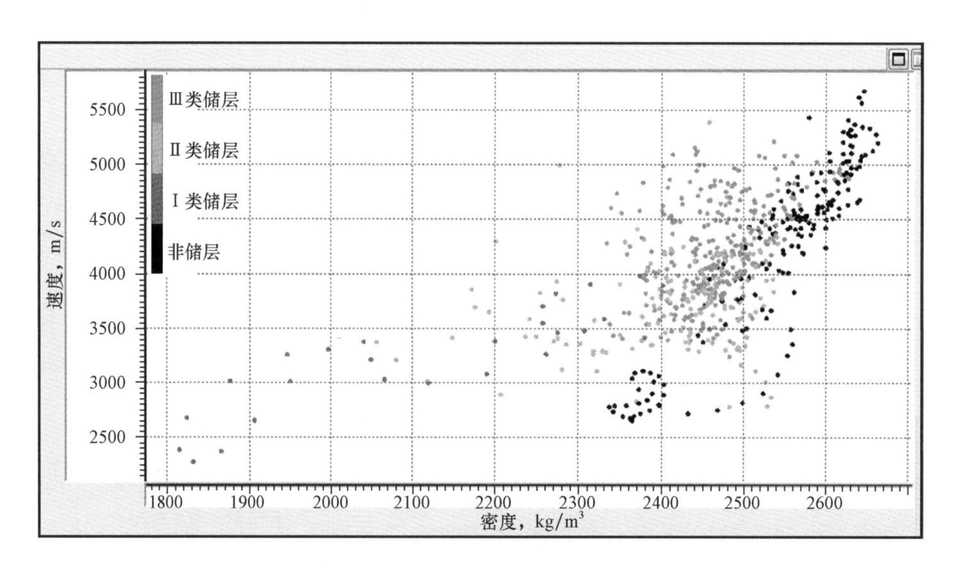


图6－115　苏1－22井在石炭系的速度与密度交汇图

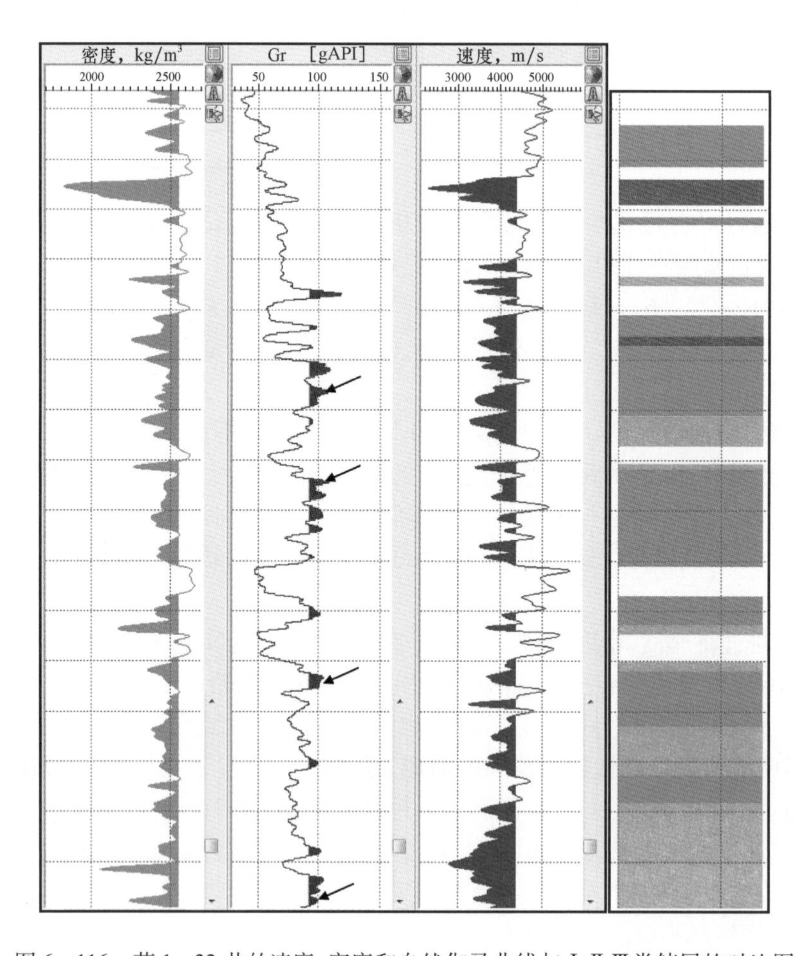


图6－116　苏1－22井的速度、密度和自然伽马曲线与ⅠⅡⅢ类储层的对比图

在步骤3,通过分析泥岩中Ⅲ类储层和非储层所属的伽马值的范围,确定伽马界值,对受影响的敏感曲线进行校正,得到一种新的敏感曲线(图6-117)。(图6-117中黑色箭头所示位置伽马值大于92,显示泥质含量多,物性并不好,校正后的速度和密度均大于界值,对于储层物性有了更加准确的表征)。

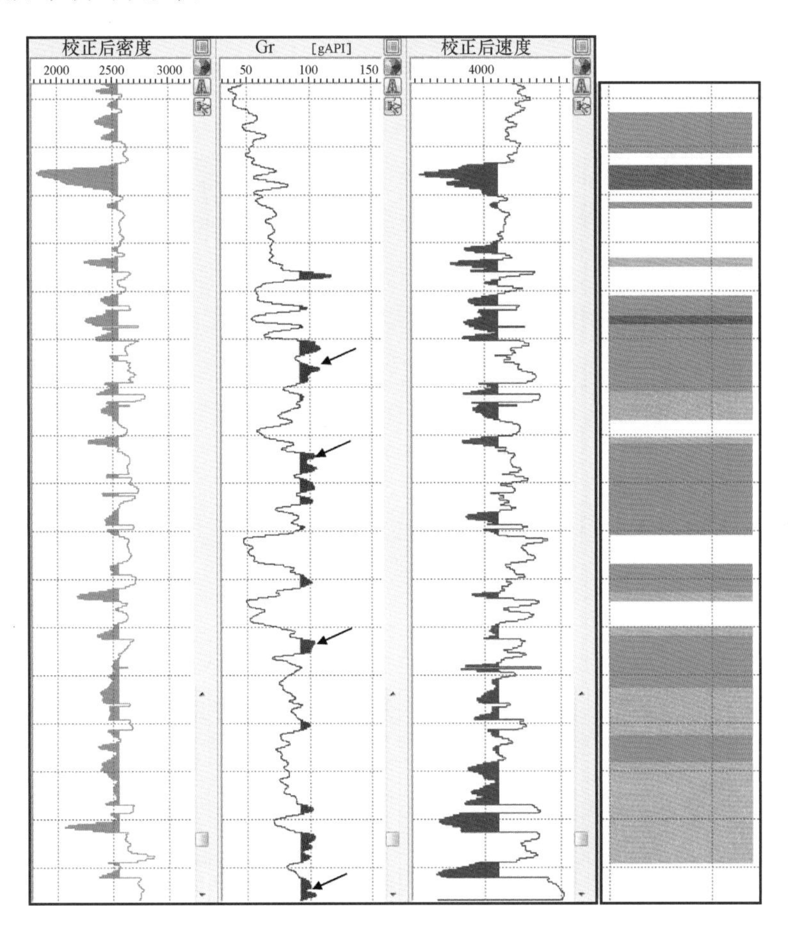


图6-117　校正后测井曲线与Ⅰ Ⅱ Ⅲ类储层的对比图

当地层中泥质含量很高的时候,伽马势必会有所体现。根据测井分析,给定伽马界值 $G_0$,伽马大于界值 $G_0$ 时,表示泥质含量很高。在这种情况下,是否需要校正敏感曲线,还要看泥质含量高是否造成了物性发育较好(低速度或低密度)的假象。假定物性敏感曲线 $L$ 的界值是 $L_0$,当 $G_r > G_0$ 并且 $L < L_0$ 时,表示在该点处,由于泥质含量多,造成了物性敏感曲线 $L$ 的误判,该点处泥质含量较多,物性并不好,需要校正物性敏感曲线。其校正公式为:

$$L_{jiao} = L_{yuan} + 2 \cdot | L_{yuan} - L_0 |^{\frac{G_x+1}{2}} \cdot \frac{G_x + 1}{2} \cdot \frac{L_x + 1}{2} \qquad (6-1)$$

其中 $L_{jiao}$ 是校正后的敏感曲线,$L_{yuan}$ 是原始的敏感曲线,$G_x = \frac{|G_r - G_0|}{G_r - G_0}$,其值域范围是

$\{-1,1\}$，$L_x=\dfrac{|L_{\text{yuan}}-L_0|}{L_0-L_{\text{yuan}}}$，其值域范围是$\{-1,1\}$。当$L_x=1$并且$G_x=1$时，表示物性曲线需要校正；当$L_x=-1$或者$G_x=-1$时，表示物性曲线保持原样。也就是说，当伽马大于界值并且物性敏感曲线小于界值的时候，才会对物性敏感曲线进行校正。流程进入到步骤4。

在步骤4，从多种校正后的敏感曲线出发，以不同敏感曲线反映物性差异的界值为基础，取界值内的范围，将多种曲线联合应用，取其交集，从而更加准确地分析物性发育区（图6-118、图6-119），流程结束。

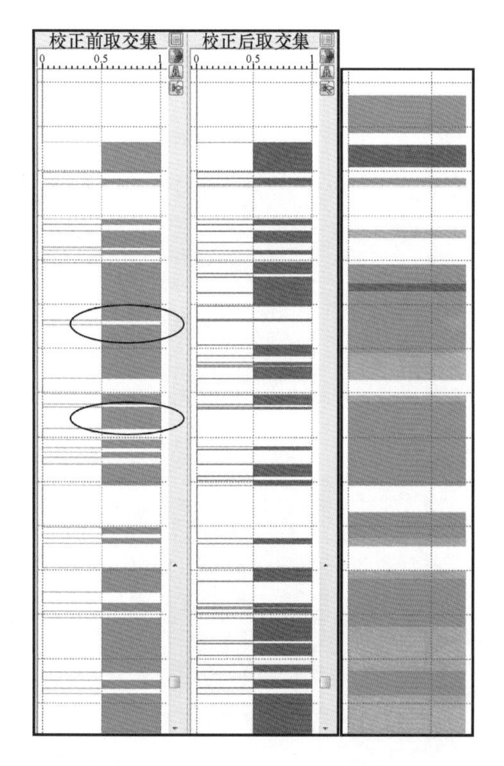


图6-118　苏1-22井校正前后对密度和速度取交集得到的结果对比图

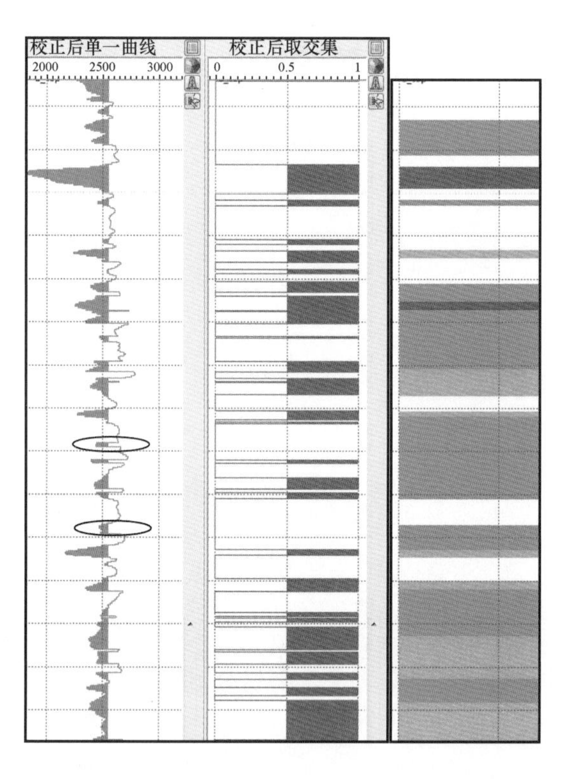


图6-119　苏1-22井校正后单一敏感曲线与取交集结果的对比图

图6-118是苏1-22井校正前后对两种物性敏感曲线（密度和速度）取交集得到的结果对比图，与实钻情况相比，在图6-118中黑色椭圆框所示位置，与对两种物性敏感曲线校正前取交集的结果相比，校正后再取交集的结果在对储层物性表征上有更高的准确率。

图6-119是苏1-22井校正后单一敏感曲线与取交集结果的对比图，与实钻情况相比，在图6-119中黑色椭圆框所示位置，与校正后单一敏感曲线相比，取交集后的物性预测结果在对储层物性表征上有更高的准确率。

本文研发的基于多曲线联合校正的储层物性分析方法，一方面对现有的物性敏感曲线根据伽马进行校正，去掉因为泥岩含量多所造成的速度和密度较小的这种物性较好的假象，从而比原始曲线能更加准确地刻画物性；一方面从多种敏感曲线出发，取其交集，大大降低了单一曲线在物性分析时的多解性问题，所表征的应该是一些多种因素都认为物性较为发育的地区。

五、叠前叠后联动属性解释方法在苏13地区的应用效果分析

针对苏13地区石炭系裂缝性储层,以校正后的速度和密度为目标曲线,展开叠前叠后联动属性解释方法的应用。以校正后速度为例,从叠前近角叠加数据、叠前中角叠加数据和叠后数据上提取多种反映各类信息的地震属性,如振幅、能量、频率、相位、倾角、曲率、相干等数据,形成完备属性集合,在此基础上,与校正后速度曲线做对比分析,明确储层物性敏感属性(图6-120)。

图6-120呈现了4种反映苏13地区石炭系的物性敏感属性,包括近角能量属性、中角振幅二阶导属性、近角Hilbert属性和近角振幅属性,这4种属性从不同方面刻画了物性发育区,但是都存在着多解性,需要从多属性出发,结合物性敏感测井曲线,使用叠前叠后联动属性解释方法,进一步预测分析更加准确的物性展布情况。当然还有其他的一些物性敏感属性,这里不再一一呈现。

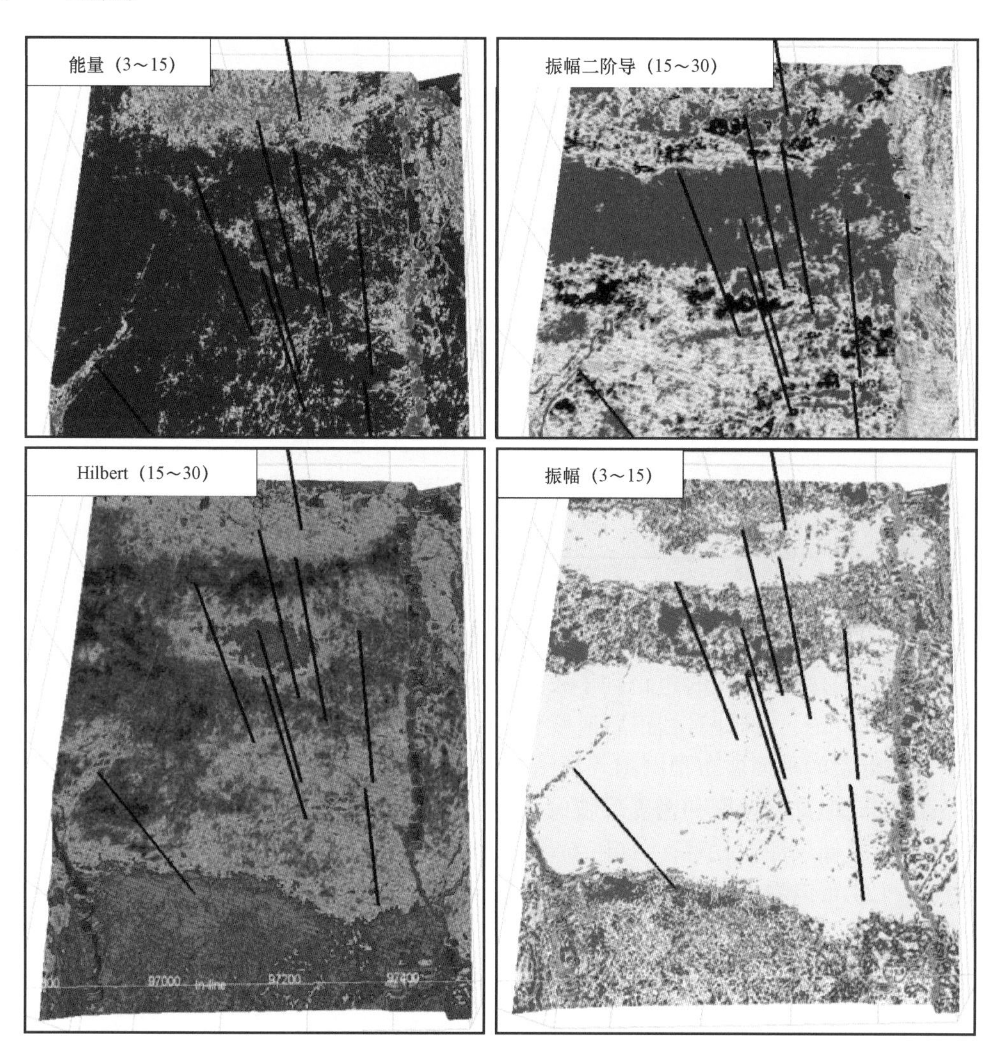


图6-120 苏13地区石炭系物性敏感属性

将样本数据分成两类,80% 作为训练数据,20% 作为测试数据。训练数据和测试数据的误差在 0.25 ~ 0.5 之间,两条曲线在训练过程中都应该向下变化,当趋于平稳时,拟合过程结束。Scatter 散点图(图 6-121)则表明了训练数据和测试数据的相关程度,越靠近 45°线则相关度越好。

图 6-121 是使用叠前叠后联动属性解释方法,针对校正后速度,得到的属性优选结果,包括中角振幅一阶导属性、叠后振幅一阶导属性、中角振幅二阶导属性、近角振幅属性、倾角属性、近角能量属性、中角能量属性、近角频率属性、中角频率属性和近角相似度属性等。

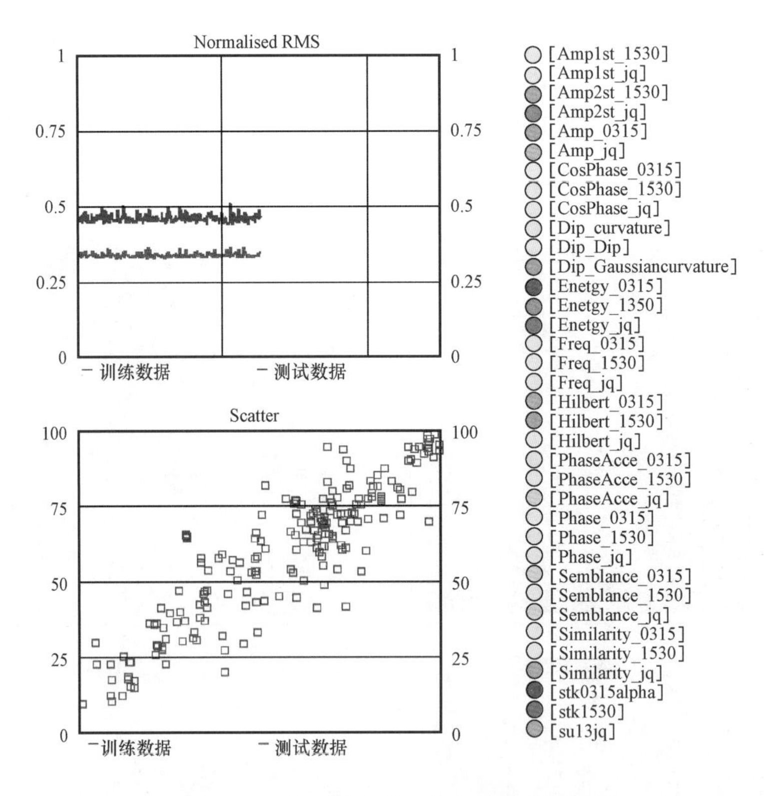


图 6-121　针对校正后速度的属性优选结果

在优选属性的过程中,同时也得到了校正后速度和密度的空间预测结果,沿着石炭系顶面往上 30ms 往下 40ms,分别针对校正后速度和密度提取平面属性,得到如图 6-122 和 6-123 所示的Ⅰ Ⅱ类储层的平面展布预测图。从图 6-122 和 6-123 可以看出,储层形态主要呈近东西向条带展布,但是从速度和密度反映的平面结果来看,储层预测结果存在差异,需要做交集处理,寻找裂缝储层甜点发育区,如图 6-124 所示。

从图 6-124 可以看出,苏 13 地区石炭系顶部的裂缝性储层物性较好区域主要是呈现西北向的条带展布。苏 13、苏 1-18、苏 1-13、苏 1-5、苏 1-22 这五口钻遇油层的井,物性较好,在图 6-124 中都是位于物性较好区域,预测结果与实钻吻合。苏 20 井是 2018 年刚刚完钻的探井,兼探石炭系,钻空,在石炭系基础上全是泥岩,物性不好,这口井很好地验证了图 6-124预测结果的准确性。与工区内已钻的 10 口井的实钻情况进行对比分析,预测吻合率达到了 80%,见表 6-4。

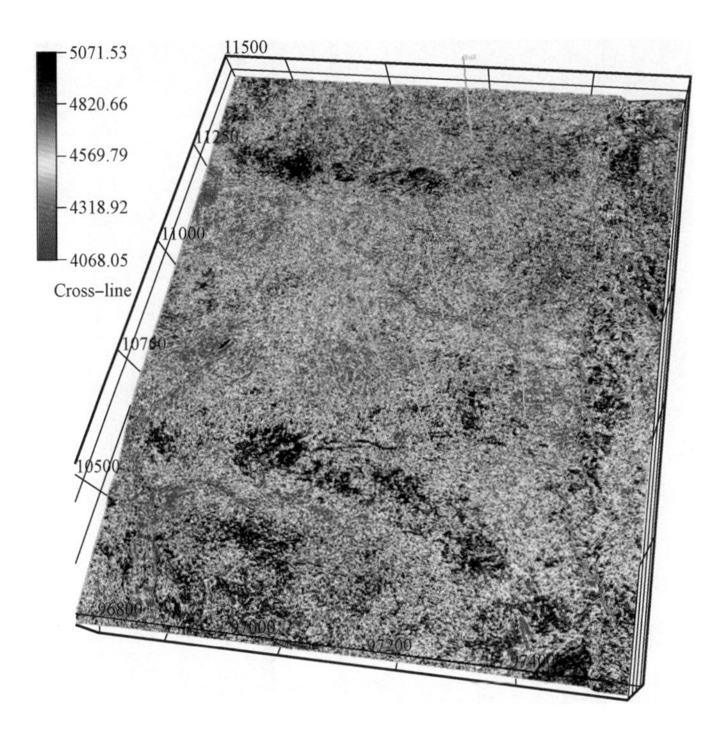

图 6－122　沿石炭系顶面往上 30ms 往下 40ms 的速度 RMS 属性图

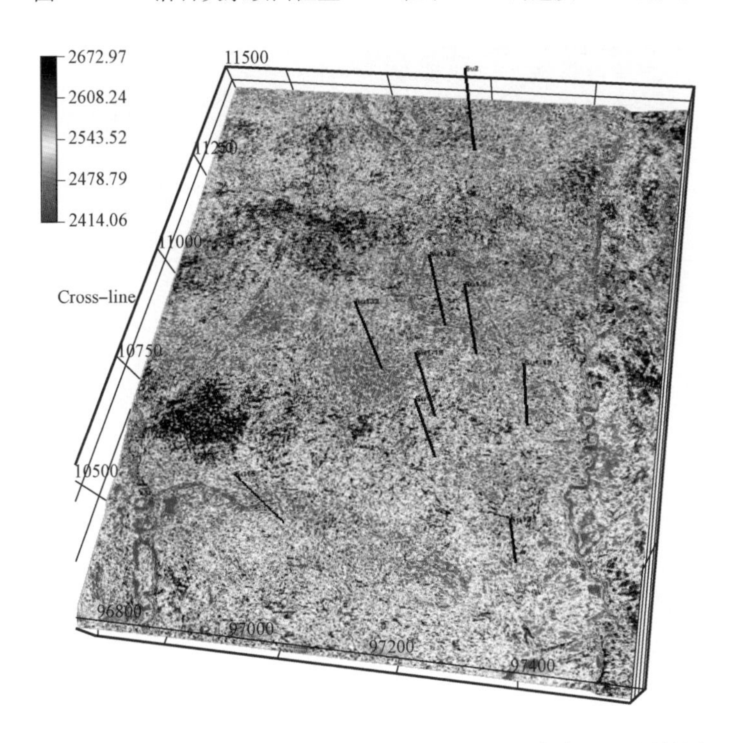

图 6－123　沿石炭系顶面往上 30ms 往下 40ms 的密度 RMS 属性图

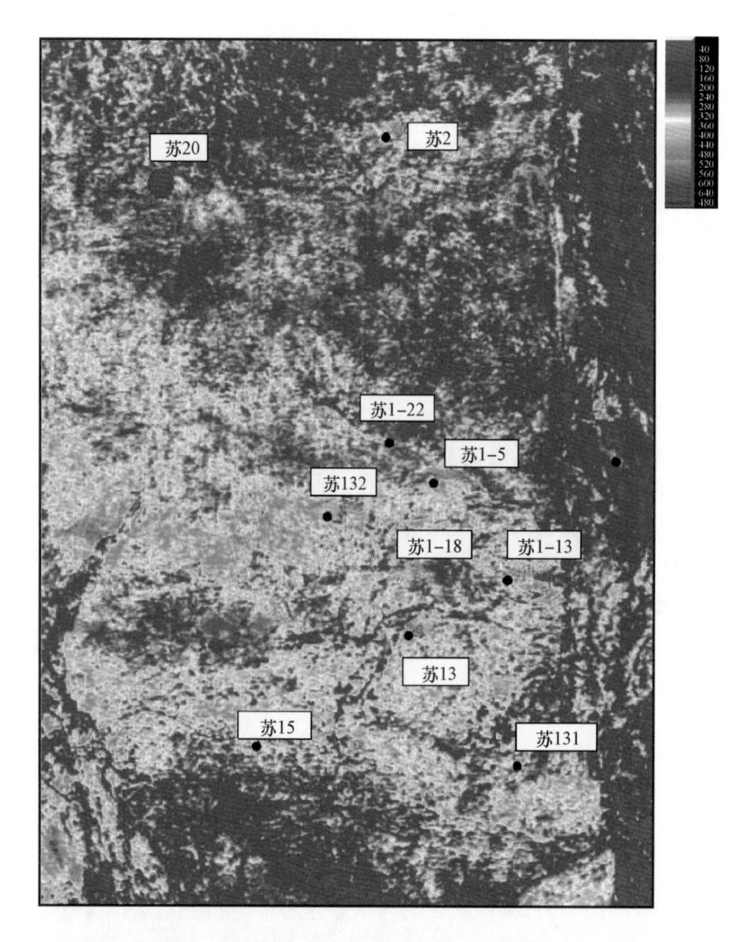


图 6－124　沿石炭系顶面往上 30ms 往下 40ms 的物性甜点分析平面图

**表 6－4　预测结果与实钻情况的对比分析表**

| 井名(9 口) | 有无Ⅰ Ⅱ类储层 | 物性预测结果 | 是否符合 |
| --- | --- | --- | --- |
| 苏 1－13 | 有 | 好 | 符合 |
| 苏 1－18 | 有 | 好 | 符合 |
| 苏 1－22 | 有 | 好 | 符合 |
| 苏 13 | 有 | 好 | 符合 |
| 苏 1－5 | 有 | 好 | 符合 |
| 苏 131 | 无 | 好 | 不符合 |
| 苏 132 | 无 | 好 | 不符合 |
| 苏 15 | 有 | 好 | 符合 |
| 苏 2 | 有 | 好 | 符合 |
| 苏 20 | 无 | 差 | 符合 |

从图 6－124 可以看出,下一步部署井位的优势区域在图中橘黄色范围内,在现在所钻 5 口出油井的西部,都是物性较为发育的地区。

# 第六节　商河东地区沙三上亚段储层预测

## 一、概况

### 1. 地理位置及勘探现状

商河东地区位于商河构造带东翼(图6-125),勘探面积约$140km^2$。沙三上亚段在商河主体构造带探明程度较高,东边的两个构造带主要在商三商四区及夏14块上报储量。夏斜431以东及北部地区勘探程度较低。

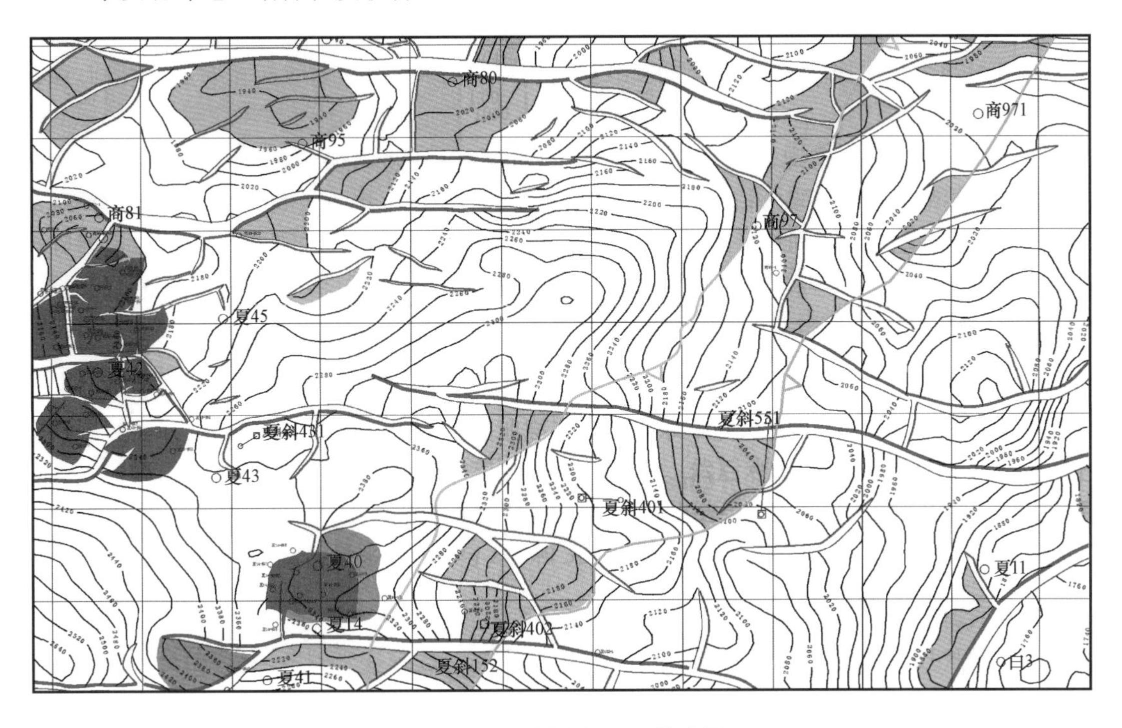


图6-125　商河地区T3构造图

### 2. 区域地质背景

商河地区隶属于惠民凹陷。惠民凹陷位于济阳坳陷西南部,北靠埕宁隆起,南依鲁西隆起,东临东营凹陷,西接临清坳陷,呈北东东向延伸,东西长约90km,南北宽约70km,面积约$6000km^2$。其又可进一步划分为滋镇、临南、阳信、里则镇四个次级洼陷和林樊家构造、中央隆起带、惠民南斜坡三个正向构造带。

自1960年华7井钻探开始,惠民凹陷经历了50余年的勘探历程。截至2010年底,完钻各类探井689口,总进尺$193.27\times10^4m$,探井密度0.108口$/km^2$,属于中等勘探程度的凹陷。目前发现了古生界、古近系、新近系等多套含油层系,找到了临盘、商河、玉皇庙、临南、曲堤、江家店、阳信和八里泊等8个油气田,探明石油地质储量$3.5081\times10^8t$,探明天然气地质储量$34.49\times10^8m^3$,控制石油地质储量$0.5006\times10^8t$。

(1)地层特征。

沙三段分为三个亚段，自下而上分别为沙三下亚段、沙三中亚段、沙三上亚段。沙三下亚段为灰色粉砂岩、细砂岩与深灰色泥岩、灰褐色油页岩不等厚互层；沙三中亚段为灰色、深灰色泥岩、油页岩，并夹有多套浊积岩，电阻呈现出高值特征，含有脊刺华北介和小拟星介等介形化石；沙三上亚段为灰色、深灰色泥岩与粉细砂岩互层，夹钙质砂岩、含砾砂岩、油页岩及薄层碳质页岩，局部有侵入岩，含中国华北介、惠东华北介、单弱华北介和脊刺华北介等介形化石。沙三段与沙四段之间多为整合接触。

（2）构造特征。

惠民凹陷基底构造为掀斜断块，整体形态是北深陡、南浅缓的不对称复式地堑。其中发育着众多的伸展断层。这些断层的发育和演化控制着层序的形成和发育以及内部油气藏的形成。

从图 6－125 中可以看出，各砂组的断层分布形态和规模具有相似性和继承性，以左旋张性断裂为特征，断层均为正断层。

各断层按其走向分为北东东、北北西和近东西向 3 组。北东东向断层以临商断裂带和夏口断裂带最明显，由一系列近东西向的断层左行斜列组成。北北西向断层是一系列的小断层与临邑和夏口断层斜交形成的，它们对主断层的伸展起了调节作用。近东西向断层主要分布在商河地区，由一系列走向近东西、倾向向南的断层构成断阶。临南洼陷位于临商断层与夏口断层之间（图 6－126，图 6－127），呈北东东向的不对称地堑式结构。

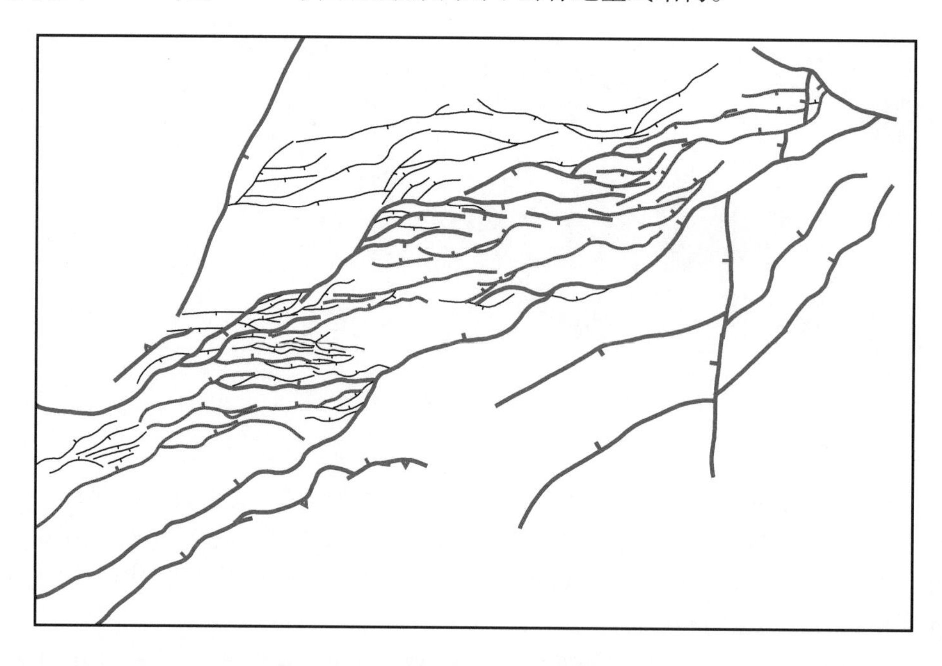

图 6－126　惠民凹陷沙三段断裂体系图

（3）油气地质特征。

商河地区沙三上为三角洲砂体，目前已经在商河构造主体部位商 1—商 4 区探明石油地质储量 $7933\times10^4$t。而商 1 区北部、商河构造东翼勘探程度较低，尚未发现油气富集。分析认为沙三上三角洲砂体在该区存在规模较大的岩性尖灭带，与主断层匹配，易形成构造—岩性油藏。

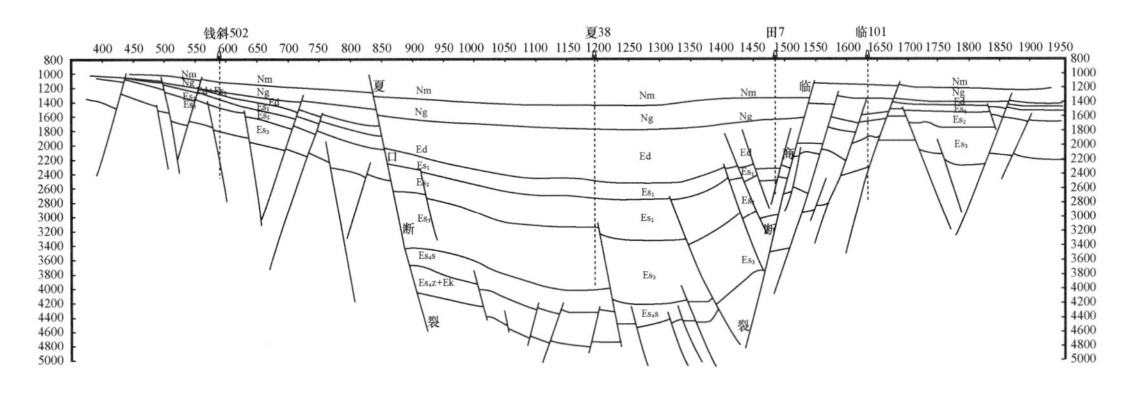

图 6－127　临南洼陷南北向地质剖面图

该区到目前为止 Es3 上共完钻探井 63 口，见油气显示井 44 口已发现商河油田，发现 Ng、Ed、Es1、Es2、Es3 和 Es4 共 6 套含油层系，该区见多个含油断块，累计上报探明储量 $871 \times 10^4$t。该区的储量主要集中在沙三上亚段以上的中浅层，本次研究的主要目的层系是商河东翼的沙三上亚段。商河沙三上亚段已发现的储量中以构造油藏为主，2010 年在商河东翼相继钻探的商 97 井和商 4－6 井分别在沙三上亚段见到良好的油气显示。其中商 4－6 井钻遇沙三上亚段油层 4m，油水同层 6.4m（图 6－128），商 97 井在沙三上亚段钻遇油水同层 4m（图 6－129）。目前该井日产油 6.1t，含水 42%。相继的商 401 井在沙三上亚段 1566.5～1580.4m 井段 7.9m 油层试油，日产油 17.67$m^3$，随后的商斜 256 井在沙二段获得 10.1$m^3$ 的工业油流，商斜 112 井在馆陶组和沙一段分别见到油层，近期这些井的钻探成功，充分展现了商河构造东翼中浅层具有较大的勘探潜力（图 6－130）。

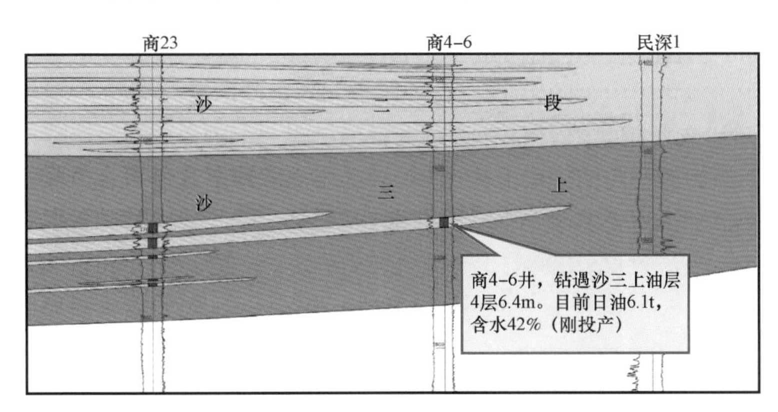


图 6－128　商河地区商 23—民深 1 井地层对比图

（4）沉积特征。

通过对钻遇沙三上亚段的 19 口井的岩心观察（图 6－131）及分析化验资料，由单井相入手，结合录井特征和测井相特征，综合分析认为沙三上亚段沉积时期，商河地区主要为半深湖—深湖沉积，三角洲延伸至水下，形成一些水下分支河道、河口坝和远砂坝等沉积类型。并绘制了该区典型井的目的层的沉积相图（图 6－132）和相剖面图以及个别层位的沉积相图。

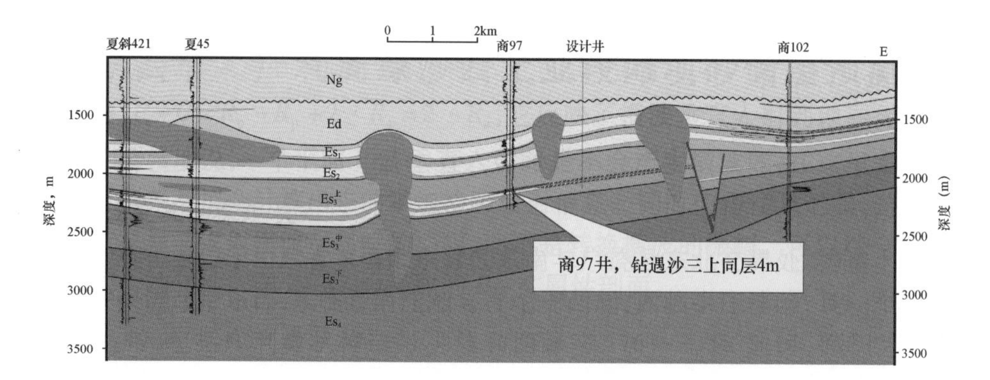


图 6－129　夏斜 421—商 102 井东西向油藏剖面

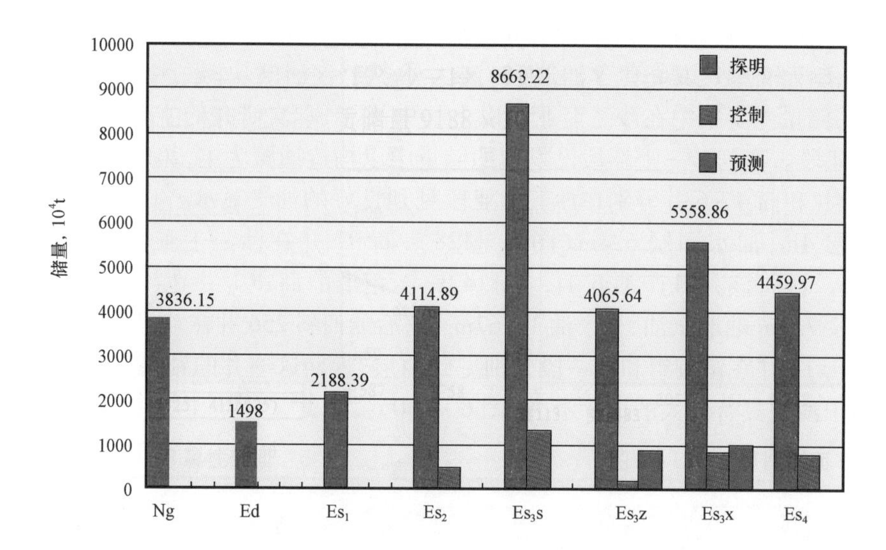


图 6－130　惠民凹陷不同层位储量分布图

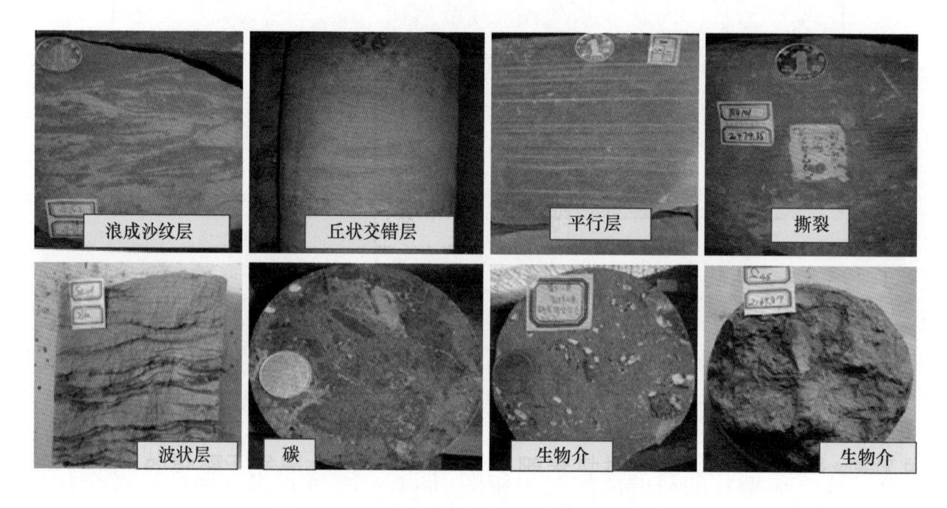


图 6－131　商河地区典型井的岩心照片

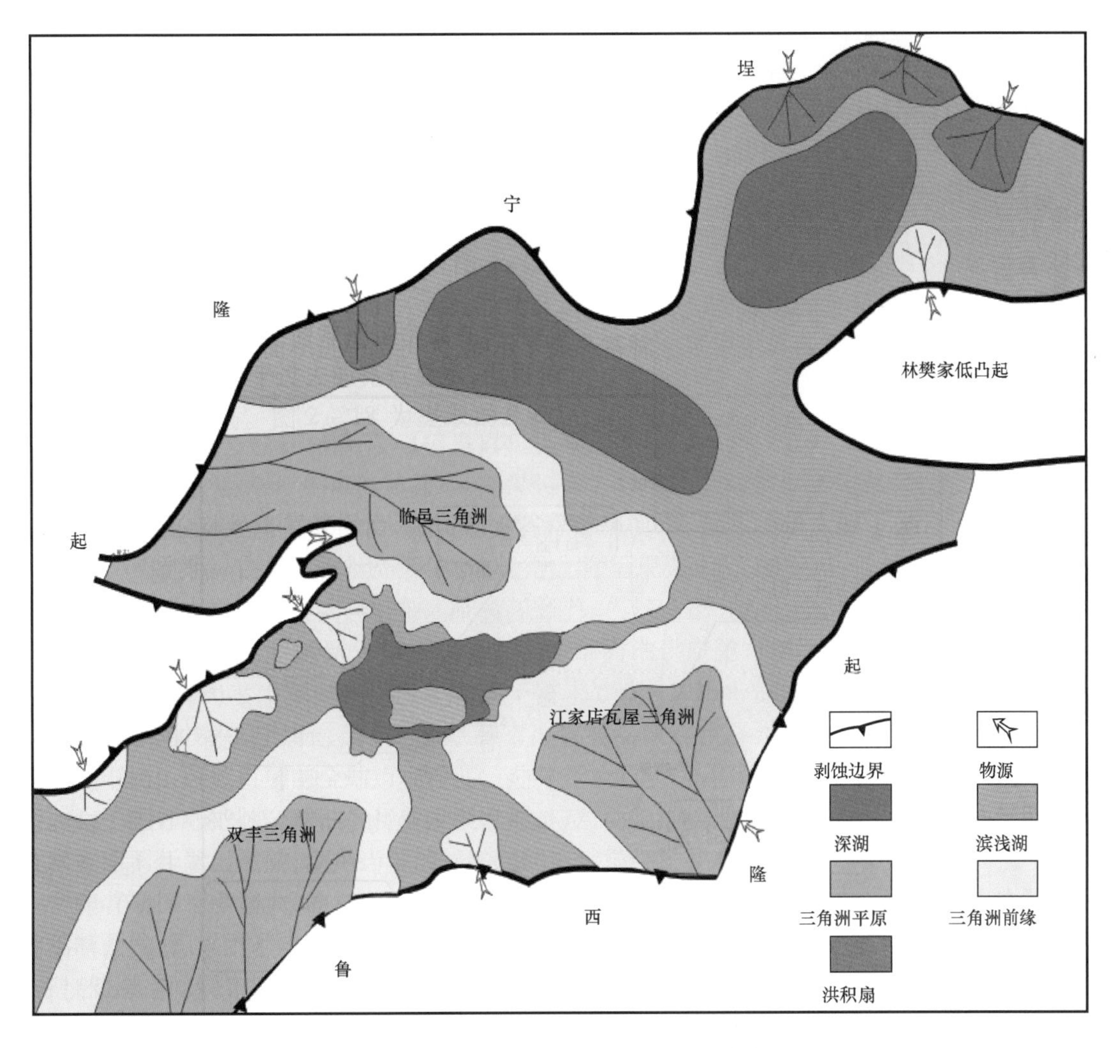


图 6－132　惠民凹陷沙三上亚段沉积相图

从单井相分析看,该区为三角洲前缘沉积,微相主要发育河口坝、水下分支河道等。从相平面图上看(图 6－132),沙三上沉积时期,盆地拉张作用减弱,气候开始变得干燥,湖盆萎缩,水体变浅,深湖—半深湖区明显变小,仅在洼陷区发育半深湖亚相,滨浅湖范围明显扩大。该时期沉积体系仍延续了沙三中亚段的沉积,仍以三角洲沉积为主,阳信洼陷北部以扇三角洲沉积为主,西北物源的临邑三角洲由西向东推进,在地震反射特征上表现为进积沉积特点,早期推进到商 547 井一带,到晚期推进到商河构造东翼,南部林樊家凸起北部发育小型三角洲,同时在深湖区内三角洲前缘的前方滑塌浊积扇发育。

沙三上沉积时期,盆地拉张作用减弱,气候开始变得干燥,湖盆萎缩,水体变浅,深湖—半深湖区明显变小,仅在深陷区发育半深湖亚相,滨浅湖范围明显扩大。砂体在商河全区均有分布,洼陷部位被广泛的三角洲前缘相所占据,此时没有明显物源通道,物源沿临商断层下降盘呈裙带状分布,向南三角洲前缘砂体推进至夏 41 一带,向东推进到商 971 和商 102 一带。边缘部位表现为辫状河流相砂岩与紫红色、灰绿色泥岩互层沉积组合。洼陷带深湖相范围很小,基本以浅湖沉积为主。该时期沉积体系仍延续了沙三中亚段的沉积,仍以三角洲沉积为主,阳信洼陷北部以扇三角洲沉积为主,西北物源的临邑三角洲由西向东推进,在地震反射特征上表现为进积沉积特点,南部林樊家凸起北部发育小型三角洲,同时在深湖区内三角洲前缘的前方滑塌浊积扇发育。整个沙三段北部物源体系反映了水体由深变浅,三角洲由西向东推进的过程。

(5)储层物性特征。

沙三段储层的颜色为灰色和灰褐色,岩性以粉砂质细砂岩、粉砂岩为主,岩石骨架颗粒细,以粉砂为主,约占80%,次为细砂,约占20%,少量中砂。还有少量的灰质粉砂岩、泥质粉砂岩和灰质砂岩。岩屑成分主要为石英为主,长石次之,见少量暗色矿物,分选中等,少见泥质疏松或泥质分布均匀。

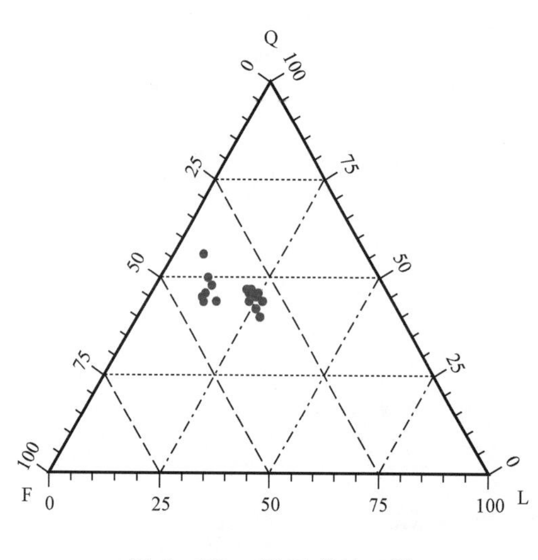


图6-133 商91井沙三段2530.6m岩石组分三角图

岩心分析及薄片资料表明,沙三段储集岩类型以极细粒岩屑长石砂岩和细粒岩屑长石砂岩为主,其他还可见含碳酸盐质极细粒岩屑长石砂岩和含白云质细粒岩屑长石砂岩等类型。储集砂岩以粉砂质细砂岩、粉砂岩为主,岩石碎屑分选性好,磨圆度为次棱、棱角、次圆—次棱,颗粒支撑方式,颗粒间以点—线接触关系为主。碎屑颗粒主要为石英,次为长石和岩屑。粒间填隙物以黏土杂基和钙质胶结物为主,含量在37%以下,一般为16%~22%,细砂岩中填隙物含量约占8%~31%,粉砂岩中填隙物含量占9%~37%。其中黏土杂基含量为5%~25%,灰质胶结物含量为0~30%,白云质胶结物含量为0~37%。黏土杂基以高岭石、水云母为主,其次为蒙脱石和绿泥石。胶结类型以孔隙式为主。综合评价为较高结构成熟度,低成分成熟度(图6-133、图6-134)。

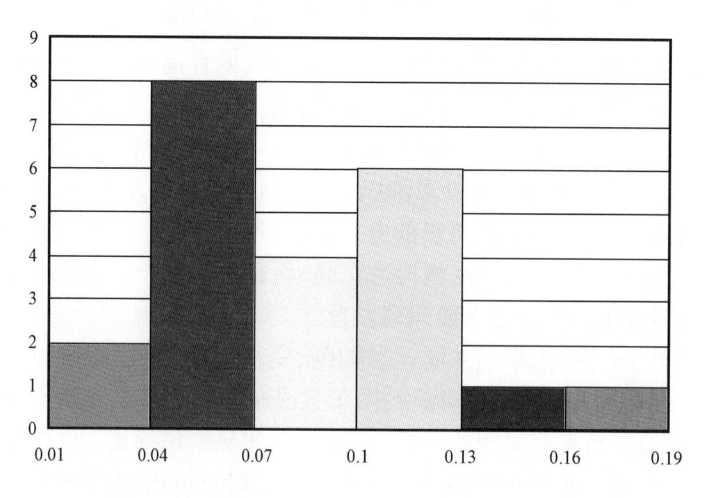


图6-134 商91井沙三段2530.6m粒度中值直方图

孔隙度受埋深、成岩、压力、单砂体厚度及岩石成分等多方面因素的影响。其中,成岩作用对储层的孔隙类型和发育状况有明显的影响,其中压实作用、胶结作用和溶解作用是最主要的影响因素。前两种成岩作用对储层起破坏性作用,后者对储层起建设性作用。

压实作用最明显的结果是沉积物体积缩小、水分排出和孔隙减少。压实作用对塑性组分和杂基含量高的碎屑岩具有很大的破坏作用。表现为:软质的岩屑、云母弯曲变形、扭折,长条形组分的定向排列,颗粒间多呈线接触及至凹凸接触关系。据计算,在砂岩中压实作用损失的孔隙约为原始孔隙的50% ~70%,可使原生孔隙从34%下降至10%以下。此外,在压实作用过程中,随着泥岩孔隙的不断减少,原赋存于泥岩中的水溶液作为压实流体被排挤进入砂岩层,这些流体携带着大量泥岩成岩过程中的各类有机和无机组分,为砂岩储层各种成岩作用提供主要的物质来源。

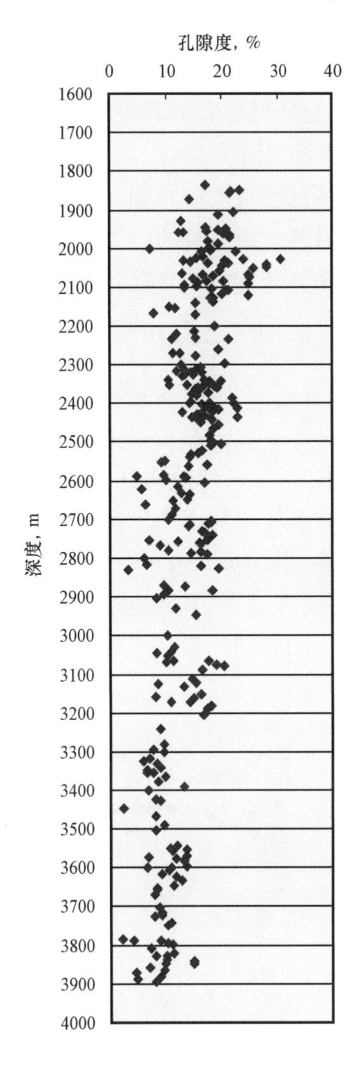

图6－135　商河地区孔隙度与埋深关系图

研究区沙三上亚段的胶结作用包括碳酸盐胶结作用、黏土矿物的沉淀胶结作用和硅质胶结作用三种类型。其中碳酸盐胶结物包括方解石、含铁方解石、白云石、含铁白云石和菱铁矿等,含量为1% ~37%,一般为4% ~10%,平均约8.2%,这些碳酸盐胶结物充填了砂岩和粉砂岩的大部分孔隙。研究区沙三上亚段砂岩、粉砂岩中黏土杂基含量为3% ~25%,砂岩中平均为10.6%,粉砂岩中平均为17.7%,这些黏土矿物多为原生沉积的杂基,也有成岩期形成的新生矿物,它们与碳酸盐胶结物一样充填了储层的孔隙空间。硅质胶结作用在区内部分砂岩中有发育,主要表现为石英颗粒的次生加大,但不太强烈,因此对孔隙的影响不大。溶解作用可再造储集空间,有机质成熟产生的有机酸及 $CO_2$ 使得岩石中的长石、方解石、白云石、菱铁矿等易溶组分溶解,从而形成次生孔隙。从商河地区孔隙度与埋深关系图分析得出(图6－135),随埋深的增加,主要受成岩作用的影响,纵向上孔隙度逐渐降低,储层物性变差,但存在差异性,约在2900m以上,孔隙度以15%以上为主,2900m以下,孔隙度以10% ~15%为主。

研究区各砂组孔隙度主要分布在5% ~28%之间,孔隙度自北向南逐渐减小,向北,埋深小于2900m,孔隙度主要为20% ~28%,局部地区孔隙度达到了26%;向南,埋深大于2900m,孔隙度主要为15% ~20%。北部浅层物性明显好于南部埋深相对较深的地区。

## 二、存在问题

商河地区沙三上亚段—沙二段三角洲砂体,目前已经在商河构造主体部位商1—商4区探明。而商1区北部、商河构造东翼勘探程度较低,尚未发现油气富集。分析认为沙三上亚段—沙二段三角洲砂体在该区存在规模较大的岩性尖灭带,与主断层匹配,易形成构造—岩性油藏。

但从目前的勘探现状看，商河地区东部发育大规模的三角洲前缘砂体，单纯的构造断块日趋减少，大规模的构造—岩性圈闭越来越多。首先该区处于三角洲边缘地区，构造愈加复杂，非标准层的构造不清，储层变化大，并伴有火成岩的干扰，砂体的分布范围不清，油气成藏规律不明。其次该区储层变化大，变化规律、砂体的分布范围不清。以上问题导致油气运聚规律复杂，油气疏导和成藏规律认识不清。主要有沉积储层方面的问题急需解决：该区沙三上亚段储层类型具有多样性，分布复杂，需要精细解剖。针对这个问题，借助地震资料、钻井资料、测井资料，从岩心、单井相入手，观察岩心，划分单井相，多井联合并结合砂岩等厚图绘制该区的沉积相图。并对目的层细分砂组，将沙三上亚段分成 5 个砂组，通过多地层对比图精细解剖储层发育情况，进一步搞清储层的分布规律。

三、沙三上亚段储层预测

1. 优势属性提取

针对沙三上亚段 1 +2 砂组，提取大量叠前叠后属性，与井上实钻资料(图 6 - 136)做对比分析，找出其敏感属性(图 6 - 137、图 6 - 138)。图 6 - 137 和图 6 - 138 中的平面属性结果，不论是中角数据体还是叠后数据体，都显示出储层主要呈北东向展布，位于中部以北区域，南部储层不发育。图 6 - 137 和图 6 - 138 所示的储层展布情况与图 6 - 136 所示的沙三上亚段 1 +2 砂组砂岩等厚图是一致的。

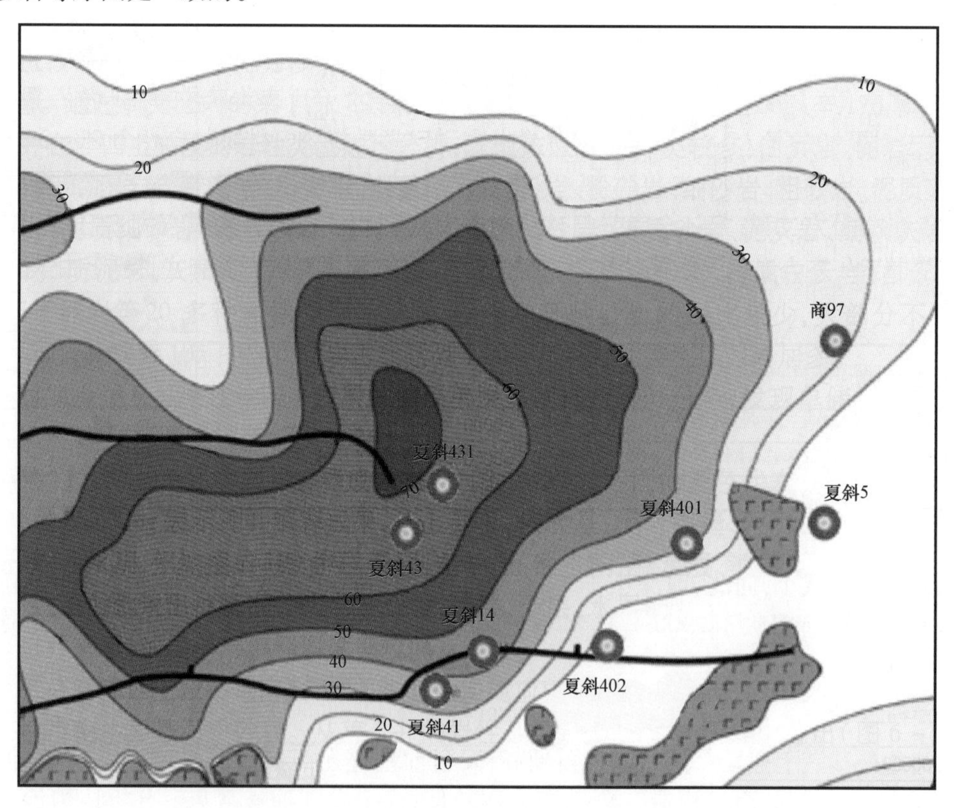


图 6 - 136　夏斜 431 井沙三上亚段 1 +2 砂组砂岩等厚图

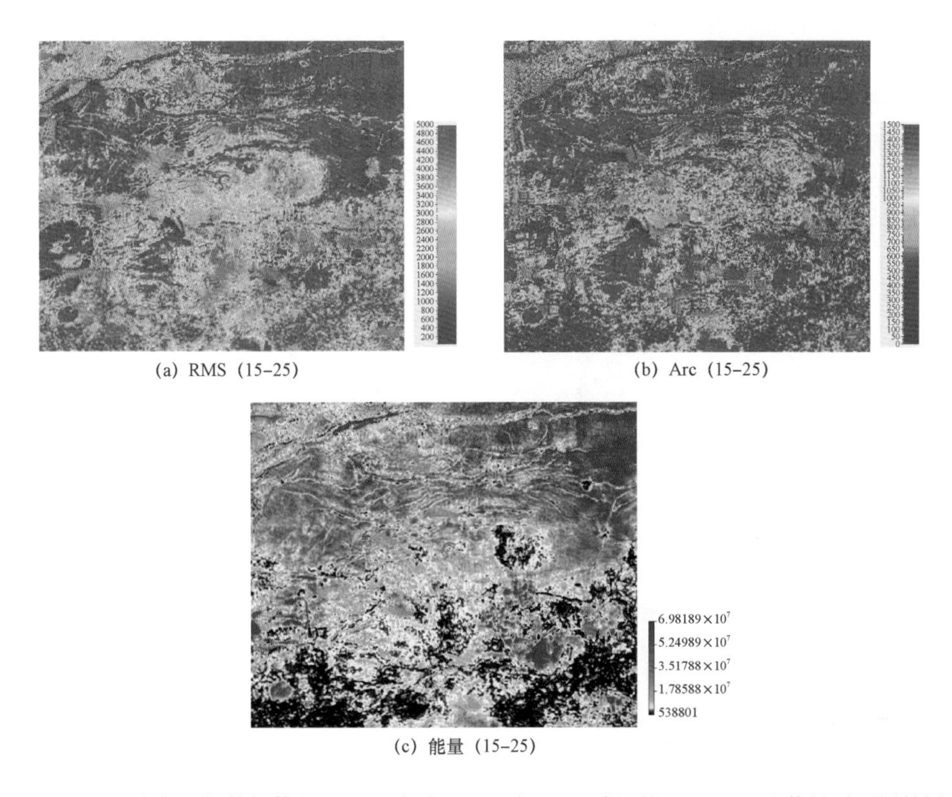


(a) RMS (15–25)　　(b) Arc (15–25)

(c) 能量 (15–25)

图 6－137　中角叠加数据体(15－25)在沙三上亚段 1＋2 砂组的 RMS、Arc 和能量平面属性图

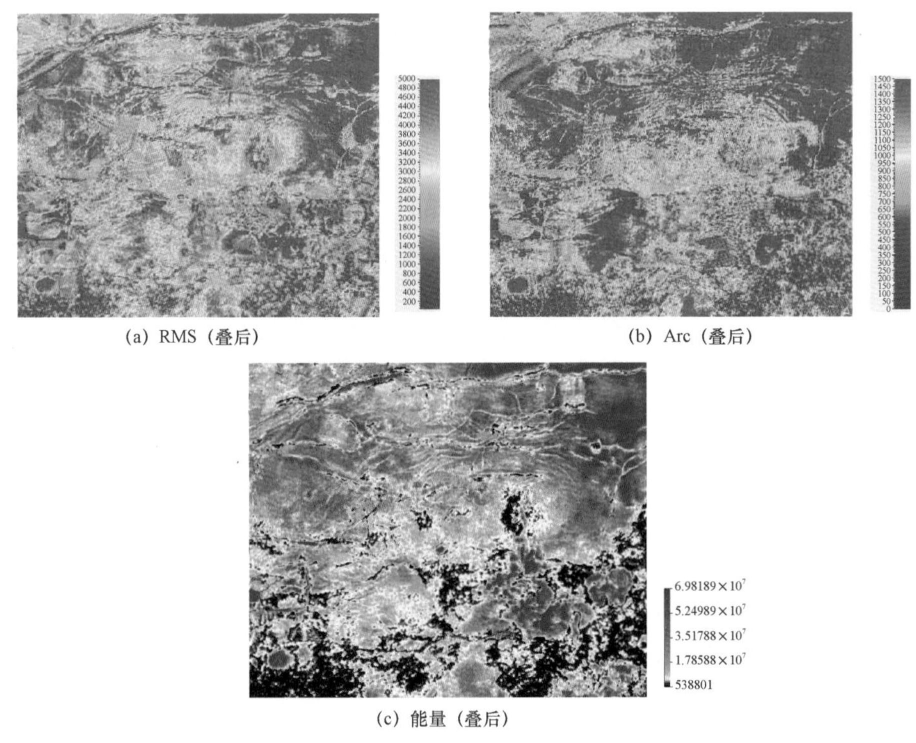


(a) RMS (叠后)　　(b) Arc (叠后)

(c) 能量 (叠后)

图 6－138　叠后数据体在沙三上亚段 1＋2 砂组的 RMS、Arc 和能量平面属性图

2. 模式设定

根据钻遇沙三上亚段 1 +2 砂组的实钻井资料，在砂岩发育的井点上，从地震资料上选取种子点，设定为模式 1，在砂岩不发育的井点上，也从地震资料上选取种子点，设定为模式 2。这样，就将该区沙三上亚段 1 +2 砂组的储层发育情况划分为 2 种模式，模式 1：砂岩发育段种子点（图 6 – 139）；模式 2：泥岩发育段种子点（图 6 – 140）。

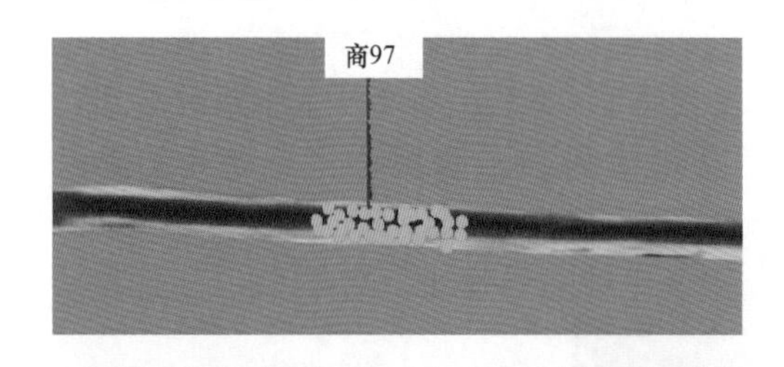


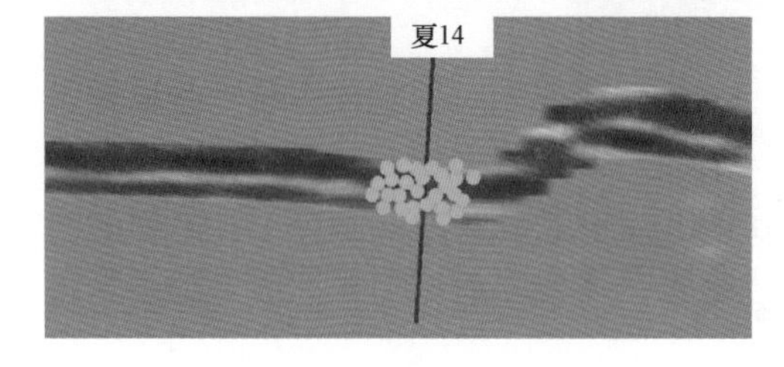


图 6 – 139　砂岩发育段种子点

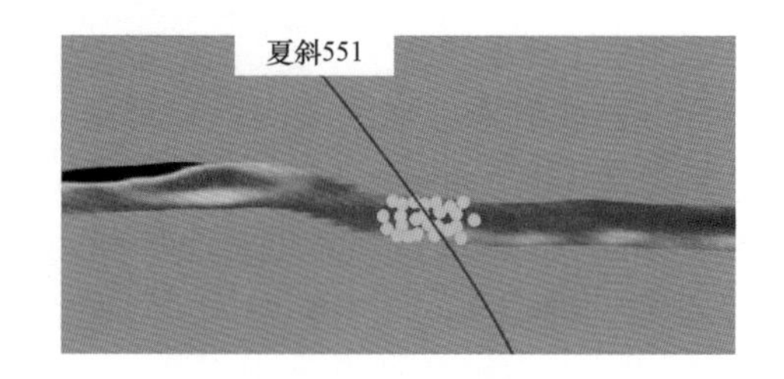


图 6 – 140　泥岩发育段种子点

3. 叠前叠后联动属性解释技术的应用效果分析

将模式 1 和模式 2 作为目标，在优势属性选择的基础上，利用叠前叠后联动属性解释技术，将整个工区划分为不同模式，从而识别出岩性边界（图 6 – 141）。

从图 6 – 141 来看，东南角存在着很明显的岩性边界，如图中红线所示。结合地质认识，协助部署夏 554 井，预探砂体边界。

图 6 – 141　沙三上亚段 1 +2 砂组砂体边界预测图

# 参考文献


[1] Schuenemeyer J H, Drew L J. A forecast of undiscovered oil and gas in the Frio Strand Plain Trend: the unfolding of a very large exploration play[J]. AAPG Bulletin, 1991, 75(6): 1107 - 1115.

[2] Quincy Chen, Steve Sidney. Advances in Seismic Attribute Technology[A]. In: 67th Annual International Meeting, SEG, Expanded Abstracts. 1997, 730 - 733.

[3] Quicy Chen, Steve Sidney. Seismic Attribute technology for reservoir forecasting and monitoring [J]. The Leading Edge, 1997, 16(5): 445 - 448.

[4] Arther E. Varnes, Landmark Graphics Corporation. Seismic attributes past, present, and future[A]. In: 69th Annual International Meeting, SEG, Expanded Abstracts. 1999:892 - 895.

[5] 王开燕，徐清彦，张桂芳，等．地震属性分析技术综述[J]．地球物理学进展，2013，28(2)：0815 - 0823.

[6] Hotelling H. Analysis of a complex of statistical variables into principal components[J]. Journal of Educational Psychology, 1933, 24(6): 417 - 441.

[7] Pierre C. Independent Component Analysis: a new concept? [J]. Signal Processing, 1994, 36(3): 287 - 314.

[8] Schölkopf B, Smola A J, Müller K R. Nonlinear component analysis as a kernel eigenvalue problem[J]. Neural Computation, 1998, 10(5): 1299 - 1319.

[9] Lifeng Liu, Sam Zandong Sun, Haiyang Wang, etc. 3D Seismic attribute optimization technology and application for dissolution caved carbonate reservoir prediction[A]. In: 81th Annual International Meeting, SEG, Expanded Abstracts. 2011:1968 - 1972.

[10] Tenebaum J B. Mapping a manifold of perceptual observations[A]. Proceedings of the 1997 conference on Advances in Neural Information Processing Systems[C]. Cambridge: MIT Press, 1998. 682 - 688.

[11] 倪艳．Isomap算法在地震属性参数降维中的应用[D]．成都：成都理工大学，2007.

[12] Roweis S T, Saul L K. Nonlinear dimensionality reduction by locally linear embedding [J]. Science, 2000, 290(5500): 2323 - 2326.

[13] 刘杏芳，郑晓东，徐光成，等．基于流形学习的地震属性特征提取方法及应用[J]．岩性油气藏，2010，CEG会议专刊，144 - 147.

[14] 印兴耀，周静毅．地震属性优化方法综述[J]．石油地球物理勘探，2005，40(4)：482 - 489.

[15] 陈遵德．储层地震属性优化方法[M]．北京：石油工业出版社，1998. 16 - 18，36 - 40.

[16] 唐耀华，张向君，高静怀．基于地震属性优选与支持向量机的油气预测方法[J]．石油地球物理勘探，2009，44(1)：75 - 80.

[17] 王延江，杨培杰，史清江，等．基于支撑向量机的井眼轨迹预测新方法[J]．中国石油大学学报(自然科学版)，2005，29(5)：50 - 53.

[18] 张学工．关于统计学习理论与支持向量机[J]．自动化学报，2000，26(1)：32 - 42

[19] Boser B E, Guyon I M, Vapnik V N. A training algorithm for optimal margin classifiers[J]. In D. Haussler, editor, 5th Annual ACM Workshop on COLT, pages 144 - 152, Pittsburgh, PA, 1992. ACM ress.

[20] Cortes Corinna, Vapnik V. Support - Vector Networks, Machine Learning[J]. 1995, 20(1): 233 - 240

[21] Bouvier J D, Kaars ~ sijpesteijn C H, Onyejekwe C C, et al. Three dimensional seismic interpretation and fault sealing investigations, Nun River Field, Nigeria[N]. AAPG, 1989, 73: 1397 - 1414.

[22] de Bruin G, Bouanga E. Time attributes of Stratigraphic surfaces, analyzed in the structural and Wheeler trans-

formed domain . Extended Abstract s of 69th EAEG Meeting, June, 11 – 14, 2007

[23] 于代国,孙建孟,王焕增,等. 测井识别岩性新方法——支持向量机方法[J]. 大庆石油地质与开发, 2005,24(5):93 – 95

[24] 杨培杰,印兴耀. 基于支持向量机的叠前地震反演方法[J]. 中国石油大学学报:自然科学版,2008,32(1):37 – 41

[25] 陈遵德, 朱广生, 毛宁波. 用遗传算法选择储层预测中的地震特征[M]. 中国地球物理学会年刊, 北京:石油工业出版社, 1995.

[26] 王新桐, 卢双舫, 肖佃师. 基于聚类分析的地震属性优化及储层预测——以敖包塔油田敖 9 工区为例[J]. 石油天然气学报, 2013, 35(3):61 – 66.

[27] 倪凤田. 基于地震属性分析的储层预测方法研究[D]. 东营: 中国石油大学, 2008.

[28] Kuzma H A. A support vector machine for avo interpretation[C] //SEG Technical Program Expanded Abstracts. 2003: 181 – 184.

[29] Kuzma H A, Rector J W. Non – linear AVO inversion using support vector machines[C] //74th Annual International Meeting SEG. 2004.

[30] Jiakang Li, John Castagna, Dong – an Li, etc. Reservoir prediction via SVM pattern recognition[C]. SEG Expanded Abstracts,2004.